“青海大学教学名师”项目资助

“青海大学教学名师”项目资助

动物病理剖检技术及鉴别诊断

主　编：张勤文　俞红贤

副主编：荆海霞　李　莉　康　明

编　委：赵　静　常建军　文　英　宁　鹏　王　勇　沈明华
张红见　李　英　卢福山　陈付菊　倪小敏　窦全林

科学出版社

北　京

内 容 简 介

本书紧密围绕动物医学专业本科生、研究生培养目标，并从加强学生实践操作技能的角度出发，详细介绍了动物病理剖检技术和病理鉴别诊断两个方面的内容。对在动物病理解剖和检查中需要学生掌握及了解的基本理论、操作要领、检查方法、病理组织学检查常用方法和技术进行了全面介绍，并对牛、羊、猪、禽等动物经常发生的传染病、寄生虫病及内科常见病，从临床诊断和病理学诊断两个方面进行了鉴别。

本书不仅可作为动物医学等专业本科生、研究生的教材，也可供基层兽医工作者、动物性食品卫生检验从业人员及养殖场技术人员参考阅读。

图书在版编目（CIP）数据

动物病理剖检技术及鉴别诊断 / 张勤文，俞红贤主编. —北京：科学出版社，2018.3

ISBN 978-7-03-056680-5

Ⅰ. ①动… Ⅱ. ①张… ②俞… Ⅲ. ①兽医学-病理解剖学 ②动物疾病-鉴别诊断 Ⅳ. ①S852.31 ②S854.4

中国版本图书馆 CIP 数据核字（2018）第 042286 号

责任编辑：丛 楠 韩书云 / 责任校对：王晓茜
责任印制：徐晓晨 / 封面设计：铭轩堂

科学出版社 出版
北京东黄城根北街 16 号
邮政编码：100717
http://www.sciencep.com

北京九州迅驰传媒文化有限公司 印刷
科学出版社发行 各地新华书店经销

*

2018 年 3 月第 一 版 开本：787×1092 1/16
2018 年11月第二次印刷 印张：11 1/2
字数：278 000

定价：39.00 元

（如有印装质量问题，我社负责调换）

前　言

动物病理剖检技术是动物医学专业本科生必须掌握的一项实践技能，是一门实践性很强的课程，教师必须本着实践第一的观点，对学生加强实践技能的锻炼和培养。但在教学过程中，目前国内尚未有公开出版的指导本科生的教材，对教学规范和教学效果带来诸多不便。为了提高教学质量，适应教学改革与发展对高素质人才的需求，作者在以往教学过程中所使用自编讲义的基础上进行重新编撰，借助青海大学教材建设出版基金，组织动物医学相关专业的教授和专家编写了本书，以期能为动物医学专业学生实践教学提供一本可供参考和借鉴的参考书。

本书编写内容紧紧围绕培养目标，着重向学生介绍动物尸体剖检技术所必需的基本理论和操作要领，以及在动物尸体剖检过程中常见的病理变化及鉴别方法，重点突出，文字精练规范，内容充实，且联系临床，有较高的实用价值。对于学生验证和巩固基本理论及基本知识，深化和拓展学生对理论知识的理解具有重要作用。更重要的是，可以通过本书指导学生掌握观察、比较、分析各种病理现象的方法，培养学生分析问题和解决问题的能力。

本书的编者都是从事动物医学相关专业的学者，具有丰富的实践经验，并在某一方面有所专长，本书内容深入，涉及全面。因此本书起着参考书、教科书和工作手册的作用，对促进学生实践技能的培养和操作技能的提高大有帮助。本书在编撰出版过程中，得到了青海大学教务处的大力支持，也得益于青海大学教材出版基金的资助，在此表示衷心的感谢。愿所有从事病理学及相关学科研究的学生和科研人员在本书的启迪下，取得更好的成果。

俞红贤

2017 年 10 月 4 日

目录

第一篇 动物病理剖检技术

第一章 动物尸体剖检概述……2
　第一节 动物尸体剖检概念及分类……2
　第二节 尸体剖检时应注意的问题……3
　第三节 尸体剖检记录和尸体剖检报告……6
　第四节 尸体的变化……13
　第五节 病理变化的描述……15
第二章 动物尸体剖检方法……17
　第一节 概述……17
　第二节 大型动物的剖检……17
　第三节 猪的剖检……21
　第四节 禽的剖检……30
　第五节 小白鼠和大白鼠的剖检…31
第三章 病理标本制作技术……32
　第一节 病理大体标本制作……32
　第二节 病理组织学制片技术……33
　第三节 组织学染色技术……49

第二篇 动物疾病病理鉴别诊断

第四章 多种动物共患传染病及寄生虫病的病理鉴别诊断……60
　第一节 多种动物共患传染病病理诊断……60
　第二节 多种动物共患寄生虫病病理诊断……77
第五章 牛、羊常见病病理鉴别诊断……79
　第一节 牛、羊常见传染病病理诊断……79
　第二节 牛、羊常见寄生虫病病理诊断……87
　第三节 牛病类症鉴别诊断……92
第六章 猪常见病病理鉴别诊断……110
　第一节 猪常见传染病病理诊断……110
　第二节 猪常见寄生虫病病理诊断……116
第七章 禽常见病病理鉴别诊断……120
　第一节 禽常见传染病病理诊断…120
　第二节 禽病类症鉴别诊断……128
第八章 伴侣动物及特种动物常见传染病及寄生虫病的病理鉴别诊断……138
　第一节 伴侣动物及特种动物常见传染病病理诊断……138
　第二节 伴侣动物及特种动物常见寄生虫病病理诊断…142
第九章 中毒和营养代谢病病理鉴别诊断……145
　第一节 中毒病病理诊断……145
　第二节 营养代谢病病理诊断……163

主要参考文献……180

第一篇

动物病理剖检技术

第一章 动物尸体剖检概述

动物尸体剖检是病理学最基本的研究方法之一，传统病理学中运用病理学的知识和技术，对死亡动物的尸体进行解剖和检查，观察尸体的病理变化，发现主要病变，分析判断动物死亡原因。通过尸体剖检资料的积累，研究疾病发生发展的规律，对于提高病理工作者的技术水平具有重要作用。另外，通过尸体剖检，可以及时发现和确诊某些传染病、流行病，保证人畜健康。虽然病理学中不断引入新的技术和方法，如免疫组化、聚合酶链反应（PCR）及原位杂交技术等，但尸体剖检作为病理学的基础，是任何一位病理工作者都要了解和掌握的一门技术。

第一节 动物尸体剖检概念及分类

一、动物尸体剖检的概念

动物尸体剖检是家畜病理学的一个重要组成部分，也是家畜病理学的主要研究方法之一，是运用病理学知识检查尸体的病理变化，来研究疾病发生发展的规律。临床上经常以尸体剖检对死亡病畜做死后诊断。

史料（发掘的石画和宗教的画册）表明，几千年前，在祭祀的时候，就有人做过动物的尸体剖检，常常能发现动物体的各种变化，并根据这些变化，有时不仅能预告动物的疾病，还可以预告人的疾病，特别是流行病（如天花、鼠疫等）。但当时的宗教势力把这些疾病同宗教的偏见联系起来，认为这是神对人们罪恶的惩罚，因此要求人们忠诚地信仰宗教。

1～3 世纪，埃及国王曾允许医生检查因犯罪被处死的犯人的尸体。

中世纪，生物学研究受到极大的限制，在教会权威人士的眼中，病理剖检是不可接受的，医学也被宗教所垄断。当时的宗教裁判所和传教的牧师们残酷地迫害曾经做过尸体剖检的医生，曾经把做过尸体剖检的医生处以死刑，直到文艺复兴时期才有所改变。

17 世纪，荷兰光学家列文虎克制成了最大可放大 270 倍的放大镜，并用它观察了矿物、动物和植物的各种构造，显微镜在 18 世纪得到了巨大改进，并被广泛应用，被用来研究各种动植物组织的构造。

1733 年，俄罗斯帝国创立了第一所培养兽医专门人才的学校，比法国在 1762 年成立的欧洲第一所里昂兽医学校早 29 年，在当时，病理解剖学是一门兽医必修课。

1858 年，德国病理学家魏尔啸出版了一本《细胞病理学》，他用具体的例子说明了应用显微镜检查法研究病理变化的巨大成效。

随着现代科学技术的发展，病理学的研究方法和手段也日新月异，逐步建立起了细胞病理学、超微病理学等学科，并与一些边缘学科（现代免疫学、现代遗传学等）交叉，加之新的方法和手段（免疫组织学技术、图像分析技术）向病理学的不断渗透，病理学也出现了新的领域和分支，如免疫病理学、分子病理学、定量病理学等。但无论病理学如何发展，基础的研究方法（尸体剖检、活体组织检查、临床病例检查、动物实验、细胞学检查等）是做好一切病理学研究的重要保障。

病理解剖工作者通过尸体剖检和实验室检查，除了能获得形态学变化的材料之外，同时还能得到微生物学、生物化学和临床学方面的检查材料，把这些材料加以研究、分析和综合，剖检者就能得出关于疾病原因和动物死亡原因的结论。

病理解剖者，根据文献中已有的记录和自己的经验，把肉眼变化和组织学变化联系起来加以对比，往往就能对剖检所见的组织学变化有一个明确概念，通常肉眼检查只能做一个大概的诊断，根本或详细的诊断，还要用显微镜检查加以证实。

二、尸体剖检的意义

1）可以检验动物生前疾病的诊断是否正确，及时总结经验，提高诊疗工作的质量。例如，在兽医临床中，出血性坏死性胰腺炎发病率较低，一旦发生，其表现出的症状与肠阻塞极为相似，在缺少诊断仪器的基层兽医站，往往根据临床表现将其诊断为肠阻塞进行治疗，只有在动物死亡后进行剖检时才会发现原发病因。

2）对一些群发性疾病（如传染病、寄生虫病），通过尸体剖检可以及早做出诊断，及时采取有效的防治措施。

3）尸体剖检资料的积累，为各种疾病的综合研究提供重要数据，从而为科研和教学服务。

三、尸体剖检的分类

根据尸体剖检目的的不同，可以将尸体剖检分为以下几类。

1）诊断性剖检：查明病畜发病和死亡原因。有些疾病生前没有做出诊断，必须在死后进行剖检，通过病理学剖检查明死亡原因，验证生前诊断是否准确，及时总结经验和教训，提高医疗水平。对于一些传染性疾病和寄生虫病的死后诊断尤其重要，可及时发现和确诊病因，为兽医防疫部门采取防治措施提供依据。

2）科学研究性剖检：主要用于学术研究。在动物体上复制疾病并对其进行尸体剖检，已成了医学科学工作者和兽医科学工作者共同的、必不可少的科研手段之一。

3）法医学剖检：主要用于解决法律问题。鉴于尸体剖检能较正确地判断疾病的性质和死亡的原因，在畜牧业中各种责任制的推行和加强的形势下，尸体剖检无疑在法兽医学方面有十分重要的意义。

第二节　尸体剖检时应注意的问题

尸体剖检是一项严肃细致、专业性很强的技术工作，是诊断和防治疾病的重要依据。剖检人员的业务水平、工作态度决定剖检工作的质量。特别是疾病流行初期死亡的第一批动物，通过剖检如果能够做出正确诊断，即可以把疾病控制在流行初期，从而避免重大的经济损失。我国目前各省、自治区、直辖市的防疫机构都有专门从事病理解剖学诊断和研究的工作者，而偏远地区尚不健全。在国外，如加拿大，他们按地区设有兽医诊断室，其中有专门从事病理检验的专业人员，设施较为完善，设有剖检室、焚尸炉、组织切片室等。

尸体剖检前，应先了解病畜所在地区的疾病流行情况、生前病史（包括了解临床化验、检查和临床诊断）等；此外，还应注意到治疗、饲养管理和临死前的表现等方面的情况。应仔细检查尸体的体表特征（如姿势、卧位及尸冷、尸僵和臌气情况等），以及天然孔、黏膜、被毛及皮肤等有无异常。

如发现疑似炭疽病或烈性传染病时，应先采取尸体末梢血液做涂片染色镜检，猪则做颌下淋巴结涂片染色镜检，确诊为炭疽时，禁止剖检。同时对被污染的场所、器具进行严格消毒和处理。

一、剖检人员

进行动物剖检时，一般应有主检员一名，助检员两名，记录员一名，在场人员可包括单位负责人及有关人员，属法医学剖检应有司法公安人员及纠纷双方法人资格代表参加。主检员是剖检工作质量的重要保证，一般应具有较高的专业水平，通晓兽医专业理论、知识和技术，如本单位缺少这方面的技术人员，应聘请具备动物病理剖检资格的专业技术人员。只有这样才能迅速做出较为正确的诊断，及时采取有效措施。

二、尸体剖检的时间

剖检一般在病畜死后越早越好。尸体放置过久，易腐败分解，夏天尤为明显，因死后自溶、腐败影响病变的辨认和剖检的效果，以致丧失剖检价值。冬季死亡的动物也应尽快剖检，因为尸体冻结后再暖化也可发生自溶、腐败，也可因红细胞溶解而使组织被血红素污染，影响检查效果。一般死后超过 24h 的尸体，失去剖检意义。科研性剖检，对剖检的要求较高，如科研项目中涉及超微结构观察，通常要在动物死后迅速采取电镜标本，要求特别严格的，应对动物麻醉后活体采样。

此外，剖检最好在白天进行，因为白天自然光线才能正确地反映器官组织的固有光泽，以免灯光下不易辨认某些病变（如黄疸、脂肪变性和坏死等）而影响剖检结果。紧急情况必须在夜间剖检的，光线应充足，对不能识别的病变，暂时在低温下保存留待次日白天观察。

三、尸体剖检的地点

一般应在病理解剖室进行。相关的高等院校、科研机构和兽医院应设有室内解剖室，其场合应符合我国 2015 年发布的《环境保护法》和 2007 年修订的《中华人民共和国防疫法》的规定，应选择与畜舍、公共场合、住宅、水源地和交通要道有一定距离的地方。室内地面、墙壁应适于粉刷消毒，并应设有剖检台或吊车等。解剖室应阳光充足，通风良好。如果在屠宰场进行尸体剖检，必须选择在急宰室进行，并严格消毒，防止环境和器械污染；如果在野外进行剖检，应符合上述法规要求，还应注意剖检地点的风向，应选择在上述场所的下风口进行剖检，保证人畜安全，防止疾病扩散。

在病理剖检室进行剖检，解剖台的高低、大小要合适，避免因解剖台过高或过低造成操作不便，解剖台面的大小除了能够放置动物尸体外，还要留出放置解剖器械和检查脏器的地方。有条件的话，可购买不锈钢解剖台，好的解剖台可升降，并带有换气功能。解剖器械应放置在不锈钢或搪瓷解剖盘中，便于清洁消毒。另外，为避免污染环境还应设计与病理解剖台配套的污水消毒池，解剖时排放的污水，应先排入污水消毒池进行消毒处理。

四、尸体剖检的器械和药品

（1）常用器械

1）刀类：剥皮刀、解剖刀、检查刀、脑刀、外科刀。

2）剪类：外科剪、肠剪、骨剪、尖头剪、钝头剪、剪毛剪、眼科剪。

3）镊钳：有齿镊、无齿镊、止血钳。

4）锯类：弓锯、骨锯。

5）瓷盆：方形搪瓷盘、搪瓷盆。

6）注射器：抽取血液和渗出液用。

7）其他：斧、凿子、金属尺、量杯、放大镜、磨刀棒、棉花、纱布等。

8）服装及防护工具：工作服、胶手套、工作帽、胶靴、围裙、防护眼镜。

9）记录工具：录像机、照相机。

（2）常用药品　3%～5%来苏水、石炭酸、70%乙醇、10%福尔马林、0.2%高锰酸钾、生石灰等。

五、剖检人员的防护

1）穿工作服、围裙，戴胶手套、工作帽，注意保护皮肤，以防感染。

2）剖检过程保持清洁和注意消毒。

3）采取某一脏器前，先检查与该脏器有关的各种联系。

4）切脏器的刀、剪要锋利。

5）剖检后注意消毒，按照肥皂水—消毒液—清水的顺序进行处理。

6）器械消毒、洗净、擦干。

六、消毒和尸体处理

为防止病原扩散和保障人与动物健康，必须在整个尸体剖检过程中保持清洁并注意严格消毒。剖检人员应注意个人防护，剖检时，对于可疑传染病的尸体，用高浓度消毒液喷洒或浸泡，如需搬运或运输时，应将天然孔用消毒液浸泡后的棉球堵塞，放入不漏水的运输工具中进行转运。

剖检结束后，应对剖检室的地面及靠近地面的墙壁进行消毒，然后用水冲洗干净。剖检器械用清水洗净后，浸泡在消毒液内消毒，然后用流水将器械冲洗干净，再用纱布擦干。

剖检完毕后，应根据疾病的种类对尸体妥善处理，基本原则是防止疾病扩散和蔓延及尸体成为疾病的传染源。严禁食用肉尸及内脏，未做处理的皮张不得利用。结合我国实际，目前主要有以下几种尸体处理方法，可根据情况具体选择。

1）焚化法：一般用焚尸炉，无此设备时可用木材和煤油或柴油焚烧尸体。

2）掩埋法：剖检前挖一个深 1.5～2m 的土坑，最好在剖检地点附近，以免搬运尸体造成环境污染，剖检完毕后将尸体和污染的土层一并投入坑内，并撒上生石灰或10%的石灰水消毒，然后填埋坑穴，土压实，对其周围进行彻底消毒。

3）生物热法：利用微生物在分解尸体过程中所产生的热来达到杀灭尸体中微生物和

虫卵的目的。窑井深度、大小与要处理的动物尸体数量有关，窑井井口须有带锁井盖，并加强管理。

第三节　尸体剖检记录和尸体剖检报告

尸体剖检文件是一种宝贵的档案材料，包括剖检记录、剖检报告和剖检诊断书等文件，是疾病综合诊断的组成部分之一，是进行诊断疾病、病理学科学研究、法兽医学判定的文献资料。

一、尸体剖检记录

1．尸体剖检记录的内容

尸体剖检记录是进行尸体剖检时的原始记录，是尸体剖检报告的重要依据，也是进行综合分析研究的原始科学资料。

尸体剖检记录的表格可打印，在剖检时进行填写，临时剖检时，可用空白纸直接记录，完整的尸体剖检记录主要包括以下内容（表1-1）。

表1-1　动物尸体剖检记录

共　　页　　　　　　　　　　　　　　　　　　　　　　　　病理编号：

动物种类		性别		品种	
年龄		颜色		主要特征	
畜主姓名		发病时间		死亡时间	
畜主电话		营养状况		生前诊断	
剖检地点		剖检时间		辅助检验	
主检人		助检人		记录人	
临床诊断					
临床摘要（包括主诉、病史摘要、发病经过、主要症状、治疗经过、流行病学情况）：					
剖检病理变化（包括外部视检和内部剖检及各器官的检查，内容较多可另加附页）：					
病理组织学检查：					
实验室各项检查结果（包括细菌学、免疫学、寄生虫学、毒物学检查等，附化验单）：					
主检人：					年　月　日

1）基本记录：病理编号、剖检动物（动物种类、性别、年龄、品种、颜色和主要特征）、畜主或所属单位及联系方式、动物临床摘要（发病时间、临床诊断、死亡时间）、剖检基本信息（剖检时间、地点、主检人、助检人、记录人信息）。

2）剖检内容：剖检病理变化（包括外部视检和内部剖检及各器官的检查，包括各系统器官的变化、位置、大小、重量和体积、形状、表面性状、颜色、湿度、透明度、切面、质度和结构、气味、管状结构变化正常与否）、病理组织学检查、实验室各项检查结果（包括细菌学、免疫学、寄生虫学、毒物学检查等，附化验单）。

3）主检人签名、记录日期（年、月、日）。

2．尸体剖检记录应遵循的原则

尸体剖检记录一般在剖检过程中由主检人口述，记录人进行记录，并在剖检结束后由主检人进行审查和修改。应尽量避免在剖检后凭回忆进行补记，只有在人力不足，现场记录确实有困难时，才会采用此种方式。但随着科技产品在剖检过程中的应用，可采用摄像机、录音笔等设备进行同步记录，以便于剖检后回放。

尸体剖检记录时应遵循以下原则。

1）客观真实，完整详细：尸体剖检记录最重要的原则就是客观真实，实事求是。记录中所描述的眼观变化和组织学变化，应能客观反映其本来的特征，在记录中不夸大、不缩小；不增多、不减少；不虚构、不臆造。

2）主次分明，次序一致：尸体剖检记录中，既要全面详细，又要突出重点。在剖检过程中，根据剖检程序完整记录所有系统检查和变化，为疾病诊断提供全面翔实的线索，避免因记录不全给诊断造成困难。但在剖检过程中，应根据临床诊断和剖检时病畜所表现出的病理变化，对病理变化明显的组织、器官和系统进行重点检查。

3）语言通俗，用词恰当：剖检过程中主要记录器官的大小、重量、体积、形状、颜色、质地、气味、厚度、表面及切面变化、透明度、结构变化等内容。记录过程中禁止以病理解剖的学术用语来代替病理变化的表现，应以通俗易懂而明确的描述来记录，如大小可以根据实际情况描述为“小米粒大”“绿豆大”“黄豆大”“鸡蛋大”等，形状可以描述为“锥形”“卵圆形”“菱形”等，颜色可以描述为“红色”“淡黄色”“咖啡色”等。对于没有肉眼变化的器官，一般不描述为“正常”或“无病变”，因为无眼观变化的组织器官，有可能在组织学检查时会发现病变，所以应描述为“无肉眼可见变化”等。

二、尸体剖检报告

尸体剖检报告是剖检结束后对尸体剖检记录的整理，并包括后期实验室相关检查内容的完整记录文件。尸体剖检报告主要包含以下内容（表 1-2）。

1）概述：记载畜主信息，病畜的性别、年龄、特征、临床摘要及临床诊断，送检目的、死亡时间、剖检时间、剖检地点、病理编号、剖检人等。

2）剖检所见：以尸体剖检记录为依据，按尸体所呈现病理变化的主次顺序进行详细、客观的记载，此项可包括肉眼检查和组织学检查，剖检时或剖检后所做的关于微生物学、寄生虫学、化学等检查材料也要记载。

表 1-2　尸体剖检报告

病理编号：

畜主：		电话：		住址：
畜别：	性别：	年龄：	毛色：	品种：
死亡时间：		送检时间：		送检材料：
剖检地点：		剖检时间：		剖检人：
临床摘要：				
送检目的：				
剖检所见：				
病理解剖学诊断：				
结论：				
			主检人：	年　月　日

3）病理解剖学诊断：根据剖检所见变化和实验室检查结果，进行综合分析，判断病理变化的主次，用病理学术语对病变做出诊断，其顺序可按病变的主次及互相关系来排列。

4）结论：根据病理解剖学诊断，结合病畜生前临床症状及其他有关资料，找出各病变之间的内在联系、病变与临床症状间的关系，做出判断，阐明病畜发病和死亡的原因，提出防治建议。

三、病理诊断报告

尸体病理诊断报告是根据上下级业务部门、外单位、企业、畜主或个人的目的要求，对其送检的动物材料进行病理学检查后所做出的总结汇报（表 1-3）。

表 1-3　病理诊断报告

病理编号：

<table>
<tr><td colspan="4">畜主姓名或单位名称：</td></tr>
<tr><td colspan="4">畜别：　　　　性别：　　　　年龄：　　　　毛色：　　　　品种：</td></tr>
<tr><td colspan="2">死亡时间：　　　年　　月　　日　　时</td><td colspan="2">剖检时间：　　　年　　月　　日　　时</td></tr>
<tr><td colspan="4">尸体剖检结论（病理学诊断、死亡原因分析）：

主检人（签名）
单位领导（签名及公章）
年　　月　　日</td></tr>
</table>

病理诊断报告是向畜主或委托人提交的材料，应为正式呈报文件，主检人和单位主管领导都要签名，并盖单位公章。

四、送检报告及病理组织学材料的选取和寄送

为详细查明病因，做出正确诊断，需在剖检的同时选取病理组织学材料，及时固定，送病理切片实验室制作切片，进行病理组织学检查。如果剖检所在地不具备病理组织学检查的条件，采取的病理组织还需送到有相关资质的病理检验部门，进行病理组织学检查。而病理组织切片，能否完整、如实地显示原有病理变化，很大程度上取决于材料的选取、固定和送检。因此，要注意以下几点。

1）刀、剪要锋利，刀切时迅速而准确，勿使组织受挤压和损伤，保持组织完整，避免人为变化，组织在固定前勿沾水。

2）有病变的器官或组织，要选择病变明显部分或可疑病灶，取样要全面而有代表性，能显示病变的发展过程。

3）组织块的大小，通常长、宽各 1.5cm，厚 0.4cm 左右，必要组织可增大到长、宽各 1.5～3cm，但厚度不宜超过 0.5cm，以便于固定。一般用 10%福尔马林固定 4h 后，组织块通透厚度为 2.7mm，8h 为 4.7mm，12h 为 5mm。

4）为防止组织块发生弯曲、扭转，对易变形的组织切取后将其浆膜面向下平放在稍硬厚的纸片上，然后徐徐浸入固定液中。

5）类似组织较多时，可分别固定于不同的小瓶中，或将组织块切成不同的形状，或用铅笔在小纸片上注明后系于组织块上。

6）立即固定。常用 10%福尔马林或 95%乙醇固定，固定液的量应为组织块体积的 5～10 倍。

7）组织块固定时，将病例编号用铅笔写在小纸片上一同投入固定液中。

8）送检时，将尸体剖检记录及有关材料一同寄出。并在送检单上说明送检的目的要求，以及组织块的名称、数量及其他应注明的问题（送检单见表 1-4）。

表 1-4　标本送检单

送检样品名称		送检数量		样品状态	
样品采集地点				采集日期	
样品采集时的情况：					
送检要求					
送检单位		送检人		送检时间	

五、其他病理材料的采取和寄送

在剖检过程中，除了选取组织做病理组织学检查外，可能还会根据临床表现及诊断做其他检查（细菌学、寄生虫学和毒物学检查），而正确的材料采取、保存和寄送，是准确诊断的基本保障。

1．细菌检验材料的采取和寄送

细菌检验材料应在尸体剖开后第一时间采取，以避免材料被污染。采取病料的刀、剪、镊等器械必须事先消毒，以无菌操作法将采取的组织块放入预先消毒的试管或保存管内，以便携带和寄送。不同的疾病采取不同的组织器官。急性败血性疾病可采取心血、脾、淋巴结和肝等；肺炎常采取肺、支气管淋巴结、心血和肝；有神经症状的病例可采取脑、脊髓等组织器官。有病变的部位原则上均应取材，一般内脏器官可以剪取或切取，腔体中的积液、胆汁、尿液可以用灭菌注射器吸取，脓液、分泌物和排出物可以用灭菌棉拭子蘸取，血液、脓液和炎性渗出物的涂片或组织触片，固定后可以插入切片盒中，或玻片间于无检验物处用小木棍隔开包扎、寄送。

装有病料的容器，应在冷藏条件下携带或寄送，同时附上尸体剖检记录和有关说明。

2．病毒检验材料的采取和寄送

病毒检验材料的采取方法与细菌检验材料的采取基本操作相同，但病料最好在冷藏条件下或放入装有50%甘油盐水溶液中寄送。

50%甘油盐水配制：氯化钠2.5g、酸性磷酸钠0.46g、碱性磷酸钠10.74g、中性蒸馏水150ml、纯中性甘油150ml。

先将前三种化学药品溶于蒸馏水中，再混入甘油。分装后以103kPa高压灭菌30min。

3．中毒性检验材料的采取和寄送

将采取的肝、胃、肾等器官，以及血液、胃肠内容物、尿液分别装入清洁的容器内，封口，在冷藏条件下寄送。容器一定要清洁，可先用洗液浸泡，再用清水冲洗，最后用蒸馏水清洗几次，取材时病料不要沾染消毒剂，寄送时也不要在容器中加入防腐剂，被检物全程不能接触任何化学药剂。

六、各种疾病剖检时应采取的检验材料

1. 病毒病

病名	组织检查	病毒检查	血液检验 血清反应
鸡白血病	肝		血涂片
马立克氏病			
内脏型	肝、卵巢、肾、法氏囊	同组织学	
神经型	腰荐神经丛、坐骨神经、脑		
眼型	眼		
牛白血病	淋巴结、脾、心、肝、肾		血涂片
猪白血病	肝、淋巴结、脾		
羊白血病	肝、心、脾、淋巴结		血涂片
其他动物白血病	肝、脾、淋巴结		血涂片
猪瘟	脑、淋巴结、肾、脾、肠	脾、肝、肾、肠系膜淋巴结	
非洲猪瘟	实质器官和淋巴器官	病猪、血液	
鸡新城疫	脑、消化道	病鸡、新鲜器官	
犬瘟热	肝、输尿管、膀胱、气管、病变皮肤、脑	新鲜器官	
鸡传染性法氏囊炎	法氏囊、肾	病鸡、新鲜器官	
鸡传染性支气管炎	气管、支气管、卵巢	病鸡、新鲜器官	血液
蓝舌病	口、唇、舌、鼻黏膜、蹄冠皮肤	病畜血液	
鸭瘟	食管、腺胃、泄殖腔黏膜、肝	病鸭的肝、脾	
小鹅瘟	小肠、脑、肝、心	病鹅的脾、胰、肝	
犬细小病毒感染	小肠、心、肝、肾		
猫传染性肠炎	回肠、肝、肾		
口蹄疫	口、鼻、蹄部病变上皮、心肌	水泡上皮或未破的水泡液	
猪水泡病	口、鼻、乳房与蹄部未破溃的水泡上皮	无菌采取的水泡液	
绵羊痘	有痘疹的皮肤和肺	痘疹部皮肤，未破水泡液	
狂犬病	大脑（海马）、小脑	新鲜脑组织	

2. 细菌病

病名	组织检查	细菌检查
炭疽	病变淋巴结和组织器官	脾、下颌和咽背淋巴结、扁桃体、水肿组织、血涂片
猪丹毒	肾、脾、病变皮肤、心	脾、肝、肺、淋巴结、心
牛巴氏杆菌病	水肿组织、肺、下颌和咽背淋巴结	肺、淋巴结、脾、肾
猪巴氏杆菌病	肺、咽背淋巴结	肺、脾、淋巴结
鸡巴氏杆菌病	肝、肺	肝、脾、心血、血涂片
绵羊巴氏杆菌病	肺、肝	肺、肝、淋巴结、血涂片
仔猪副伤寒	肝、脾、淋巴结、大肠	肝、脾、淋巴结

续表

病名	组织检查	细菌检查
鸡白痢		
雏鸡	肺、心肌、肝	尸体、肝、脾、心血
成年鸡	肝、心肌、卵巢	肝、脾、活病鸡
布鲁氏菌病	病变器官、重点检查生殖器官	病变器官、流产胎儿、生殖器官、胎膜
大肠杆菌病		
犊牛	肠	肝、脾、消化道
乳猪（黄痢）	十二指肠、肝、肾	消化道、肝、脾、肠系膜淋巴结
仔猪（白痢）	肠	肠系膜淋巴结
仔猪（水肿）	胃壁、肠管	
禽	形成肉芽肿器官	肝、脾
羊梭菌病		
快疫	真胃	肝被膜触片、内脏器官、血液
肠毒血症	肾、胸腺、肺	回肠内容物
猝狙	小肠	体腔渗出液、脾、小肠内容物
黑疫	肝	肝坏死灶涂片、腹水、肝坏死组织
痢疾	回肠	肠、肠系膜淋巴结、肠内容物
绵羊巴氏杆菌病	肺、肝	肺、肝、淋巴结、血涂片
兔巴氏杆菌病	肺、子宫或睾丸、脓肿器官	心血、脾、肝、脓液、渗出物、分泌物
牛结核病	肺、支气管、纵隔和肠系膜淋巴结、肝、肾、乳腺	有病变器官、淋巴结、病变部位涂片
猪结核病	下颌、咽背、肠系膜淋巴结，病变肺、肝、脾、肾等	病变淋巴结和器官
禽结核病	肝、脾、肠	病变器官
坏死杆菌病	病变皮肤、肝、肺	有病变的器官
猪链球菌病	脾、肝、肾、淋巴结	脾、有炎症关节

3. 中毒病

病名	组织检查	毒物检验
黄曲霉毒素中毒	肝、肾	饲料
镰刀菌毒素中毒	脑、脊髓	霉玉米
食盐中毒		
猪	脑	饲料、饮水、消化道内容物
鸡	肾	

4. 寄生虫病

病名	组织检查	寄生虫检验
旋毛虫病	膈肌、舌肌、咬肌、肋间肌、腰肌	膈肌
住肉孢子虫病	食管、骨骼肌、心肌	带虫的肌肉

续表

病名	组织检查	寄生虫检验
球虫病		
兔	肝、十二指肠	肝内胆管内容物、肠内容物
鸡	盲肠、小肠	肠黏膜刮取物
牛	大肠	大肠内容物、肠黏膜刮取物
羊	小肠	小肠内容物、肠黏膜刮取物
绵羊肺线虫病	肺	肺组织、支气管内虫体
牛泰勒焦虫病	淋巴结、脾、肝、肾、真胃	血涂片、淋巴结、脾涂片
牛、羊肝片吸虫病	肝	胆管内容物、胆汁

第四节　尸体的变化

家畜死亡后，由于受到体内存在的酶和细菌的作用，以及外界环境的影响，会逐渐发生一系列死后变化，包括尸冷、尸僵、尸斑、血液凝固、尸体自溶与腐败。死后变化应与生前的病理变化相区别。

一、尸冷

尸冷指家畜死亡后，尸体温度逐渐降低至与外界环境温度相等的现象。其主要原因是机体死亡后，产热过程停止，散热过程仍持续存在。其温度下降的速度，在死后最初几小时较快，以后逐渐变慢（表 1-5）。通常在室温条件下，平均每小时下降 1℃。尸冷受到季节和气温的影响，冬季加速尸冷过程，夏季延缓尸冷过程。

表 1-5　死亡时间与环境温度、尸体温度的关系

死亡时间/h ＼ 尸体温度/℃ ＼ 环境温度/℃	3～5	6～8	9～11	12～14	15～17	18～20	21～23	24～26	＞27
1～2	30	31	31	32	33	34	34	35	36
3～4	28	29	30	31	33	34	34	35	35
5～6	27	28	29	30	31	31	32	33	34
7～8	26	27	28	29	30	31	32	33	34
9～11	25	26	27	28	29	30	31	32	33
12～15	23	24	25	26	27	28	29	31	32
16～20	20	21	22	24	25	26	27	29	30
21～24	18	19	20	22	24	25	26	28	30
30	13	14	16	18	21	22	24	27	29
40	10	12	14	16	19	21	23	26	28
48	7	10	12	14	18	20	22	25	27

注：①注意尸体肥瘦及是否有覆盖物的影响；②注意死因的影响，如脑挫伤、脑内出血、热射病、白血病、肺炎、伤寒、农药中毒的影响；③温度计插入直肠内 3min 后观察；④室温测量应在尸体同高度测量，水中尸体测水温

二、尸僵

家畜死亡后，最初由于神经系统麻痹，肌肉失去紧张力而变得松弛柔软，但经过很短时间后，肢体的肌肉即行收缩变为僵硬，四肢各关节不能伸屈，尸体固定于一定的形状。

大、中型动物一般在死后 1～5h 开始发生尸僵现象，首先从头部肌肉开始，以后向颈部、前肢、后躯和后肢的肌肉逐渐发生。各关节因肌肉僵直而固定，经 10～24h 发展完全。死后 24～48h 尸僵开始消失，肌肉变软。

除骨骼肌外，心肌、平滑肌同样可以发生尸僵。心肌的尸僵在死后半小时即可发生，经 24h 后尸僵消失，心肌松弛。如果是心肌变性或心力衰竭的心肌，尸僵可不出现或不完全出现，此时心脏质度柔软，心腔扩大，充满血液。

周围温度较高时，尸僵出现较早，解僵较早。寒冷时则出现较晚，解僵较迟。

三、尸斑

动物死亡后，由于心脏和大动脉管的临终收缩及尸僵的发生，将血液排挤到静脉系统内，并由于重力作用，血流流向尸体的低下部位，使该部位血管血液充盈的现象，称为尸斑坠积。

尸斑在死后 1～1.5h 即可出现，尸斑坠积部的组织呈暗红色，初期，用指按压该部位可使红色消退，且尸斑可随尸体位置的改变而发生变化。

随尸斑坠积时间的延长，红细胞崩解，血红蛋白溶解于血浆内，通过血管壁向周围组织浸润，结果使心内膜、血管内膜及血管周围组织染成紫红色，称为尸斑浸润，一般在死后 24h 出现，此时不随尸体位置改变而发生变化。

四、血液凝固

动物死亡后，由于心脏停止跳动，血液从流动的液体状态变成不能流动的胶冻状凝块的过程即为血液凝固。血液凝固较快时，血凝块呈一致的暗红色；血液凝固慢时，血凝块分为明显的两层，上层为含血清成分的淡黄色鸡脂样血凝块，下层为含红细胞的暗红色血凝块。

血液凝固一般在死后 30～60min 发生，但因败血症、脓毒败血病、部分中毒性疾病死亡的动物，血凝不良或不凝血。

五、尸体自溶及腐败

1．尸体自溶

尸体自溶指体内组织受到酶（组织蛋白溶解酶、消化液中的蛋白分解酶）的作用而引起的自体消化过程。主要表现为胃和胰腺的自溶。其他表现还有：角膜混浊、皱缩、干燥无光泽；血溶及心血管内膜红染；实质器官自溶斑（在实质器官表面常出现大小不等的颜色变淡的斑块或片状区）。

2．尸体腐败

尸体腐败指尸体组织蛋白由于细菌的作用而发生腐败分解的现象。这些细菌主要来自于消化道，也有从外界进入体内的。分解过程中，产生大量气体（如氨、二氧化碳、甲烷、硫化氢等）。

尸体腐败主要表现为：死后臌气，肝、肾、脾等内脏的腐败，尸绿，尸臭，组织气肿。

1）死后臌气：主要表现为腹部膨大隆起，肛门外突，严重时直肠外翻，剖检时胃肠充气，有恶臭，胸腔和腹腔器官无淤血现象。

2）尸绿：主要由尸体腐败时产生的硫化氢与破裂崩解的红细胞中的铁元素和血红蛋白结合，形成硫化铁和硫化血红蛋白，浸润其他组织后造成颜色发绿的现象。通常在腹壁、肠壁、肝和肾表面呈灰绿色，特别严重的腐败，在皮下也可见尸绿。

3）组织气肿：主要发生在皮下、肌束间、实质器官，可以发现气泡，腐败严重的，气泡可以互相融合，形成大的气泡，伴有明显的腐败臭味。

尸体腐败使生前病理变化遭到破坏，因此，家畜死亡后尸体要尽早进行剖检。

第五节　病理变化的描述

病理变化的描述是尸体剖检工作的关键之一，是一项专业性很强的工作，病变描述的基础，首先是观察病变、发现病变、识别病变，然后描述病变。同一病变不同人描述的不可能完全相同，但客观存在的病变只有一个标准，同一病变用词可有程度的不同，但在病理解剖诊断上结论应相同。病变的描述具有一定规范、技巧，需剖检者在剖检过程中积累，应善于综合分析、总结，不断提高。

病灶可认为是病变的基本单位。病灶在一些器官组织内和表面都可出现，虽然不同疾病中可出现各种各样的病灶，其形状、大小、颜色都有所不同，但应有一定规律可循。

病变的描述参考方法如下。

1．计量标准：用国家公布的计量标准

1）重量：千克、克、毫克。

2）长度：米、毫米、厘米。

3）面积：平方米、平方厘米、平方毫米。

4）容积：升、毫升。

2．重量、大小和容积

凡可计量的器官，采取后首先称量，然后用尺量其大小。对病变一是可用测量工具进行测量；二是可用常见的实物比喻，如鹅卵大、鸡卵大、小米大、黄豆大、绿豆大等。

3．颜色

器官不同，颜色不一，肝、肾、脾、心等以红色为主色，只是色调不一。消化器官主要为灰白色，淋巴结为灰白色，不同动物可能会有差异。单色用鲜红、淡红、粉红等描述。复色用暗红、灰黄、黄绿等表示，通常前者表示次色，后者表示主色。

4．表面和切面

表面：可用光滑、粗糙、突出、下陷、棉絮状、绒毛状、条纹状等表示。

切面：可用平坦、颗粒状、肉样、固有结构不清、纹理不清、景象模糊等表示。

5．形状

病变或病灶多为圆形、椭圆形、球形、菜花状、结节状、乳头状等。

6. 干湿度

用多汁、湿润、干燥等进行描述。

7. 透明度

用透明、半透明、混浊、清亮、不透明等表达。

8. 其他描述指标

1）质地：弹性、脆弱、坚硬、柔软等。

2）气味：恶臭、腥味、腐败味等。

3）正常与否：一般不用正常、无变化等名词，因为无眼观变化时，不一定无病变或无组织细胞变化，通常可用“无眼观可见变化”“未发现异常”等来概括。

第二章 动物尸体剖检方法

第一节 概 述

为全面而系统地检查尸体内所呈现的病理变化，尸体剖检必须按一定的方法和顺序进行。尸体剖检的基本技术包括动物尸体的解剖顺序和方法。尸体剖检技术为检查尸体的病变提供方便，是尸体病理检查顺利进行，以及提高尸体剖检工作质量的基础，病理解剖的基本原则是：①根据畜禽解剖和生理学特点，确定剖检术式的方法和步骤；②剖检方法要方便操作，适于检查，遵循一定程序，但也应注意不要墨守成规，术式服从于检查，灵活运用；③剖检都应按常规步骤系统全面进行操作，不应草率从事，切忌主观臆断，随便改变操作规程；④可疑炭疽（烈性传染病）的动物不准剖检。

不同的动物，剖检的方法和顺序不同，且依具体条件和要求有一定的灵活性。常规的剖检方法和顺序的必要性就在于能提高剖检工作的效果。一般由体表到体内，腹腔到胸腔。

通常的剖检顺序如下。

（1）外部检查　①特征检查；②营养状态检查；③皮肤检查；④天然孔检查；⑤尸体变化检查。

（2）内部检查　①剥皮和皮下检查；②腹腔的剖开和腹腔脏器的视检；③胸腔的剖开和胸腔脏器的视检；④腹腔脏器的采出；⑤胸腔脏器的采出；⑥口腔和颈部器官的采出；⑦颈部、胸腔和腹腔脏器的检查；⑧骨盆腔脏器的采出和检查；⑨颅腔剖开、脑的采出和检查；⑩鼻腔的剖开和检查；⑪脊椎管的剖开、脊髓的采出和检查；⑫肌肉关节的检查；⑬骨和骨髓的检查。

第二节 大型动物的剖检

一、单胃动物尸体剖检方法

1．外部的检查

外部检查是在剥皮之前检查尸体的外表状态。外部检查结合临床诊断的资料，对于疾病的诊断，常常可以提供重要线索，还可为剖检的方向给予启示，有的还可以作为判断病因的重要依据（如口蹄疫、炭疽、鼻疽等）。

检查内容如下。

1）畜别、品种、性别、年龄、毛色、特征、体态等。

2）营养状态：根据肌肉发育、皮肤和被毛等情况来判断。

3）皮肤：注意被毛的光泽度，皮肤的厚度、硬度及弹性，有无脱毛、褥疮、溃疡、脓肿、创伤、肿瘤、外寄生虫等。

注意检查皮下有无气肿或水肿。水肿有捏粉样硬度或有波动感，常见于贫血、营养不良、慢性传染病、寄生虫病、心肾病等；气肿触之有捻发音。

4）天然孔：首先检查天然孔的开闭状态，有无分泌物和排泄物及其性状、色泽、气味、浓度等。其次注意可视黏膜的检查，主要是色泽的变化，如苍白、紫红、黄染及有无出血等。

5）尸体变化的检查：有助于判定死亡发生的时间、位置等。

2．内部检查

内部检查包括剥皮和皮下检查、体腔的剖开和视检、脏器的采出和检查等。

（1）剥皮和皮下检查　为检查皮下病理变化并利用皮革的经济价值，在剖开体腔前应先剥皮。臌气严重的要放气。

1）剥皮的方法：一纵四横切线法。

尸体仰卧，从下颌间正中线开始切开皮肤，经颈部、胸部，沿腹壁白线向后直至脐部时，向左右分为两线，绕开乳房或阴茎然后又会合于一线，止于尾根部。尾部一般不剥皮，仅在尾根部切开腹侧皮肤，于第一尾椎或第三至第四尾椎处切断椎间软骨，使尾部连在皮上。

四肢的剥皮可从掌骨较细处开始作一轮状切线，沿屈腱切开皮肤，前肢至腕关节，后肢至飞节，然后节线转向四肢内侧，与腹正中切线垂直相交。头部剥皮可先在口端和眼睑周围作轮状切线，然后由颌间正中线开始向两侧剥开皮肤，外耳部连在皮上一并剥离。剥皮的顺序一般是先从四肢开始，由两侧剥向背侧正中线，剥皮时要拉紧皮肤，刀刃切向皮肤与皮下组织结合处，只切割皮下组织，不要使过多的皮肌和皮下脂肪留在皮肤上，也不要割破皮肤。

2）皮下检查：在剥皮的同时，要注意检查皮下有无出血、水肿、脱水炎症和脓肿等病变，并注意观察皮下脂肪组织的多少、颜色、性状及病理变化等。特别要注意皮下的淋巴结（下颌、肩胛、膝上、乳房上和腹股沟淋巴结）的检查，观察其形态、色泽、大小、重量、硬度、切面等情况。

肌肉的检查：注意肌肉的丰瘦、色彩和有无病变。发现瘘管、溃疡或肿瘤等病变时，立即进行检查。正常的肌肉为红褐色并有光泽。一般因窒息而死的，肌肉呈暗红色，肌肉发生变性则色彩变淡且无光泽。应注意败血症、药物中毒、恶性水肿或气肿疽时的病变，有时某些微量元素缺乏时肌肉也有明显病变。

乳房的检查：注意其外形、体积、硬度、重量。

皮下检查后，将尸体取右侧卧位，为了便于采出脏器的操作，应将尸体左侧的前肢和后肢切离。

（2）腹腔的剖开和视检

1）腹腔的剖开：先从肷窝部沿肋骨弓至剑状软骨部作第一切线，再从髋结节前至耻骨联合作第二切线，切开腹壁肌层和脂肪层。然后用刀尖将腹膜切一小口，以左手食指和中指插入腹腔内，手指的背面向腹内弯曲，使肠管和腹膜之间有一空隙，将刀尖夹于两指之间，刀刃向上，沿上述切线切开腹壁。此时左侧腹壁被切成楔形，左手保持三角形的顶点徐徐向下翻开，露出腹腔。

2）腹腔的视检：应在腹腔剖开后立即进行。

内容包括：腹腔液的数量和性状；腹腔内有无异常内容物，如气体、血凝块、胃肠内容物、脓汁、寄生虫、肿瘤等；腹膜的性状，是否光滑，有无充血、出血、纤维素的渗出、脓肿、破裂、肿瘤等；腹腔脏器的位置和外形，注意有无变位、扭转、粘连、破裂、肿瘤、寄生虫结节；横膈膜的紧张程度、有无破裂。

（3）胸腔的剖开和视检

1）胸腔的剖开：剖开胸腔前，必须先用刀切除切线部的软组织，并切除与胸廓相连的腹壁，锯断骨骼。为检查胸腔的压力，可用刀尖在胸壁的中央部刺一小孔，此时应能听到空气突入胸腔的音响，横膈膜向腹腔后退。同时检查肋骨的高度、肋骨和肋软骨结合的状态。

胸腔剖开的方法有两种：一种是将横膈的左半部从左季肋部切下，在肋骨上下两端切离肌肉并作二切线，用锯沿切线锯断肋骨两端，即可将左侧胸腔全部暴露；另一种是用骨剪剪断近胸骨处的肋软骨，用刀逐一切断肋间肌肉，分别将肋骨向背侧扭转，使肋骨小头周围的关节韧带扭断，一根一根分离，最后使左侧胸腔露出。

2）胸腔的视检：内容包括胸腔液的数量和性状；胸腔内有无异常内容物，如气体、血液、脓汁、寄生虫、肿瘤、脱出的腹腔器官等；胸膜的性状，正常的胸膜光滑、湿润而有光泽，注意有无出血、充血、炎症、肥厚和粘连等病变；肺脏的色彩、体积、退缩程度，纵隔和纵隔淋巴结、食管、静脉、动脉有无变化等，幼畜还要检查胸腺；心脏的视检，观察心包膜的状态后，提起心包尖端，沿心脏纵轴切开心包腔，注意心包腔的大小，心包液的数量和性状，心脏的位置和大小、形态及房室充血程度，心包内膜和心外膜的状态，并注意主动脉和肺动脉开始部分有无变化等。

（4）腹腔脏器的采出　腹腔脏器的采出和脏器的检查可同时进行，也可先后进行。一般在器官本身或器官与其周围组织器官之间发生了病理变化，而这种变化可因采出受到改变或破坏，使病变的检查发生困难时，如肠变位、穿孔等，可用边采出边检查的方法。但是在脏器的病变不受采出影响时通常用先采出后检查的办法。

1）肠的采出：先采空肠、回肠，再采小结肠，最后采大结肠和盲肠。

小肠的采出：先用两手握住大结肠的骨盆曲部，向外前方拉出大结肠，再将小结肠全部拉出，置于腹腔外背侧，剥离十二指肠小结肠韧带，在十二指肠与空肠之间作两道结扎，从中间断开，握住空肠断端，将空肠从肠系膜上分离至回肠末端，至盲肠 15cm 处作二重结扎，从中间断开，取出空肠、回肠。

小结肠的采出：将小结肠拿回腹腔，将直肠内的粪便向前方挤压，在直肠末端作一次结扎，并在结扎后方切断。然后由直肠断端向前方分离肠系膜，至小结肠前端，于胃状膨大部（十二指肠结肠韧带处）作二重结扎，中间断开，取出小结肠和直肠。

大结肠和盲肠的采出：先用手触摸前肠系膜动脉根，可查知有无动脉瘤。再检查结肠的动脉、静脉和淋巴结。然后将上下结肠动脉、中盲肠动脉、侧盲肠动脉自肠壁分离，于距肠系膜根 30cm 处切断，切断端由助手向背侧拉，术者左手握住小结肠和回肠的断端，以右手剥离附着于肠上的胰腺，然后将大结肠、盲肠同背部联结的结缔组织分离，即可将盲肠和大结肠全部取出。

2）脾、胃和十二指肠的采出：左手抓住脾头向外牵引，切断各部韧带，连同大网膜一同取出。在膈孔后结扎食管并切开，切断胃、十二指肠韧带并取出。

3）胰、肝、肾、肾上腺的采出：

胰：可附在肝和十二指肠上取下，也可单独取下。

肝：先切断左叶周围的韧带、后腔静脉，然后切断右叶周围韧带及门静脉、肝动脉后取出。

肾及肾上腺：切断或剥离肾周围的浆膜和结缔组织，切断其血管和输尿管，取出肾，先取左肾，再取右肾。如检查输尿管有病变时，将泌尿系统一并采出。肾上腺可在采集肾的同时或之后采出。

（5）胸腔脏器的采出

1）心脏的采出：在距左纵沟左右各约 2cm 处，用刀切开左右心室，检查心室内血量及性状。然后切断各主要动、静脉，取出心脏。

2）肺的采出：先切断纵隔的背侧部与胸主动脉，检查右侧胸腔液的数量和性状。然后切断纵隔、食管及后腔静脉，在胸腔入口处切断气管、食管等，并在气管环上作一小切口，手指伸入牵引气管，将肺采出。

（6）骨盆腔脏器的采出和检查　腹腔脏器采出后，即暴露出骨盆腔器官，检查重点根据剖检动物的性别有所区别，公畜重点检查精索、输精管、腹股沟、精囊腺、前列腺和尿道球腺；母畜重点检查卵巢、输卵管、子宫和阴道。检查上述器官时，也可与泌尿系统器官的检查与采出同步进行。

（7）口腔和颈部器官的采出　口腔中主要为舌的采出和检查；颈部器官主要采出和检查甲状腺、淋巴结。

（8）颅腔的剖开、脑的采出和检查

1）切断头部：沿环枕关节切断颈部，断颈时注意观察脑脊液。

2）取脑：先将头部肌肉清除，沿二颞骨窝前缘锯一横线，再在其后 2～3cm 处锯第二横线，从第一横线中点至颧骨弓上缘左右各锯一线，最后再由颧骨弓至枕骨大孔各锯一线。用镊子取下额窦部的三角骨片，将颅顶揭开，暴露脑组织。切开脑硬膜，助手将颅骨面朝下，仔细分离脑神经，将脑取出。

（9）鼻腔锯开　沿双眼前缘横断，第一臼齿前缘横断，最后纵断，取下鼻中隔，检查鼻窦内的分泌物、溃疡、糜烂、寄生虫等。

（10）脊椎管的剖开、脊椎的采出和检查　可在椎骨间隙将脊椎切断，从椎管中分离硬脊膜，取出脊髓。注意检查脊髓液的性状和颜色，并检查脊髓灰质、白质和中央管有无变化。

（11）肌肉关节的检查　将关节弯曲，在紧张面横切关节囊，观察关节液的性状和量，以及关节面的状态。

（12）骨和骨髓的检查　骨的检查，可视具体情况而定，如有病变部位，可将病变部位剖开，检查其切面和内部是否还有其他变化，必要时取材做组织学检查。骨髓的检查可与骨一起进行，主要观察骨髓的颜色、质地有无异常。眼观检查后可取材进一步做组织学、细胞学和细菌学检查。

二、反刍动物尸体剖检方法

原则上与大型单胃动物的剖检法相同，但因反刍动物的 4 个胃占据腹腔左侧的绝大部分及右侧中下部，前至6～8肋间，后达骨盆腔。因此，剖检反刍动物时采取左侧卧位，以便于腹腔脏器的采出和检查。

与单胃动物剖检不同之处如下。

（1）腹腔脏器的采出

1）在位于皱胃上的十二指肠作双结扎后中断，然后在右肾附近的S状弯曲部后端10～12cm处同样双结扎，切断，取出十二指肠。

2）结扎食管，在结扎前端剪断，将胃与各处的联结组织切断，取出4个胃。

3）在骨盆曲内找到直肠作双结扎断开，再切断肠系膜及各部组织，将全部肠管采出。

（2）颅腔的打开　基本与单胃动物相同，因反刍动物大多有角，可再在颅正中多锯一纵线，握住两角，向两侧按压即可打开。

第三节　猪的剖检

猪因肠管既长又复杂，通常采取背卧位，即将尸体仰卧，通常把四肢与躯体分离，但又要保持一定的联系，这样可以借四肢固定尸体。

剖检前主检人首先对猪品种、性别、毛色、特征、营养、用途、体重、体长、体高及尸体变化等做一般视检，在主检人指导下，助检人进行剥皮，对有利用价值的皮肤，一般将皮剥下，以备加工利用，若无利用价值时也需作部分剥皮以便检查皮肤和皮下的变化，患传染病的皮肤，根据诊断的需要做部分剥皮即可。

一、尸体外部检查

猪的外部检查，尤其是对皮肤的检查相对重要，通过皮肤检查，往往能发现对疾病准确诊断有指示意义的病理变化。例如，发生猪丹毒时，皮肤上可见明显的方形、菱形或不规则斑块；在发生急性猪瘟时，皮肤暗红色且有密集或散在分布的出血点。

检查基本顺序是从头部开始，依次检查颈、胸、腹、四肢、背、尾和外生殖器，尸体外部也是病理解剖学诊断的重要组成部分，因此不可忽视。特别是对某些具有特征性疾病的病理变化，往往据外部检查所获得的资料可做出诊断，如痘、疥、癣、放线菌病等，通常外部检查应包括以下几部分。

1）性别、年龄、毛色、特征、品种、用途。

2）尸体变化和卧位。对尸体变化的检查，对判定死亡时间及病理变化有重要的参考价值。卧位的判定与成对器官（肾、肺）的病变认定有关，以便区别生前的淤血与死后血液沉积。

3）营养确定。依猪的营养状态，分优良、不良、中等、肥胖和瘦弱等。营养等级的分类依据是以猪的肌肉发育，皮肤、被毛等状态来分，瘦弱猪皮下脂肪极少，坐骨结节，额骨外角、肋骨、脊柱等明显突出，而且被毛无光泽，眼窝凹陷，严重瘦弱猪的脂肪组织呈胶样萎缩状态。肥胖猪的皮下脂肪及肌肉丰满发达。

4）皮肤的检查。首先观察皮肤有无脱毛、创伤、湿疹、疱疹、充血、淤血、出血及外寄生虫等，然后检查皮肤的厚度、硬度、弹性及被毛有无光泽，皮下有无气肿、水肿。气肿时用力触压则有碎裂音或捻发音，但应弄清是生前变化还是死后变化；皮下水肿时触摸皮肤时有捏粉样硬感及波动感，患部往往隆起皮肤表面。

5）可视黏膜和天然孔的检查。可视黏膜包括眼、鼻、口、肛门、阴唇、阴茎及包皮的黏膜。黏膜的颜色变化通常可反映机体某些器官系统的变化，黏膜黄染，可能是黄疸，提示在内部检查时，要注意肝、胆囊、胆管、十二指肠及血液寄生虫的检查，也有的是免疫反应引起的黄疸。黏膜苍白是内脏出血及贫血的标志之一。黏膜蓝紫色或发绀，为缺氧、血管系统和呼吸系统功能不全引起的。鼻黏膜有溃疡、小泡、结节，有口蹄疫的可能。此外应注意黏膜有无出血、溃疡、溃烂、水泡、瘢痕。对天然孔的检查，注意有无分泌物，分泌物的性状和颜色可确定其性质，与此同时，应注意天然孔的开闭情况，特别是口腔的开闭情况，以及舌的位置、牙齿情况、齿龈及各部黏膜情况等。猪死亡后，眼瞳孔散大，不久可见角膜混浊，眼球失去紧张力。要检查颈、胸、腹、脊椎、四肢、尾等情况，四肢有无骨折、骨瘤等病变，此外注意检查蹄底及蹄角壁有无针伤、刺伤等病变，死亡于破伤风的猪应特别注意检查创伤的存在部位。

二、剥皮和皮下检查

（1）切线　　1 条纵切线，4 条横切线。

（2）剥皮顺序　　首先使尸体仰卧，第一条纵切线是猪腹侧正中线，从下颌间隙开始沿气管、胸骨、腹壁白线侧方直至尾根部作一切线切开皮肤。切线在脐部、生殖器、乳房、肛门等处，应反切线在其前方左右分为两切线绕其周围切开，然后又合为一线，尾部一般不剥皮，仅在尾根部切开腹侧皮肤，于 3～4 尾椎部切断椎间软骨，使尾部连于皮肤上。4 条横线，即每肢 1 条横切线，在四肢内侧与正中线呈直角切开皮肤，止于球节作环状切线。头部剥皮，从口角后方和眼睑周围作环状切开，然后沿下颌间隙正中线向两侧剥开皮肤，切断耳壳，外耳部连在皮肤上一并剥离，以后沿上述各切线逐渐把全身皮肤剥下。

（3）剥皮方法　　剥皮时要拉紧皮肤，刀刃切向皮肤与皮下组织结合处，只切离皮下组织，切忌使过多的皮肌、脂肪残留在皮肤上，也不应割破皮肤，而降低利用价值。有剖检室设备的场地，可设有活动吊车、电动剥皮机，省力省时。

剥皮同时应注意检查皮下组织的含水程度，皮下血管的充盈量，血管断端流出血液的颜色、性状、黏稠度，有无水肿、气肿和出血性浸润、胶样浸润等。此外要检查皮下有无肠管、溃疡、肿瘤、炎症、出血等病变，同时要检查皮下脂肪沉积量、色泽和性状。

体表淋巴结：观察其体积大小、被膜血管状态、外观颜色，然后纵切或横切，观察切面的变化等，可初步确定淋巴结变化的性质，检查以下几种淋巴结：①腮腺淋巴结；②咽后外侧淋巴结；③肩前淋巴结；④颈浅腹侧淋巴结；⑤下颌副淋巴结、下颌淋巴结；⑥股前淋巴结；⑦腘淋巴结；⑧荐外侧淋巴结。

对于死后不久的仔猪，应注意检查脐带有无异常变化。

三、卧位

卧位的确定主要根据猪的腹腔中消化道的特殊结构而定，目的是方便操作，便于腹腔器官的摘出。一般有 3 种卧位，主要采用仰卧位，分述如下。

侧卧位：尸体的左侧或右侧卧位。

半卧位：尸体背部向某一侧倾斜45°，向左或向右倾斜。

背侧卧位（仰卧位）：尸体的背脊部与地面呈垂直状态。

四、切离前后肢与关节、肌腱、蹄甲等检查

只有确定好尸体卧位才能切离肢体。

（1）前肢的切离　首先沿肩胛骨前缘切断臂头肌和颈斜方肌，然后再在肩胛软骨后缘切断胸背阔肌，以及腋下血管、神经、下锯肌、菱形肌等，即可取下前肢。

（2）后肢的切离　在股骨大转子处圆切臂部肌肉群的臀肌及股后肌群，助手将后肢向背侧牵引，由内侧切断股内收缩肌和髋关节各条韧带，即可取下后肢。

切离四肢时，注意检查四肢骨骼、关节腔、关节面、肌肉、肌腱、韧带、蹄甲等有无异常。

五、腹腔的剖开和视检

根据尸体卧位可采用下列两种剖开方法。

（1）侧卧位（左、右侧）或半侧卧位　切开腹壁的方法是，第一条切线从肷窝沿肋骨弓切开腹壁至胸骨的剑状软骨处，第二切线从肷窝沿髂骨体前缘至耻骨前缘切开腹壁，然后将切开的三角形腹壁放于尸体下方。

（2）仰卧位　第一切线从胸骨的剑状软骨距白线2cm处做一长10～15cm的切口切开腹壁肌层，然后用刀尖将腹膜切一小口，此时左手的食指和中指，伸入腹壁的切口中，用手指的背面抵住肠管，同时两手指分开，刀尖夹于两手指之间，刀刃向上，由剑状软骨切口的末端，沿腹壁的线切至耻骨联合处。第二切线由耻骨联合切口处分别向左右两侧沿髂骨体前缘切开腹壁。第三切线由剑状软骨处的切口分别向左右两侧沿肋骨弓切开腹壁，根据腹腔内脏器官和内容物情况逐步切至腰椎横突处。

腹腔内常蓄有气体，作腹壁切线时第一个切口即有气体冲出，注意其气味，观察剖开腹腔内有无异物，如饲料、粪便、脓汁等，并应确定异物的数量、种类、性状，必要时作涂片或细菌培养。同时注意腹腔内各器官外观，以及它们之间的关系有何变化，如有无出血、寄生虫结节、胃肠破裂、肝脾破裂出血。对腹腔液体首先观察色泽、性状、透明度，有无纤维素、血液、脓汁、寄生虫等，最后确定其数量。检查腹腔器官的位置之后，用手移动肠管观察肠管的各部状态、肠管内容物数量、肠系膜的光泽度及有无出血和纤维素附着，肠系膜的厚度、肠系膜脂肪蓄积量、血管和淋巴管充盈程度、肠系膜淋巴结及其他器官所属淋巴结的变化。待腹腔器官全部摘出后，检查腹膜的光泽度、颜色、有无出血和纤维素粘连等。

六、胸腔的剖开视检

胸腔剖开之前，首先应检查胸腔是否真空，在胸壁5～6肋处，用刀尖刺一小口，此时若听到空气冲入胸腔时发生的摩擦音，同时膈后退，即证明正常，用刀刺膈肌的方法亦可。通常剖开胸腔是锯除半侧胸壁，首先切除胸骨及肋骨上附着的肌肉等软组织，再切断与胸壁相连的膈肌，然后用骨锯锯断与胸骨相连的肋软骨，最后在距脊椎7～9cm处自后向前依次将肋骨锯断。然后将锯断的胸壁取下，从而暴露胸腔。另外，用分离肋

骨的方法亦可。

胸腔的视检内容应包括：①检查胸腔是否真空；②骨的质度和脆性用手弯曲肋骨或用刀刺胸骨来确定；③注意正常的胸腔内含有少量琥珀色透明液体，打开胸腔检查胸腔液体的数量、色泽、性状，同时还应检查有无异常内容物，如血液、脓汁、肿瘤、腐败坏死物、寄生虫等；④胸膜的性状，注意检查胸膜有无充血、出血、炎症、肥厚、机化、粘连等。

七、口腔、颈部和胸腔器官的摘出

首先将头部仰卧固定使下颌向上，用锐刀在下颌间隙紧靠下颌骨内侧切入口腔，切断所有附着于下颌骨的肌肉，至下颌骨角，然后再切离另一侧，同时切断舌骨分枝间的连接部，将手自下颌骨角切口伸入口腔，抓住舌尖向外牵引，用刀切开软腭，再切断一切与喉连接的组织，连同气管、食管一直切离到胸腔入口处，用手向左右分切纵隔，切断锁骨下动脉和静脉及臂神经丛，此时用手握住颈部器官，边拉边分离附着于脊椎部的软组织，在膈部切断食管、后腔静脉和动脉，即可将颈部和胸腔器官全部摘出。此外尚有口腔、颈部器官与胸腔器官分别摘出的方法，即上述口腔、颈部器官摘出时分离到胸腔入口处，切断气管、食管、血管和神经，即可先摘出口腔和颈部器官。

心脏的摘出：用剪刀或刀纵切心包中央线，同时测量心包液的数量，观察其性状，然后将心脏提至心包外，再切断心包和心脏附着的心基部的大血管，可取出心脏。

肺的摘出：首先在后主动脉的下部切断上纵隔膜，观察右侧的胸腔液，其次从横膈膜上切断后纵隔膜及食管末端，最后切断靠近胸腔入口处的食管及气管，将手指插进在气管断端已切好的小孔和气管腔，即可将肺取出胸腔。

大血管的摘出；首先在主动脉分支处将横膈膜与大血管分离，然后从主动脉弓往后分离与胸主动脉和腹主动脉周围的联系，再在腹主动脉分支处切断血管，最后从胸主动脉向前分离至颈动脉的分支处切断，则可采出大血管。

八、腹腔器官的摘出

脾、胃和十二指肠的摘出：提起脾的基部切断胃脾韧带，勿将脾门淋巴结切掉，使其附在脾上以供检查，即可摘出脾。切断胃膈韧带、胃肝韧带、肝十二指肠韧带，以及韧带左侧的胆管，用手向后牵引胃，将食管切断，即可将胃和十二指肠一起摘出。

肝及胰的摘出：从肠管外壁将胰剥离下来，然后切断肝左三角韧带、圆韧带、镰状韧带、后腔静脉，再切左右冠状韧带，最后切断右三角韧带及肝肾韧带，则可采出肝。

肾和肾上腺的摘出：首先分离肾周围结缔组织，切断肾门部的血管和输尿管，可取出左右两肾及肾上腺。

九、骨盆腔器官的摘出

骨盆腔器官的摘出通常有两种方法。第一种方法：锯断左侧髂骨体、耻骨和坐骨，取出锯断的骨体，即可露出骨盆腔，然后用刀切断直肠与骨盆腔上壁的联系，母猪还需切离子宫与卵巢，再由骨盆腔下壁切断与膀胱、阴道及生殖器官的联系，最后将骨盆腔器官一起取出。如要将公猪的外生殖器与骨盆腔器官一同取出时，应先切开阴囊和鞘膜管，把睾丸、附睾、输精管由阴囊取出并纳入骨盆腔内，其次切开阴茎皮肤，将阴茎引向后方，于坐骨部切断阴茎脚、坐骨海绵体肌，再切开肛门周围皮肤，将外生殖器与骨盆腔器官一并取出。第二种方法：从骨盆入口处，切离周围软组织，可将骨盆腔器官采出。

十、颅腔的剖开和脑的摘出

先把头从第一颈椎分离下来，去掉头顶部所有肌肉，在眶上突后缘 2～3cm 的额骨上锯一横线，再在锯线的两端沿颞骨到枕骨大孔中线各锯一线，用斧头和骨凿除颅顶骨，露出大脑。用外科刀切离硬脑膜，将脑轻轻向上提起，同时切断脑底部的神经和各脑的神经根，即可将大脑、小脑一同摘出，最后从蝶鞍部取出脑下垂体。

十一、鼻腔的剖开

先用锯在两眼前缘横断鼻骨，然后在第一臼齿前缘锯断上颌骨，最后沿鼻骨缝的左侧或右侧 0.5cm 处，纵向锯开鼻骨和硬腭，打开鼻腔取出鼻中隔，检查隔黏膜、鼻腔黏膜的变化。

十二、脊椎管的剖开和脊髓的摘出

先锯下一段 10cm 左右胸椎，然后用磨刀棒或肋软骨插入椎管可顶出脊髓。也可沿椎弓的两侧与椎管平行锯开椎管即可观察脊髓膜，用手术刀剥离周围的组织即可摘出脊髓。上述各体腔的打开和内脏的采出，是进行系统检查的程序，但程序的规定和选择首先应服从于检查的目的，应该按照实际情况适当地改变某些剖检程序。

十三、器官的检查

检查时应把器官放在备好的检查台（桌）上。器官的检查顺序除特殊情况外，一般先检查颈部和胸腔器官，依次检查腹腔、骨盆腔器官，胃肠通常最后进行，以防弄脏器械、剖检台等设备，影响检查效果。器官的检查应遵循一定的规范，对器官的位置、体积、容积、外观、色泽、形态、质度、光泽度及被膜状态进行检查，才能发现其病变。

（1）舌　检查黏膜的外观状态，特别舌下黏膜是否有出血、疱疹、溃疡等变化，然后沿舌体正中线作一纵切口和数个横切口，检查肌层黏膜色泽、质度等，看是否有变性坏死等变化。白肌病时，舌肌层常有变化。

（2）咽和喉头及扁桃体　对黏膜、色泽进行一般检查，重点检查扁桃体黏膜是否有肿胀、化脓、坏死等变化。

（3）食管　用剪刀剪开食管，并观察食管黏膜状态，观察有无损伤、扩张、憩室、异物或狭窄等变化。

（4）甲状腺、甲状旁腺、唾液腺、胸腺　观察它们的体积、形状、颜色和质度，然后切开，从切面上可观察实质与间质有无异常变化。

（5）心包　心包是包绕在心周围的锥体形纤维浆膜囊，分内、外两层，外层称为纤维心包，内层称为浆膜心包，内、外两层之间称为心包腔，内有少量淋巴液。用手或镊子提起心尖部心包，用剪刀剪开一切口，观察其心包液的数量、性状、色泽、透明度，以及有无纤绒毛、机化灶、粘连、肿瘤等。纤维素心包炎时，应仔细观察记录。再检查心脏的外形，确定心冠纵沟脂肪量和性状，有无出血点或出血斑，检查心肌表面有无白色条纹状的变性坏死灶，此外常见有纤维素呈膜状、绒毛状附着在心外膜上。严重的纤维素心包炎，心外膜与心包外层相互粘连，有时难以剥离。测量心脏的方法是由大动脉起始部到心尖测长度，宽度按心冠状沟部测量，必要时要确定心脏左室和右室的长度与宽度，称量心脏的重量。

心脏内部检查，心脏的切开一般顺血流方向先从后腔静脉将右心房剪开，然后用肠剪沿右心室右缘剪至心尖部，再从心尖部距心室中隔约 1cm 处将右心室前壁及肺动脉剪开，检查右心各部分；从左右心肺静脉之间剪开左心房，检查二尖瓣口有无狭窄，再沿左心室左缘剪至心尖部，从心尖部沿心室中隔左缘向上剪开左心室，直至靠近肺动脉根部，尽量避免剪断左冠状动脉回旋支，在左冠状动脉主干左缘，即在肺动脉干与左心房间剪开动脉。

心腔切开过程中应检查心脏内血液数量、性状，以及心内膜的光泽度和有无出血，同时要注意观察心瓣膜有无肥厚或缺损、瓣孔有无狭窄或扩张、有无血栓形成等，检查腱索的粗细、有无断裂情况。对心肌的检查，根据要求可测定心室壁的厚度，室壁厚正常时，左室为右室壁厚的 3 倍，同时观察心肌质、色泽、肌僵程度，以及有无变性、坏死、出血、瘢痕。检查心肌变化时，可沿室中隔横切心脏，然后进行观察。心血管检查：首先视检冠状血管，冠状动脉在主动脉出口处开始，用眼科剪剪开冠状动脉及其分支，观察有无血栓形成等。对大动脉要检查其动脉内膜有无异常斑点、粗糙、肥厚、钙化灶等，此外还应检查胸主动脉、腹主动脉的外膜有无出血等变化，内膜主要观察色泽、性状有无变化。

（6）喉、气管及支气管　　首先对喉、气管外部进行一般检查，然后用剪刀剖开喉部后角。继续沿气管背侧剪开主气管及两侧基础支气管干，然后观察喉、气管及支气管干黏膜，有无充血、出血、肿胀、伪膜、溃疡、瘢痕、寄生虫、异物等，与此同时要检查黏膜色泽，以及管腔内容物的数量、性状、色泽及有无泡沫，同时要注意检查支气管纵隔淋巴结变化。

（7）肺　　检查之前先切断基础支气管干，将肺的背面向上放置，然后检查肺的体积形态，以及肺胸膜颜色、光泽度，肺表面是否平坦，有无气肿、萎陷、出血、纤维素、结节、炎症灶等，同时检查肺小叶硬度和含气量，以及确定是否有结节、坏死、钙化、炎症等病灶。外部检查之后对已发现的异常部分，要确定其体积、形态、色泽、质度，然后对其病灶作切面检查，判定其病变的性质。外部检查之后，检查肺内部变化，切割肺时要用锐利的刀，避免压缩组织，支气管和血管用剪刀剪开。检查肺时，最好用纵切口，因横切口往往损伤血栓、栓塞所在部位，而使观察发生困难，另外，将左右两肺叶分别各作纵切和横切，观察肺组织的血液含量、色泽、温度、质量，间质的宽度、色泽及血管充盈程度和有无血栓等，再检查支气管内的状态，腔内有无内容物，如食物、药物、寄生虫、脓性分泌物、干酪样物，同时观察支气管黏膜的颜色，有无充血、出血、结节。还要对肺各部用手触摸各切面肺组织，遇有异常病灶，切开病灶，详细观察发生的部位、形态、性状，对病灶可切方形小块，投入清水中，如含气体则浮于水面上，若沉入水底，则为肺炎或无气肿，肺常见为肺淤血、水肿、气肿，其次为肺炎、肺膨胀不全、肺纤维化、肺脓肿、肺坏疽。

（8）脾　首先将网膜剥离，检查脾门血管和所属淋巴结，称重，然后测量脾的长、宽、厚，再观察被膜的色彩、出血、瘢痕及结节等变化，此外还应检查脾头、脾尾、边缘有无坏死或梗死、出血等，再用手触摸以判断其质度（坚硬、柔软或脆弱）及有无病灶。脾实质的检查，于最突处向脾门部位作一纵切口，再于脾头、脾尾作数个横切口，观察脾切面的色泽、血量、质度，检查脾髓滤泡和小梁的状态及比例关系，观察白髓的大小、数量和辨认的难易程度，必要时可用放大镜进行观察，同时注意脾切面变化，可出现切面外翻、呈暗红色颗粒状突起、平坦、干燥、结节和模糊不清等，再用刀背轻轻刮切面，检查刮取物的数量（所谓擦过量），以验证脾髓的质和量。正常时脾组织可刮下少量脾组织和血液，脾萎缩时擦过量极少，当脾髓增生和充血时擦过量多而浓稠。脾白髓，如针尖大小不易辨清，应仔细观察。脾萎缩时，小梁的纹理粗大明显，被膜肥厚而皱缩，还应注意切面的颜色变化，观察有无结核、脓肿、梗死灶等。败血症脾，常见显著肿大，脾髓软化，呈泥状，切面流出凝固不良的血液。脾淤血时，也可显著肿大变软。脾增生性炎，当充血和渗出不显著时，脾质度坚实，此时外形虽肿大，但切面平坦湿润，滤泡显著增生，可见滤泡轮廓明显。

（9）肝　正常的肝是酱紫色，色调均匀而有光泽，肝小叶的纹理鲜明，触摸时有弹性，不易破碎。肝的检查，首先称重，然后放置于解剖台检查肝的形态、大小、颜色、包膜紧张情况。再用尺测量肝的长、宽、厚，以及统计肝的叶数，然后再在肝门处检查肝动静脉、胆管和肝门淋巴结，用刀横切或纵切肝左叶、右叶，观察自血管断端流出的血液数量、颜色、性状，以及血管内膜和胆管内膜的状态，以确认有无血栓、结石和寄生虫及其他异物。根据肝的颜色和质度可以判定肝出血、淤血、颗粒变性、脂肪变性、坏死、肝硬化等。急性营养不良时，肝表面、切面肝小叶混浊不清，质度柔软脆弱，颜色变黄色，肝肿胀。肝组织发生坏死时，上述病变更为严重，坏死灶与周边界限明显，黄白色、干燥，肝质度如泥状，指压即碎裂，可出现菊花样、点状、斑状等形态不一的坏死灶，也有出血。肝淤血可分急性与慢性，前者静脉怒张，肝组织含血量多，呈暗紫红色，肝小叶中央静脉明显可见呈现暗红色；后者是槟榔肝景象，肝还可出现脂肪浸润、胆汁色素沉着。含铁血黄色沉着症，肝组织结缔组织增多，质度坚硬呈橡皮样，肝表面凸凹不平，呈大小不等的颗粒状、岛屿状，严重时肝整个形态发生改变。寄生虫结节和结核及其他损伤，常转变为机化。有钙化灶存在，切割肝时，有砂石声。肝脓肿、肝破裂、肝肿瘤时应注意检查病灶形态大小及分布。

（10）胆囊与胆管　检查胆囊和胆管大小、颜色、充盈程度。必要时可测量胆汁数量，用剪刀剪开胆囊，再观察胆汁颜色、黏稠度，以及胆囊有无出血、溃疡、结石等，对输出胆管检查应注意胆管内有无结石、寄生虫等。

（11）胰　检查形态、颜色、质量，称重，然后做切面检查，必要时用探针插入胰管，并沿之切开，检查管腔内膜状态和管壁的性状及管腔内容物有无异常变化。胰最早出现死后变化，此时胰呈红褐色、绿色或墨色，质地极度柔软，甚至呈泥状。

（12）肾上腺　首先确定外形、大小、重量，然后纵切，检查皮质与髓质的厚度比例关系，再检查有无出血变化，正常时，仔猪皮质呈灰蔷薇色，成年猪混浊黄色、赭黄色。

（13）肾 一般先检查左肾，检查肾脂肪囊的脂肪沉积量，有无出血和脂肪坏死（呈白色的白垩状物），然后将脂肪囊剥离，称重并测量体积，再将肾门面向检查者平放于桌上或盘上，用左手固定，以长锐刀沿肾的外缘将肾切割成两等份，位于肾门外应保留部分组织相连。用镊子夹住切口部的纤维膜进行剥离，此时要注意剥离的难易程度，肾组织是否有在剥离被膜时易被撕裂现象，并注意肾表面的微细病变。正常时肾被膜易剥离，表面光滑湿润，纹理清晰，淡暗红色。肾皮质因损伤有结缔组织增生机化时，则剥离不易。同时要检查肾表面的光泽、质度、形状等或有无颗粒状突起、出血、坏死（梗死）、脓肿、瘢痕等病变。检查切面时，首先观察皮质、髓质和中间带之界是否清楚，以及各层的色泽和比例。特别要注意皮质部的厚度是增厚还是变薄，以及组织结构的纹理，正常时皮质部呈红色，肾小球在日光下呈灰色球形小体，病变情况下，淤血时皮质呈紫红色，肾小球充血、出血则呈现较大的红点，发炎时小球肿大；有脂肪变性时呈黄色伴有光泽，颗粒变性时呈污灰色，肾似煮熟肉样。髓质要检查其色泽和质度、组织景象和肾锥体的形状、乳头大小及有无盐类（白垩质、尿酸盐）沉着。最后用剪刀剪开肾盂，检查其内容物的性状、数量和黏膜的状态。

（14）膀胱 首先检查膀胱的体积大小、内容物的数量，以及膀胱浆膜有无出血等变化。然后自膀胱基部剪至尿道口上端，检查膀胱内尿液数量、色泽、性状及有无结石，再翻开膀胱内腔，检查黏膜的状态，观察有无出血、溃疡等变化，最后剪开输尿管检查黏膜状态和内容物性状。

（15）阴道和子宫 用肠剪沿阴道上部正中线剪开阴道，依次再沿正中线剪开子宫颈和子宫体的大部分，然后斜向两侧剪开子宫角部。依次检查各部内腔的容积、内容物的性状，子宫黏膜的色泽、硬度、湿润度，观察子宫有无出血、溃疡、破裂、瘢痕等。妊娠期流产，应注意检查胎儿状态是否发育正常，同时检查羊水数量、胎膜、包衣、脐带等，必要时剖检胎儿进行检查。

（16）输卵管和卵巢 输卵管的检查，先触摸，然后切开，检查有无阻塞，观察管壁厚度、黏膜状态。然后再检查卵巢形状、大小等，然后纵切，检查黄体和卵泡的状态。

（17）公猪生殖器 对外部形态做一次检查，再检查包皮，观察有无肿胀、溃疡、瘢痕，用剪刀由尿道口沿阴茎腹侧中线剪至尿道骨盆部，剪开后观察尿道黏膜性状、有无出血等异常变化，可作整个横切口检查阴茎海绵体，最后检查前列腺、精囊和尿道球腺，确定其外形、大小和质度，切开后检查切面状态和内容物性状。

（18）脑 打开颅腔后，检查硬脑膜和软脑膜的状态，包括脑膜的血管充盈状态，有无充血、出血等变化。取出脑后先称重，然后将脑底向上放在方盘内，视检脑底，注意观察视神经交叉、嗅神经、脑底血管状态以及各部分的形态，正常时脑膜透明湿润、平滑而有光泽。除此之外还应检查脑回和脑沟的状态。病理情况下常见脑膜充血、出血，脑膜混浊等病理变化。若有脑水肿、积水、脑肿瘤等病变时，脑沟内有渗出物蓄积，脑沟变浅，脑回变平。

脑的内部检查：剖开脑时所用的脑刀，每切一次都要先用乙醇或水冲洗刀面，以免脑质粘着刀面致切面不平滑。脑切开方法有多种，现介绍如下方法，即用脑刀纵切脑成为相等的两半，切口必须经过穹隆松果体、四叠体、小脑蚓突、延脑，将脑切成两半，即可检查第三脑室、导水管、第四脑室的状态，以及脉络丛的性状和侧脑室有无积水，再横切脑组织，每相隔 2～3cm 切一刀，注意检查脑质的湿度、灰质和白质的色泽及质度，观察有无出血、血肿、坏死、包囊、脓肿、肿瘤等病变。最后检查垂体，先称重，然后观察大小，再行中线纵切检查切面的色泽、质度、光泽度和湿润度。

（19）*脊髓*　取出脊髓后，沿脊髓前后正中线剪开硬脊膜，在脊髓上作多处横切，观察有无出血、寄生虫等病变。

（20）*鼻腔和鼻旁窦*　首先检查鼻中隔，注意血液充满程度、黏膜状态，再检查鼻道、筛骨、迷路、蝶窦、齿龈、牙齿及鼻甲骨等各部的形态，以及内容物的量和性状等。

（21）*肌肉、关节、腱鞘和腱索*　纵切或横切各部肌肉，注意观察颜色、光泽度，以及有无出血、血肿、脓肿、肿瘤等病变，应注意检查旋毛虫和住肉孢子虫。关节着重检查关节液量和性状，关节囊和关节有无病变、有无脓性渗出物，关节面有无增生和机化物等。腱鞘和腱索应注意观察其色泽、质度，以及有无断裂或机化灶等变化。

（22）*骨和骨髓*　在外部检查和剖检过程中，对骨骼的局部损伤和全身性变化有所了解，对损伤局部，除去肌肉进一步观察骨质病变的程度，必要时可锯开观察切面情况。对全身性骨质变化，除对骨的外形和骨质做一般检查外，必要时取一小块做组织学检查。

通常取四肢的长管状骨髓，除去附着在骨上的肌肉，切断关节后，沿骨正中线轴剪开，检查色泽、性状，特别是红色骨髓与黄色骨髓的分布比例、性状、色泽，必要时采一小块骨髓做组织学检查。

（23）*乳腺*　先做外形检查，然后检查所属淋巴结有无病变，用手触摸乳房，注意有无硬节、脓肿等，将乳房原结构分开。

（24）*胃和十二指肠*　首先观察胃的容积、形态、胃壁的硬度和浆膜有无出血变化。然后用肠剪从贲门到幽门沿大弯剪开，连续剪开十二指肠，则可观察胃内容物的数量、鉴别食物种类和性状（液状、半流动状、干涸状），注意其中有无血液、胆汁、药物及其他异物，必要时可称量内容物和测定胃内容物酸度。同时检查胃黏膜色泽、充血程度、性状，注意有无出血、溃疡等，特别是应检查黏膜上所附黏液（浆液性、黏液性、脓性、纤维素性、出血性等）的质和量。十二指肠应检查内容物的数量、性状，以及黏膜是否肿胀、充血及出血程度，以识别变化性质。

（25）*空肠和回肠*　首先检查肠管浆膜及肠系膜有无出血、水肿，以及肠系膜淋巴结的状态，然后拉直肠管，自空肠开始沿肠系膜附着部剪开，至回肠末端，在剪开肠管过程中，注意肠各段内容物的数量、性状、黏膜状态，遇有病理变化，即暂停剪开进行检查。然后自小结肠结扎端插入肠剪，并沿肠管系膜附着部剪开大结肠，继续剪开盲肠直至直肠。检查肠内容物数量、性状、干湿度、硬度，以及黏膜有无肿胀、出血、纤维素渗出、溃疡及肥厚或变薄。同时注意检查集合淋巴滤泡和孤立淋巴滤泡的状态。猪的大结肠剪开之前，首先切开肠襻与肠系膜的联系，并检查肠系膜和淋巴结的状态，然后牵拉直肠管进行剖开检查，用同样的方法剖检小结肠和直肠。

（26）*腹腔和骨盆腔淋巴结检查*　除应注意肠系膜淋巴结和腹腔、骨盆腔各内脏局部淋巴结检查外，不可忽略腰荐部各淋巴结的病理变化，因为这些淋巴结的变化常可反映腰部、腹壁、后肢、腹腔与骨盆腔器官的情况。在一些急性传染病时，它们出现一致的较明显的变化。

第四节　禽的剖检

禽类的解剖与哺乳动物完全不同，禽类有发达的肌胃和贮存食物的嗉囊，肠管短，十二指肠较发达，盲肠两条，肺固定在肋间隙中，与气囊相通，肾固定在腰部，无膀胱，输尿管直接通泄殖腔。鸡没有淋巴结，泄殖腔上有一个独特的淋巴器官——法氏囊（腔上囊）。

1．外部检查

禽的外部检查，主要进行羽毛、天然孔、皮肤、关节、趾部的检查。

羽毛的检查：将病死鸡尸体放于解剖盆内，首先检查体表羽毛状态，羽毛粗乱、脱落，经常是慢性病或外寄生虫病的主要表现。患鸡白痢或其他有腹泻症状的疾病时，泄殖孔周围的羽毛会被粪便污染。

天然孔主要检查口、鼻、耳和眼，观察有无分泌物、出血等病理变化，泄殖腔观察有无粪便及颜色，以及肛门周围有无粪便污染；皮肤检查以头冠、肉髯的颜色和大小，以及腹壁和其他各处皮肤有无痘疹、出血、结节等病变为主；关节检查主要观察有无肿大、变形，趾骨检查主要观察其粗细、有无骨折。

2．皮肤切开、皮下及肌肉检查

用消毒液浸渍消毒羽毛和皮肤，然后将病死鸡尸体仰卧放于解剖盘内，为便于解剖，可拔除颈、胸与腹部的羽毛，可将两翅与两趾内侧靠近身体基部的皮肤和结缔组织切开，使尸体仰卧固定。由泄殖腔开始，沿腹下、胸部和颈正中线到下颌间隙切开皮肤，也可反方向从前向后作切线。在跗关节作环形切口，然后从跗关节切线腿内侧与体正中切线垂直相交，掀开胸腹部、颈部和腿部皮肤。将两条大腿翻向背侧，使髋关节脱臼致两腿平摊。

检查皮下组织及肌肉表面有无异常。

胸肌检查：沿胸骨两侧分别切开左右两侧胸大肌，掀开并摘除胸大肌，检查胸大肌和胸小肌之间的间质有无异常，胸小肌表面有无异常。

3．体腔剖开

从泄殖孔至胸骨后端沿腹正中线切开腹壁，然后沿肋骨弓切开腹肌，暴露腹腔。从左右两侧肋弓开始，由后向前分别沿左右两侧肋骨与肋软骨连接处剪断肋骨，剪断乌喙骨和锁骨，并切断周围软组织，掀开胸骨，暴露体腔器官。

打开体腔后，观察气囊表面有无霉菌生长或其他变化；体腔内是否有渗出物、腔积血及卵黄性浆膜炎；各器官表面状态有无异常；识别并描述所见的主要病变。

4．器官摘取

首先分别摘取肝、脾、心、腺胃、肌胃、各段肠管、睾丸或卵巢、输精管或输卵管、肺、肾和法氏囊等体腔内各器官。

其次摘除口腔和颈部器官（胸腺、气管、食管和嗉囊）。

最后开颅摘除大脑、小脑及延脑。开颅时经常采用两种方法：第一种方法称为侧线切开法（先剥离头部皮肤和其他软组织，在两眼中点的连线处作一横切口，然后在两侧作弓形切口至枕部）；第二种方法称为中线切开法（剥离头部软组织后，沿中线作纵切口，将头骨分为相等的两部分），除去顶部骨质，分离脑与周围的联系，将脑取出。

5. 器官的检查

检查内容主要包括气管和肺、食管和嗉囊、腺胃和肌胃、十二指肠、空肠和盲肠、扁桃体、肝和胆囊、胰、脾、肾、睾丸或卵巢、输精管或输卵管、法氏囊、胸腺、大脑和小脑、骨髓。检查时如有需要，采取器官组织进行固定。

从喙角开始剪开口腔、食管和嗉囊，检查黏膜的变化和嗉囊内食物的量和性状；腺胃检查黏膜表面有无出血，鸡新城疫时，腺胃黏膜上的腺乳头发生出血、坏死性变化；肌胃检查角质层下组织有无异常。剪开喉、气管，注意黏膜的变化和管腔内分泌物的多少及性状。

心脏检查心包腔、心外膜、心肌、心内膜的变化；肺检查颜色和质地、有无结节和其他炎症反应；肝主要检查颜色、大小、质地、表面的变化，注意有无坏死灶、结节、肿瘤等病变；结核病时肝内可见结核结节，急性巴氏杆菌病可在肝表面和切面见到许多小坏死灶；同时应检查胆囊、胆管和胆汁。

脾检查大小、形状、表面、切面、质地、颜色的变化。结核病时，脾常有结核结节；白血病和马立克氏病时，脾可能肿大或有肿瘤性病变。

肾重点关注有无肿瘤性病变和尿酸盐沉积。

检查肠浆膜、肠系膜、肠壁和黏膜的表现，注意观察肠内容物有无异常，鸡新城疫时，肠壁和黏膜有出血和坏死，盲肠球虫病时，盲肠发生明显的出血性炎症。

法氏囊是鸡的重要免疫器官，发生某些疾病时，法氏囊可发生明显改变。例如，淋巴细胞性白血病会导致法氏囊肿大，镜检可见淋巴滤泡区扩大；马立克氏病时，法氏囊也肿大，但镜检时表现为淋巴滤泡之间有多形性瘤细胞大量增生，而淋巴滤泡受压萎缩。

神经主要检查坐骨神经，在发生马立克氏病时，坐骨神经经常变粗或呈结节状。

第五节　小白鼠和大白鼠的剖检

小白鼠和大白鼠是生物类及医学类实验中常用的一种实验动物，其主要用于微生物学、生理学和传染病学教学及科研工作中。

小白鼠和大白鼠由于个体较小，固定比较简单，剖检器械通常只需小剪刀、镊子和手术刀即可。尸体置于小瓷盘中，背侧卧位，也可放在小木板上，四肢用大头针固定。

腹腔剖开时，从耻骨前缘至剑状软骨作纵向切线，再从剑状软骨至两侧腰区剪开皮肤和整个腹壁，将其翻向侧后，腹腔即全部打开，再从剑状软骨至下颌剪开皮肤，向两侧剥皮，剖开胸腔时，可自胸腔两侧背缘自后向前剪断肋骨和肌肉，暴露胸腔器官。

腹腔和胸腔中的各器官检查可先不摘出，直接在体检查，并在检查过程中根据需要取材固定。

第三章　病理标本制作技术

病理医生经过剖检，要检查的组织不仅包括大体标本，还包括组织切片。因为组织切片能够观察到器官、组织和细胞最真实的病理变化，从而为诊断提供最真实可靠的依据。而诊断正确与否，取决于准确的镜下观察，而制片的质量优劣将直接影响诊断结果的准确性，取材和固定是制作良好切片的基础。另外，病理学标本的病理变化往往都很典型，可以供教学、科研使用，也可以作为法兽医检验的物证。

第一节　病理大体标本制作

1．组织选取

选作眼观病理标本的组织，力求新鲜、病变要有代表性，既有病变部分，也有供对照的较为正常部分。标本厚度以 2～5cm 为宜，过厚标本固定液难以渗透。较大器官切取病变明显部分组织固定，切面必须平整，一般固定后不再重切，以保持原有状态。要保存膀胱或胃肠等管腔器官的原有形态，管腔内可先填充脱脂棉后再进行固定。如要展示腔面，应先剪开，以浆膜面贴于适当大小的硬纸板上后再行固定。制作标本的组织选取后，均应贴上标签，写明采取时间和主要特征。

2．固定

组织选取后，一般用 10%福尔马林固定，固定液的量应为所采标本的 5～10 倍。标本在固定的容器内应平展，以免在固定过程中变形。较大标本在固定过程中要更换固定液 1～2 次。固定时间依标本大小而定，一般以固定一周左右为宜。对在固定液中易于飘浮的组织（如肺）可覆盖纱布或薄层脱脂棉。固定容器底部和周壁也应铺以适当厚度的脱脂棉，使标本充分接触固定液。

3．保存

最常用的非原色标本保存液为 5%～10%的福尔马林，这种方法简单，易于操作，但缺点是标本会失去原有的色泽。

经充分固定的病理标本，取出后用流水充分冲洗，作适当修整，装入与标本形态相似的标本缸（瓶）内，标本缸（瓶）有玻璃制的，也可按标本形态用有机玻璃制作。装有标本的缸（瓶）内要加上足量的 10%福尔马林固定液，用封瓶剂封口，贴上标签，写明病变名称、固定液种类和标本采取与制作日期。

4．原色标本制作方法

原色标本是在动物尸体解剖中，需保持病变组织及脏器新鲜时原有颜色（自然色彩）的大体标本。可利用不同的方法进行原色标本制作。原色标本是用特殊方法恢复并保持血红蛋白的红色，使标本的色泽与未固定时的新鲜标本颜色相似。因此制作过程中必须注意标本新鲜和防止溶血，固定前切勿用水冲洗。

通常制作原色标本时，先要将固定好的标本进行回色，一般用乙醇进行处理，回色的时间取决于固定的时间和颜色显现的程度，如果标本固定时间过长，标本中的甲醛会影响回色的效果，因此，要将固定时间较长的标本在流水中冲洗 12～24h，然后再用乙醇回色，当颜色恢复到病变组织及脏器新鲜时的原有颜色时中止。

原色标本制作方法较多，下面介绍两种常用的方法。

1）固定液：10%福尔马林。

回色液：95%乙醇。

保存液：乙酸钾（300g）、甘油（500ml）、蒸馏水（1000ml）、麝香草酚（0.5g）。

固定后，流水冲洗 12～24h，乙醇回色后将标本表面乙醇拭去，装入盛有保存液的标本瓶中封存。

2）固定液：福尔马林（100ml）、自来水（500ml）、乙酸钾（15g）、硝酸钾（15g）。

回色液：95%乙醇。

保存液：蒸馏水（900ml）、甘油（300ml）、乙酸钾（200g）、麝香草酚（2g）。

组织固定后，冲洗 12～24h，乙醇回色后用蒸馏水冲去标本表面乙醇，入保存液封存。

第二节　病理组织学制片技术

我们要在显微镜下研究一般生物体的内部构造，这在自然状态下是无法观察的，因为整个动植物体，大部分都是不透明的，不能直接在显微镜下观察，一定要经过特殊处理，先减少要观察的材料的厚度及体积，使光线能够穿透才能在显微镜下观察。常规有两种方法：一种是切片法，即用刀片将标本切成薄片；另一种是非切片法，用物理或化学的方法，将生物体组织分离成为单个细胞或薄片，或者将整个生物体进行整体封藏。切片法制片的结果是，生物体组织间的各种构造仍能保持着正常的相互关系，对于某一部分的细胞和组织也能观察得很清楚。不过因为切得很薄，在一个切片上就不能看到整个的组织，有时，甚至一个细胞也被分开在两个切片上。非切片法则仍能保持每个单位的完整，但彼此间的相互关系（整体封藏除外）不一定能看清楚。

现将制片的过程提要如下：

切片法（以常用的石蜡切片法为例）：从生物体取出组织→固定→冲洗（从各种固定液取出后）→脱水（在逐渐加浓的梯度乙醇中）→透明→浸蜡透入（用包埋剂）→包埋→切片→贴片（黏附切片于载玻片上）→脱蜡→复水（经各级乙醇下降至水）→染色与复染→脱水→透明→封藏。

非切片法（以整体封藏法为例）：固定→冲洗（遇必要时）→整体染色→分化与退染→脱水→透明→封藏。

一、动物材料的割取

从动物体上割取组织块，就没有植物体那么容易，因为动物活着的时候不容易割取，但制片所需的材料最好是在动物活着的时候取得。尤其是细胞学方面的研究，对于材料新鲜的程度要求十分严格，因此，要尽量割取生活着的动物组织块。例如，取蝗虫的精巢，可将活的蝗虫腹部剪开，将精巢取出，立即投入固定液中。较大的动物，即使绑在解剖台上，也会引起剧烈的骚动，不易动手，所以必须采取适当的措施。

如果是一般的组织学切片，要求不太严格，那么就可先将动物处死，然后取其组织。例如，小白鼠、青蛙等小动物可用断头法；较大的动物，如兔子可用木棒猛击头部使它昏倒或用空气栓塞法（即用 50ml 的注射器，从耳静脉向血管输入空气使动物痉挛而死）。无论用哪种方法处死动物，在割取材料时，应愈快愈好，否则动物体的细胞成分、结构及分布等就会发生变化。

一般情况下，可以把动物麻醉以后割取材料。但必须注意，所用的麻醉剂应以不影响细胞的结构为宜，通常较大的动物用三氯甲烷或乙醚作为麻醉剂，也可用乌拉坦进行静脉注射，剂量一般为 1g/kg 体重。

标本的适当处理，是生物显微技术的基本工作之一。标本的处理方法，在实际操作上不需要特殊的技术或经验，但要求操作者予以应有的重视。

组织块的适当处理与诊断的难易及准确与否有着极其密切的关系。因此，病理学工作者必须重视这一工作。主要有下列几点。

1）新鲜标本要尽早固定，以免发生死后变化。作为切片的组织愈新鲜愈易诊断，也就会减少误诊。在日常工作中诊断上所遇到的许多困难和发生的某些错误，可能由于组织在未固定之前已发生死后变化或由于没有把新鲜组织尽早固定，或虽及时固定，但因固定液太少或组织块太大，其深部未得到固定。为了防止发生死后变化，应尽早尸检。若备有冰箱，应将尸体放在冰箱内，以减慢死后变化的速度。新鲜的手术标本在到达实验室后，应立即予以检查及固定。若不能立即检查，则应将标本先放入固定液内，以防发生死后变化。较大的标本不能及时检查时，若备有冰箱，可暂放在冰箱内，以减慢死后变化的速度，但应注意发生冰冻的变化。肠、胃、胆囊等的黏膜及胰腺、肾上腺等死后变化尤速，更宜尽早固定。

切块的大小与固定的速度有关，因此，一般致密的组织，切块厚度不宜超过 4mm，至于长度和宽度，则无硬性规定（当然应比所用盖玻片的面积小）。切块在放入固定液中后，应尽量使其不与瓶壁贴附，以免妨碍固定。为了避免各切块的相互粘连，最好在组织块切出后逐一放入固定液内，每放数块后即应摇动固定液。尸检的切块较多，此点更应注意。

固定液的总量应为组织切块总体积的 5～10 倍，过少不能将标本很好地固定。对于将新鲜组织切块尽早固定的重要性，Mallory（美国病理学家，1862～1941 年）曾说过："若是你能取到新鲜的组织，能切出不超过 4mm 的切块和记得固定液是 10 倍于组织块的总体积，你的诊断的正确性已得到了 80%的保证。"

2）避免挤压：未固定的组织，它的结构及细胞形态常因受压力而变形。已发生死后变化的组织，受压后变形更明显。被挤压的组织，往往不能进行显微镜检查及诊断。产生压力的原因很多，从病理学工作者方面来讲，主要的原因是切取组织块时，所用的刀过钝或过短，致使切块时不得不依靠下压的力量，这样难免挤压组织。故作切块的刀要长而锋利，切时勿将刀下压，应从刀根起向后拉，在拉的同时徐徐向下切，直至切到刀尖时，组织被全部切开。这一点十分重要。

在检查或处理新鲜标本时，更应该避免其他形式的挤压，如镊子的钳夹、剪刀的剪切等，这些挤压可使组织及细胞变形甚至不能辨认。其中以淋巴组织最易破坏，若组织已有死后变化，更易产生挤压的变化，胃肠黏膜死后变化发生最早而且迅速，若有极轻度的摩擦或以水冲洗，黏膜上皮即可脱落。因此要保存好胃肠黏膜，必须避免摩擦和用水过多地冲洗。

3）组织切块的选择和切法：若标本各部的病变不同，则应从各个不同的部位及病变部与正常部相接处采取切块。例如，肾癌可有坏死、出血及健康的肾组织，也可有癌瘤侵入肾盂、血管或挤压肾组织部分，因此切块应包括健康的及坏死或出血的肿瘤组织（主要是健康部分，坏死、出血部分不要包括太多），其他的则应包括被侵的血管、肾盂或被挤压的肾。又如，胃癌的切块需包括癌瘤的表部、底部、边缘部，以及被癌瘤侵袭的周围组织及所属的淋巴结等。

凡有层次结构的组织，如皮肤、胃、肠壁、主动脉壁、膀胱等，切块的切面应包括组织的所有各层，而且与各层的平面相垂直。

若标本为细的管状物，如阑尾、输尿管、输卵管、血管等，则切块应为该管状组织的横切面。如为肌肉、神经等组织，则横切、纵切都需要。

4）保证切块的平整：切块应在固定液内平放，不使其弯卷，否则不能得到完整的切片。块大而薄的更易弯卷，尤其要注意。若组织有弯卷的可能，则需将切块先附着于平整而松厚的纸上，再浸入固定液内。

5）各种体液（痰、胃液、浆膜腔液、尿液等）有含癌细胞的可能。痰中如有可疑的小块，可将它取出固定，若无则可先抛弃上清部分，然后再将剩余部分与95%乙醇搅和，使之凝固　（或将痰直接吐入乙醚乙醇瓶中），最后将凝固的物质滤出，或用离心机低速离心沉淀，用脱脂纱布包裹脱水。其他液体若含有多量细胞，可用离心机离心沉淀，然后将沉淀物取出作为切片材料，若液体内细胞不多，不含或很少含蛋白质，在加固定液后沉淀也太少，这时加入少许鸡蛋清，搅和后再加95%乙醇，以使蛋白质沉淀，然后再用离心机使沉淀集结成堆块状，以利后续脱水处理，液体内的细胞也将和鸡蛋白一起沉淀。这种不含蛋白质的液体，如作涂片，载玻片上也需涂蛋白甘油。

6）避免干化：新鲜的或已固定的组织均不应干化。组织干化后其细胞及构造即失去正常的形态，影响准确诊断。因而必须把组织块全部浸入固定液内，标本瓶一定要加盖。

7）其他：作切块时须注意组织块内有无骨或钙化部分，若有，应在固定之后脱钙，以免损坏切片刀。

脱钙剂配方：苦味酸饱和水溶液500ml、福尔马林167ml、甲酸33ml。

组织脱钙效果可随时观察，所需时间通常为几天到一两个月。

二、固定

1. 固定的目的与性质

固定的目的在于保存组织内细胞的形态、结构及其组成，使其与生活时相似。因此，根据不同剖检目的选择动物处死方式，不仅要使生物体立即死亡，还要使每个细胞差不多同时停止生命活动，并立即固定才能达到上述目的。

此外，在固定后还须考虑固定液的某些性质，如使组织变硬、增强内含物的折光程度以及使某些组织或细胞内某些部分易于着色等。因此，固定这一步骤看起来似乎很简单，将材料投入固定液内后就可完成，但若仔细研究则很复杂，必须引起足够重视。因为以后的各步骤进行是否顺利和成功，首先要看固定是否圆满，所以对各种固定液的性能，必须加以深入研究，才能得到良好的效果。

2．固定方法

固定方法因组织块种类、组织大小和实验要求不同而有所差异，常用的固定方法有浸泡固定和灌注固定两种方法。

（1）*浸泡固定*　浸泡固定指的是将从动物体取出的组织浸泡在固定液中。通常在浸泡固定时，固定液必须足量，固定液的量应为组织块的5～10倍，一般固定24h甚至更长时间，以使固定液渗透入组织中。固定时如有条件，可在振荡器上轻微振荡，或者经常性手工摇晃标本瓶以加速固定。

（2）*灌注固定*　经常用于脑、心、肺等标本的固定，有时可通过灌注固定对大动物全身组织脏器进行固定。常用的灌注固定有两种：心脏插管固定和动脉插管固定。心脏插管固定经常用于小型动物，如鼠类。动脉插管固定用于较大动物，通常在颈动脉或股动脉作切口插管灌注并将另一侧静脉切开，使固定剂灌注入全身组织器官。固定液常用4%多聚甲醛或10%福尔马林。灌注固定时须注意灌注压力应与动物的血压相当，否则可导致血管扩张、组织水肿而出现人为变化。

3．固定液的种类与性能

（1）*单纯固定液*　常用固定液中，最重要的有乙醇、福尔马林、乙酸、苦味酸、铬酸、重铬酸钾、升汞和锇酸等8种。在这些固定液中可根据它们对蛋白质的作用（主要指对白蛋白的作用而言）而分为两大类：①能使蛋白质凝固者如乙醇、苦味酸、升汞和铬酸；②不能使蛋白质凝固者如福尔马林、锇酸、重铬酸钾和乙酸等。其中苦味酸、升汞和铬酸对两种蛋白质即细胞内的白蛋白和细胞核内的核蛋白都具凝固作用。乙醇虽能凝固白蛋白，但不能沉淀核蛋白。而乙酸则相反，不能凝固白蛋白，但能凝固核蛋白。福尔马林、锇酸和重铬酸钾对两种蛋白质都不具凝固作用。

1）乙醇。适合固定的浓度为70%～100%。乙醇是很重要的组织保存剂，但并不常用。因在95%乙醇和无水乙醇中保存，易使组织收缩变硬，一般只保存在70%乙醇中。如欲永久贮存，仍需与甘油等量混合后使用。

乙醇可凝固白蛋白，但不能沉淀核蛋白。所以经乙醇固定的标本对核的着色不良，不适合用于染色体的固定。乙醇能溶解大部分类脂物，所以要研究细胞内的类脂物就不能用乙醇固定。一般固定高尔基体、线粒体的固定液，都避免用乙醇。

乙醇透入组织的速度很快。经乙醇固定的组织容易变硬，收缩也很剧烈，比原组织缩小约20%。

乙醇单独使用时，可作为组织化学制片的固定液，通常用95%乙醇或无水乙醇。若与福尔马林、乙酸或丙酸混合使用则效用很大。

乙醇也是一种还原剂，它能氧化为乙酸，所以一般不与铬酸、锇酸和重铬酸钾等氧化剂配合为固定液。

2）福尔马林。浓度为37%～40%的甲醛水溶液称为福尔马林，市售的甲醛通常即为此浓度，适合固定的浓度为10%福尔马林（即3.7%～4%的甲醛水溶液）。

甲醛为无色气体，溶于水就成为甲醛水溶液。固定和保存时所用的溶液是指福尔马林的百分比，而不是甲醛。例如，10%福尔马林溶液是10ml的福尔马林加上90ml的水配制而成的，所以 10%的福尔马林，实际上仅含 3.7%～4%的甲醛。当福尔马林浓度大于 10%时，会使组织变硬和收缩的程度增大。

福尔马林易被氧化为甲酸，故常带酸性，它的 pH 常为 3.1～4.1。如果固定时需要中性福尔马林，可加吡啶碳酸钙或碳酸镁使之中和。例如，10%的福尔马林可被过量的碳酸钙中和为 pH 6.4，如果用碳酸镁则 pH 为 7.6。冲淡的福尔马林（如 10%）比浓的（40%）更易氧化，为了保持它的中性，可在冲淡的贮藏液瓶中放几小块大理石。福尔马林必须为无色透明状，若贮藏较久或存放于温度低的地方会变混浊，甚至形成白色胶冻状沉淀物，成为高度聚合的形式，这种沉淀物为三聚甲醛，此时，由于其已变性，在较精细的工作中就无法使用。若加入少许甘油则能阻滞它的聚合，沉淀物加热会溶解。如加热后仍不溶解，则可用等量的热水（60～70℃），每升水中溶 8g 碳酸钠或 4g 氢氧化钠，将这种溶液倒入福尔马林中搅拌，然后在温暖的室内放置两三天，沉淀物就会消失。这时福尔马林浓度被稀释为了原来的 1/2，再稀释时溶剂要相对地减少一半。含有杂质的福尔马林，通常加热至 98℃蒸馏，可得 30%的纯净福尔马林。

福尔马林不能使白蛋白及核蛋白凝固，但能保存类脂物，可用于高尔基体及线粒体的固定，不过通常很少单独用它来固定这些细胞成分。若单独使用时，常用 10%的中性福尔马林，在测定细胞内 DNA（脱氧核糖核酸）含量时，常用此液固定。

用福尔马林固定后，组织硬化程度显著，收缩很少。不过经过乙醇脱水、石蜡包埋后，则有强烈的收缩。

福尔马林的透入速度中等。固定后组织不需水洗，可直接投入乙醇中脱水。但经长期固定的标本，需经流水冲洗 24h 方可脱水，否则就会影响染色，特别是在测定 DNA 含量时尤应注意。经福尔马林固定的细胞，碱性染料的染色比酸性染料好，故细胞核的染色也较细胞质为好。

福尔马林作为单纯固定液配制方便，易于操作，但为达到更好的固定效果，常在固定液中加入无水氯化钙以加强对组织的保护作用，其中以贝克（Baker）改订液效果较好。其配方如下：福尔马林（37%～40%甲醛）10ml、无水氯化钙的 10%水溶液（10g/100ml 水）10ml、蒸馏水 80ml。加氯化钙可改变固定液的渗透效应，更好地保持细胞的原形。在选择固定液时，须注意此液的穿透速度慢而弱，固定后组织收缩很少，有时反而稍有膨胀。不过，经乙醇脱水和石蜡包埋后，其收缩程度明显。

除上述 8 种药品外，尚可用三氯甲烷、碘等多种固定剂，但因不常用，就不再一一介绍。

（2）*混合固定液*　上面叙述的单纯固定液各有优缺点，但单独使用时不能很好地达到固定的目的，因此，为了达到良好的固定效果，经常需要配制混合固定液。例如，乙醇与乙酸在单独使用时效果都不很好，若两者用适当的比例混合后，就成为很好的固定液。

1）布安氏液。适用范围：动物组织及植物组织的根尖和胚囊。

配方：苦味酸饱和溶液 75ml、福尔马林 25ml、冰醋酸 5ml。

此配方配制的混合固定液很稳定，配制后可长期使用。

处理：动物组织固定时间为 24h，也可以在此液中长期保存。固定后可直接移入 70% 乙醇中，彻底洗净，直到无黄色为止。也可在其中加几滴氨水或饱和碳酸锂，则黄色褪去得快些。植物材料的固定时间为 12～48h，但不宜长期贮存。从固定液中取出，也不需用水洗，可直接在 20%乙醇中洗几次，即可继续脱水。

2）透射电镜固定液。因透射电镜检查时能观察到细胞器的微细结构，如线粒体、内质网、核糖体等。使用一般固定剂，会使这些结构内的油脂被许多固定液及后续的脱水过程吸除，因此，在电镜样品采集固定时，选用一种不溶解油脂的固定液是必需的，戊二醛是理想的一种电镜固定液。另外，由于动物死亡后，在肉眼可见的死后变化出现前，细胞器的崩解已经开始，通常在缺氧几分钟后，线粒体即开始肿胀，形成球状，嵴断裂，双层膜结构消失。因此，电镜样品采取的要求更为严格，通常在动物濒死期即进行采样，科研类电镜采样要求更高，有时会在动物麻醉状态下活体取样。

配方：

A．酸缓冲液（PBS）。

A 液：磷酸二氢钾 1.816g，溶于 100ml 双蒸水中。

B 液：磷酸氢二钠 5.5g，溶于 200ml 双蒸水中。

配 200ml pH7.4 0.067mol/L PBS：A 液 38ml，B 液 162ml。

B．3%戊二醛固定液：配 100ml 时，要根据戊二醛的浓度确定配比，如果戊二醛的浓度为 25%，则取 12ml 戊二醛，加 88ml PBS；如戊二醛浓度为 50%，则为 6ml 戊二醛，加 94ml PBS。

三、冲洗

材料自固定液中取出后，须立即冲洗，使其中含有的固定液全部除去，一直到洗净为止。所用的冲洗液应依固定液的性质而定。例如，铬乙酸液、弗莱明氏液等需在流水中冲洗较长时间，福尔马林-乙酸-乙醇固定液（FAA）、布安氏液等可直接在 50%乙醇或 70%乙醇中洗涤。

1．水冲洗法

一般的冲洗方法，将固定液倒掉后，材料移入试管并加入半管水，用纱布将管口扎住，倒置在贮水的水槽内，这样就可使试管半沉半浮在水中，经流水冲洗 12h 到一昼夜后，就能达到冲洗的目的。在这里需注意水流不宜太急，以免冲坏材料。如果材料过多时，此种方式较繁琐，可将要冲洗的组织置于大广口瓶中，瓶口覆盖薄层纱布扎紧，流水冲洗，程度以组织在广口瓶中上下轻微翻动为宜。

2．乙醇洗涤法

材料自固定液中取出后，可直接投入贮有适度乙醇的小瓶中。材料与乙醇的比例，应以 1∶10 为准。洗涤次数与时间的长短，根据组织块的大小和性质、固定液的种类和固定时间等而定。组织块较大而坚韧、固定时间较长的，则洗涤的时间也较长。一般在换洗的前一两次中，每次的间隔可短些，为 20～30min，以后几次可延长到 1～3h，最后可在 70%乙醇中过夜。

四、脱水

1．脱水的目的

脱水的目的在于使组织中的水分完全除去，并使组织变硬，以便于最终能将组织在包埋剂中定位包埋。各种材料经固定与冲洗后，组织中含有大量水分，而材料又逐渐变软，不能直接投入石蜡中包埋。因为水和石蜡是不相溶的，一定要经过脱水剂将水分脱净及用透明剂透明后，才能进入包埋阶段。由此看来，脱水在整个制片过程中是很重要的，如脱水不干净，就会影响结果，甚至使制片完全失败。

2．脱水剂及其脱水法

最常用的脱水剂为乙醇，此外还有丙酮、正丁醇和叔丁醇等。乙醇与丙酮为非石蜡溶剂，所以在脱水结束后，包埋前一定要经过透明剂透明。正丁醇与叔丁醇等为石蜡溶剂，所以不需另用透明剂透明。现将各种脱水剂的脱水法分述如下。

（1）乙醇　在市面出售的乙醇，有两种不同浓度，即95%乙醇和无水乙醇。在脱水时，一般都不能直接投入这两级浓度的乙醇中，所以在实验室中常将95%乙醇稀释为各种不同级度。切不可用无水乙醇来冲淡。

脱水法如下：

配制下列各级浓度的乙醇：30%、50%、70%、85%、95%、100%。

一般经水洗的材料，脱水可自30%开始，特别柔弱的动物组织或者植物材料可增加一个15%的乙醇梯度，若冲洗时是用乙醇洗涤，则可直接移入50%乙醇或70%乙醇中继续脱水。

在梯度乙醇中停留的时间，依照材料的大小、性质，以及留在固定液中的时间长短和固定液的溶解性而定。一般的标准是：一般动物组织如小白鼠的肾（2～4mm厚），每级停1～2h。

脱水至无水乙醇时，需更换两次，每次30min～1h，材料大者，可多换一次。由95%乙醇换无水乙醇时，瓶子上的塞子也应更换干燥的，以免有水分渗入。

脱水时应顺序前进，级度不宜相差太大，一般应按列出的所配各级浓度由低到高进行。比较纤细和柔弱的材料，在脱水时，乙醇级度还可更靠近些。但也有一些较坚韧的材料可越级进行。

脱水时应注意以下几个问题。

1）在低浓度乙醇和高浓度乙醇中，每级停留时间均不宜过长，但两种浓度乙醇对组织的影响却截然不同，在低浓度乙醇中停留时间过长，易使组织变软，助长材料的解体；在高浓度或无水乙醇中停留时间过长，易使组织收缩变脆，影响切片。

2）脱水应彻底干净，否则与二甲苯混合后，将呈乳白色混浊，虽可倒回重脱，但效果不好。

3）如需过夜，应停留在70%乙醇中。

4）动物的不同组织致密度不同，脱水时应根据情况不同掌握脱水时间，一般致密组织（如肝、肾、脑等）应采取大致相同的脱水时间，相对疏松的组织（如肺、肠等）采取大致相同的时间。

5）要时刻注意脱水剂的浓度变化，经过脱水后，脱水剂会由于组织中水分的加入而浓度逐渐下降，如不及时更换，会造成脱水效果不好。较好的方法是在脱水机或者装脱水剂的容器上注明配制时间，实验记录中注明脱水剂使用次数及组织块的数量，一段时间后用乙醇计测量浓度，定期更换新液，以确保脱水剂浓度的准确性。

（2）丙酮　丙酮是无色透明的液体，易燃，能溶于水、乙醇和绝大多数有机溶剂，为很好的脱水剂，可以代替乙醇使用。其作用和用法与乙醇相同，但其脱水力与收缩力都比乙醇强，长时间使用可使组织变脆。

（3）甘油　甘油为脱水剂，常用于藻类、菌类及柔弱材料的脱水。

五、透明

组织块或切片在非石蜡溶剂中脱水后，不能直接进行浸蜡和包埋，因为乙醇不能溶解石蜡，因此在脱水结束浸蜡前，一定要经过透明剂处理，才能使蜡渗透进入组织，进而包埋后切片或在树胶中封藏。因透明剂处理组织后，可使组织变透明，因此称为透明剂。由此可见，透明的主要目的在于使组织中的乙醇或丙酮被透明剂所替代，使石蜡能很顺利地进入组织中，或增强组织的折光系数，并能和封藏剂混合进行封藏。

1．透明剂的种类

透明剂的种类很多，常用的有二甲苯、甲苯、苯、三氯甲烷、香柏油和苯胺油等。

（1）二甲苯　二甲苯是一种无色的有刺激性气味的易燃液体，为最常用的透明剂，二甲苯能溶于醇、醚和石蜡，但不溶于水，它的透明力强，但组织块在其中停留过久，容易收缩变脆变硬，同时若脱水不净，会导致浸蜡不完全。所以在应用时，必须特别小心。

为了避免组织收缩，在无水乙醇或丙酮中脱水以后，并不直接移入二甲苯中，而是移入无水乙醇和二甲苯的混合液（比例为1∶1）中，然后再进入纯二甲苯中。

材料在每级中停留的时间，视组织块的大小而定，一般为 30min～2h。在纯二甲苯中应更换两次，总的停留时间以不超过 2h 为宜。大的组织可多换一次。

二甲苯更常用于切片封藏以前的透明，其优点是不易使染色的切片褪色。切片在其中透明的时间，每级为 5～10min。

如脱水不净，用二甲苯透明后，将发生下列不良后果：①如材料内仍留有微量水分，二甲苯就无法完全渗透进入，因此石蜡也不能透入，切片后将在蜡片上出现空洞，影响结果。②如在切片内留有微量水分，在封藏以后，就会发生乳白色的云雾状，在显微镜下观察时，可见许多密集水珠把组织掩盖，切片就作废了。

（2）甲苯　甲苯的性质与二甲苯相似，但对组织的损伤较小，长时间浸泡后，组织的硬化和变脆程度轻微，但甲苯比二甲苯更不稳定，极易挥发，可燃。

（3）三氯甲烷　三氯甲烷也不易使组织变脆，反应比二甲苯慢，可长时间处理较厚组织，不过三氯甲烷处理后，组织不会变成半透明状。三氯甲烷不可燃，但有剧毒，因此使用时要格外小心。

2．透明时注意事项

应用二甲苯透明时，还需注意下列几点。

1）二甲苯极易挥发，故在切片透明之后，从染色缸中取出封藏，手要敏捷，不宜久置，否则待二甲苯挥发干净后，组织就变硬发白，即使再加树胶封藏，由于树胶不能浸入组织，封后也无用处。

2）二甲苯极易吸收空气中的水分，故在湿度大的天气，贮有二甲苯的染色缸的盖子周缘可涂少许凡士林，以防止水分的渗入。在封片时也不宜将口鼻过分靠近切片，以免水汽侵入，出现白色云雾状。

3）二甲苯必须保持无水、无酸。若将一两滴液体石蜡滴入其中，立即出现云雾状，即表示其中已含有水分，不能再用。

3．药品的回收与再用

在脱水与透明过程中，所用的药品种类很多，量也很大，其中大部分药品可以回收后再利用，以资节约。所以在实验室中，应预备回收这些药品的空瓶子，贴上显明的标签，将用过的药品分类分等地回收在内，经过适当处理后，就可再用。例如，脱水用的乙醇，用量很大，可以把50%～85%、95%～100%的分别收集起来，收到一定量后，就可进行过滤，并用乙醇计测定其浓度后，再用来配制各级低度乙醇，如浓度较低的可蒸馏后再用。

纯三氯甲烷和纯苯胺油回收后可用来配制低度的三氯甲烷与苯胺油。二甲苯回收后虽不能再作透明用，但可用来洗片子和溶蜡。

为了防止不同药品错倒在一起无法再用，在每次实验结束后，指导实验的教师应把这些用过的药品分别收藏起来，妥善保管，下次实验时再回收。这样即使倒错，也只有少量药品作废。

六、浸蜡与包埋

本节所述内容，均以石蜡切片法为准。在做实验时，也应以此法为重点。

所谓石蜡切片法，即用石蜡包埋组织块，再进行切片和染色的制片法。用石蜡包埋有许多优点：①操作容易；②能切成很薄（2～10μm）的蜡片；③能切成蜡带，有利于作连续切片。其缺点为：①在脱水与浸蜡之后，容易使组织发生收缩；②坚硬、易碎或易变脆的材料不很适用，如果树接枝、植物病理材料，以及眼球和脑的整体切片等都不采用石蜡法。

1．浸蜡

在脱水和透明之后，下一步就是浸蜡。经透明的组织，在溶化的石蜡内浸渍，使包埋剂透入组织的过程，即为浸蜡。

石蜡为最常用的包埋剂，其熔点为40～60℃。包埋所用的石蜡，其熔点为52～60℃，不同组织在包埋时选择不同熔点的石蜡，软的材料用软石蜡，硬的材料用硬石蜡。

一般动物材料最常用的石蜡熔点为52～56℃，植物材料用的石蜡熔点为54～58℃。如果需要切很薄的片子（4μm以下），可用熔点为58～60℃的石蜡；较厚的则用熔点为52～54℃的石蜡。此外还必须根据当地当时的气候条件作相应的调整，一般在夏天会用高熔点的石蜡，冬天用低熔点的石蜡，不能一概而论。

石蜡性质的优劣，与切片的成败有密切关系。性质好的石蜡，必须具备下列条件：①熔点已知；②结构细致、光滑而均匀；③无灰尘、水分及挥发性物质等。市面上出售的石蜡，性质各有不同，可先行试验，以确定它的优劣。可先将石蜡熔化，倒入纸匣中凝成蜡块，如品质优良，则具备下列特点：①无气泡，无不透明的点子和裂痕；②蜡块断裂后，其断裂面不呈颗粒状；③如果将它切成薄片，不会碎成细粒；④放到30～35℃环境中24h后，无气泡及不透明的结晶状小点出现。

实验要求较高的切片，可对包埋用石蜡进行处理后使用，包埋效果好，切片时不伤刀。处理方法是将石蜡放入锅中加热到开始冒白烟后移到火焰较小的灯上，继续加热半小时以上，这样可使其中的水分及挥发性杂质逐渐被蒸发掉。在进行这一工作时，必须注意不要将石蜡加热至发火点，以冒白烟为度。热过的石蜡可倒入一金属罐中，放在温暖处徐徐冷却，这样就可使其中的灰尘等杂质颗粒沉下去。待石蜡的表面凝为固体时，即可慢慢地将上面的石蜡倒在纸匣或其他容器中，把下面沉淀的杂质留下来。也可在温箱中熔化和过滤。

用过的废蜡，也可收集起来再用，这不但节约物资，而且用过的石蜡经多次熔化，其中的水分和挥发性物质已清除干净，杂质也被过滤，因此这些用过的旧蜡反比新蜡为好。如果废蜡中含有二甲苯，可加热使它蒸发干净后再用。

2. 包埋用具

熔蜡炉：在石蜡透入组织过程中，需要加温，并保持一定的温度，使石蜡熔化，逐渐透入组织。

3. 石蜡透入法

植物组织透入的手续较动物为繁，所需的时间也较长。如果像动物组织一样直接投入石蜡中，往往不能使组织的每个部分都充满石蜡，在切片时将有空隙出现。石蜡全部透入植物组织的时间需一两天，方法如下：①将组织留在透明剂（如二甲苯）中；②在这种冷的透明剂（亦为石蜡溶剂）上轻轻倒上一层已熔化的石蜡，其分量比例约为3∶2；③倒入的石蜡即凝成固体，然后将此试管或小杯放在35～37℃的熔蜡炉内，经一两天至石蜡不再继续熔化为止；④调节熔蜡炉的温度到56℃，或移入56℃的恒温箱中停留2～5h，换两三次新鲜纯石蜡，使留在组织内的透明剂全部排出后即可包埋。

为了更换方便起见，在熔蜡炉或恒温箱中，可放置3个小酒杯（编为Ⅰ、Ⅱ、Ⅲ号），内盛 52～54℃或 54～56℃的纯石蜡，材料自石蜡透明剂混合液中取出后，即可投入Ⅰ号杯中，每隔1h移一个杯子，移材料的镊子，最好一起放在温箱中，否则镊子插入或移出后，尖端的石蜡容易凝固，造成操作困难。但若同时包埋许多种材料时不方便，则可改用其他方法。

石蜡透入动物组织的方法稍有不同，材料自透明剂中取出后应先移入透明剂和石蜡的等量混合液中 15～30min，然后进入纯石蜡中，换新石蜡一次。总的石蜡透入时间，按一般标准为1～1.5h，如组织块小（约长宽各3mm，厚2mm），通过3个杯子的时间合计30min即可，组织块大时（约长宽各10mm，厚4mm）；不仅每次转换的时间要延长，还需多加一只杯子，共需2h左右。

在整个透入期间，一定要保持熔蜡炉或恒温箱的温度恒定，切忌忽高忽低。同时还必须注意下列两点：①尽量保持在较低温度，以石蜡不凝固为度，温度以保持在60℃为宜；②力求在最短时间内完成石蜡透入的过程。温度过高或时间过长都会引起组织变硬、变脆、收缩等，影响结果。

4. 包埋

组织被石蜡透入达到饱和后，就可以进行包埋。所谓包埋就是被石蜡所浸透的组织连同熔化的石蜡一起倒入包埋盒内，并立即冷却使其凝固形成蜡块的过程。

1）包埋的操作过程如下。

待组织块已进入Ⅲ号杯中，必须做好下列准备工作：①将温台及酒精灯取出，放在熔蜡炉或恒温箱旁；②准备好包埋用的纸盒（或准备好购置的包埋底模和包埋盒）；③检查恒温箱中所熔的包埋石蜡是否够用。

2）在组织块已充分浸蜡后，即可进行下列工作：①在面盆或水槽内放入冷水备用；

②点燃温台下的酒精灯，并在其旁放两个解剖针；③将纸盒（或包埋底模）放在温台上；④右手持解剖针，左手从恒温箱中取出盛满熔化石蜡的杯子，并随手将恒温箱的门关闭，杯子在火焰上稍稍加温后立即将石蜡倒入包埋用的纸盒（或包埋底模）中；⑤再将Ⅲ号杯取出，并把解剖针在火焰上稍加温后，立即插入杯中将组织块及标签拨入纸盒（或包埋底模）中，最好是Ⅱ号杯在包埋前另换包埋石蜡，就可将石蜡及其中的材料一起倒入纸盒中；⑥材料倒入纸盒（或包埋底模）后，可根据切片的要求，再将两个解剖针加温，插入石蜡中将材料拨到适当的位置，固定时所用的标签有文字的一面应向下，包埋后就可以识别；⑦轻轻将纸盒两侧的把手提起，慢慢地平放在面盆或水槽中的水面上，待纸盒内石蜡的表面已凝固，即可将纸盒向一侧倾斜，使冷水从一边侵入纸盒，并立即使它沉入水中，使盒中包埋块迅速冷却；⑧纸盒在水中经30min～1h后即可取出，将纸盒打开取出包埋的蜡块，此时就可以修理蜡块，切下组织块周围多余的石蜡，使蜡块成为正方形或长方形，然后把所有的标签号码登记在记录本上后，即可贮藏备用。

条件较好的实验室，会配备包埋用的包埋底模和包埋盒，以及专门用于冷却的冰台，操作更为简便，组织块包埋后修块较为容易，也容易在切片机上固定。需要注意的是，在包埋过程中，一定要在包埋底模中将组织待切的面进行准确定位，在冰台上冷却时，随时注意观察；冰台温度过低时，如果包埋盒没有及时移开或者取下，容易造成组织蜡块由于温度过低有开裂现象。

5. 包埋中出现的问题及其解决办法

1）问题1：包埋后的石蜡块应为均匀的半透明状态，但有时出现白色混浊的结晶部分，这样在切片时就有影响。

原因：出现上述现象可能有下列几个原因：①脱水不干净；②组织内部或石蜡中混有透明剂；③石蜡本身品质不良；④组织块倒入纸盒时，周围的石蜡已呈凝固状态；⑤石蜡冷凝得太慢。

解决办法：①属于前三个原因者，应在包埋之前就需注意；②属于后两个原因者，应将包埋块再投入Ⅲ号杯中熔化后重新包埋，但必须注意熔化包埋过的石蜡块时，组织在蜡杯中不宜放置时间过长，否则容易造成组织脆化。

2）问题2：组织块周围有空洞。

原因：因操作习惯错误，个别操作者为了能够在蜡块中将组织块摆在合适位置，在包埋盒中先摆放组织块，再倒入石蜡。

解决办法：包埋时严格按照操作规范进行，一定要先在包埋盒中倒入热的石蜡，然后再将组织块倒入，摆成合适形状。

七、切片

1. 组织蜡块的固着与整修

在包埋以后，就可进行切片。包埋好的石蜡块装上切片机进行切片前还需做下列几项准备工作。

（1）*石蜡块的固着*　一般旋转式切片机上都附带有固着石蜡块用的金属小盘，但其数量有限，所以除此以外，在实验室中还需备有各种不同大小的台木。台木与金属盘有同样的作用。无论金属盘还是台木在固着石蜡块之前，在其上都应涂一层较厚的石蜡，台木的材料必须是较坚硬的木材，制就后，需在熔化的石蜡中浸一两天才能使用。

现将在金属盘或台木上固着石蜡块的步骤简述如下。

1）选取所要切片的蜡块，从包埋的石蜡块上用单面刀片切割下来，注意不可损伤所包埋的组织。

2）确定切面的方位，用刀片将石蜡块的四面做初步的整修。

3）点燃酒精灯，并准备一把旧的解剖刀。

4）左手大拇指与食指夹持整修好的石蜡块，材料向上，用其余的三指夹住台木。此时将解剖刀在灯上加温后，即放在台木与石蜡块之间，因解剖刀已加温，蜡块底部和台木粘贴面的石蜡都会熔化，这时可立即将解剖刀抽出，石蜡块迅速压在台木上。也可仅将台木上的石蜡熔化，迅速把蜡块粘在台木上面。

5）再用解剖刀粘取少许石蜡碎屑，放在刚才固着的石蜡块四周。此时，解剖刀再加温，并迅速将台木四围的石蜡碎屑熔化烫平，以石蜡块牢固地粘着在台木上为度。

6）石蜡块固着后可稍放片刻，使它完全凝固。如需急用，可放在冷水中浸几分钟再取出整修。

（2）整修　整修蜡块的目的：使切成的蜡带呈一直线，不发生弯曲，每个切片中组织的距离接近，以便于镜检或作连续切片。为了切出连续蜡带，在整修时，需将石蜡块上下两面修成平行的面，这样切呈的蜡带就呈直线，如果上下两面不平行的话，则蜡带弯曲，切片时就会发生困难。另外，如果在组织的上下左右留得蜡太多，那么每一切片所占的位置大，在一张载玻片上只能贴几个切片，既不经济，在镜检时又不方便，特别是连续切片更是如此。所以在整修时应将上下左右多余的石蜡修掉，但也必须注意不要太靠近组织，把组织裸露在外又会造成切片时易破碎的不良后果。此外，为了便于识别在蜡带上的每一切片，可将石蜡块的一角切去。

2．切片机与切片刀

（1）切片机　切片机是用来制作各种组织切片的一种专门设计的精密机械。它的样式很多，性能也不一样，一般可分为两大类型：滑行式切片机与旋转式切片机。无论哪一种类型，它们的主要结构均可分为下列三部分：①控制切片厚薄的微动装置，也就是很重要的供料装置；②供装置切片刀的夹刀部分；③供装置组织块的夹物部分。现将这两种类型的切片机介绍如下。

1）滑行式切片机。这种切片机的夹刀部分是滑动的，而夹物部分是固定不动的，但可上下升降。这种滑行式切片机，它的夹物部分下面就连接着控制切片厚度的微动装置；当夹刀部分在滑行的轨道上向后滑行一次，夹物部上的组织块就被切去一片，当夹刀部再从轨道上退回原处时，微动装置就自动地将夹物部分向上升一片的厚度。切片的厚度可用微动装置上的厚度计来调节，其厚薄可调节为2～40μm。

滑行式切片机的用途很广，不但能切一般未包埋的材料，如木材、木质茎和坚韧的草质茎，也可以用来作火棉胶切片、冰冻切片和石蜡切片。其缺点是不能作连续切片，所以一般石蜡切片不常在这种切片机上进行。

2）旋转式切片机。这种切片机的夹物部分是上下移动前后推进的，而夹刀部分则固定不动。这种旋转式切片机，它的夹物部分后面也连接着控制切片厚度的微动装置。夹刀部在切片机的前面，其刀口与夹物部上的组织块垂直，当旋转轮用手摇转一次，夹物部的水平圆柱体也随着上下来回移动一次。向下移动经过刀口，组织块即被切去一片，然后向上移动，经过刀口后，就按所调节好的切片厚度，微动装置以水平方向将组织块向前推进一片的厚度，这样连续地摇转，石蜡块就被切成连续的蜡带。最薄的可切成2μm。

这种切片机最适于作石蜡切片。装上冷冻装置后，也可作冷冻切片。

（2）*切片刀*　切片刀的种类：切片刀的种类很多，由于它的两面结构不同，通常分为三种类型。

1）双平面刀：刀的两面平直。适用于滑行式切片机、旋转式切片机。前者所用刀片宽而长，后者短而窄。

2）平凹面刀：刀的一面平直，另一面内凹。其凹度深者适合于滑行式切片机的火棉胶切片。其凹度浅者适于旋转式切片机的石蜡切片。

3）双凹面刀：刀的两面内凹，刀口长而薄，一般切片机不常采用。

切片刀的保护：切片刀口很薄，也很锋利，因此刀片本身触及坚硬物体很易碰伤，而我们在应用时也切忌手指触及刀口和将切片刀跌落于桌上或地面。触及或跌落都可能造成事故，必须特别小心。刀面粘上盐分或汗水，或经常带有水分，都容易生锈，所以用毕之后，须用棉花球蘸乙醇将刀面擦净。如粘有石蜡也应当用三氯甲烷或二甲苯拭擦，再用纱布擦干后放入切片刀盒中妥为保存。如在一个较长时期不用，还须涂上一薄层凡士林或液体石蜡以便保护。

3．切片的方法

（1）*滑行式切片机的切片方法*　现将使用滑行式切片机的方法分述如下。

首先需准备下列各种用具；滑行式切片机，切片刀，毛笔两支，培养皿一套，解剖刀或保安刀片一把，乙醇及三氯甲烷各一小瓶。

将所要切的材料（未包埋的木材、茎或已包埋的坚硬石蜡块）固定在夹物部分，松紧适宜。材料须深入，仅留极短部分（约2mm）露在夹物部上。

将夹刀部推到顶端，旋松刀片夹的螺旋，将切片刀按角度安装妥当，并旋紧螺旋，双平面刀无表里之分，若用平凹面刀时应使平面向下。

调节切片机上的微动装置，使厚度计达到所需切的厚度。一般木材切片可调到20μm，调节时应注意指针不可在两个刻度之间，否则容易损伤切片机。

将夹刀部慢慢地推向夹物部，使刀口接近组织块。此时应察看材料与刀口上下的距离，同时调节升降器，使材料的切面在刀口之下，以稍稍接触为度。

开始切片，两手应同时分工操作。此时右手推动夹刀部，使切片刀沿滑行轨道来回移动一次。当刀口由顶端向后移动经过材料时就被切去一片，粘在刀口的上面，当夹刀部由后推回顶端时，夹物部就按规定厚度上升。与此同时，左手持毛笔蘸水一面润湿刀口，一面将切下的片子粘在笔上，放到培养皿中，在70%～95%乙醇中固定。如为石蜡切片，毛笔不要蘸水，用干毛笔将蜡片取下。

切片完毕后，切片刀和切片机必须注意清理。切片刀卸下后应用纱布拭干，或用三氯甲烷将刀口上的石蜡屑擦净，然后涂上一薄层凡士林放在盒子中保存。切片机各部分应擦拭干净，并加入少许机油以润滑机件。这时就可将木盖或塑料布套盖上，下次再用。

（2）*旋转式切片机切片的方法*　现将旋转式切片机切片的方法简述如下。

准备下列用具：旋转式切片机，切片刀与刀片夹各一，毛笔两支，黑色蜡光纸一张，旧保安刀片一片，三氯甲烷一小瓶。

如为初学，一定要先由经验丰富的人在旁指导，初次使用上述滑行式切片机时也应有人在旁指导。

将已固着和整修好的石蜡块、台木装在切片机的夹物部分。

将刀片夹在刀夹上，刀口向上，要保持一定水平。如为平凹面刀，则平的一面向切片机，凹面向外同时还需调整刀片的角度。

移动刀片固定器，将夹刀部与夹物部之间的距离调整好，切不可超过刀口以石蜡块的表面刚贴近刀口为度，再旋紧切片固定器的螺旋。

调整石蜡块与刀口之间的角度与位置，石蜡块的切面和下边需与刀口平行，如不平行，可调节夹物部上的螺旋。

调整厚度计到所要切片厚度。一般石蜡切片厚度为6～12μm。

一切都调节好后，就可开始切片。此时右手握旋转轮之柄，摇动一转就可切下一片。切下的蜡片粘在刀口上，待第二片切下时连在一起，所以连续摇转就可将切下的蜡片连成一条蜡带。这时左手就可持毛笔（或解剖针）将蜡带提起，边摇边移蜡带。摇转的速度不可太急，通常转速以每分钟 40～50 转为宜。

切成的蜡带到 20～30cm 长时，即以右手用另一支毛笔轻轻将蜡带挑起，平放在切片机前面的黑色蜡光纸上。靠刀面的一面较光滑，应向下，较皱的一面向上。

切下的蜡片是否良好，在此时可先行检查。其法是用保安刀片先切取蜡片一张，放在载玻片上，加水一滴，然后倾斜玻片，使水流去，即可用扩大镜或低倍显微镜检查，察看组织和细胞的轮廓是否完整，其中有无空隙皱褶及碎裂等。

切片工作结束后，仍应将切片用具擦拭干净，妥为保存。

现在新式的切片机（如徕卡 RM2235 等）均不是厚重的切片刀，也不需要配备磨刀机或磨刀石，其配备的是一次性刀片，可夹持在持刀器上，用完后换新刀片。

4．影响切片成败的因素及补救办法

石蜡切片方法不容易掌握，需要大量实践后才能切出合格的切片，切片的成功率和很多因素有关，有时很容易成功，有时则由于各种因素，造成了切片的质量低劣，甚至完全失败。特别是初学者，碰到这些困难是常有的事，千万不能灰心丧气，应该仔细检查记录及当前的各种情况，找出原因，对症下药，决定补救办法（表 3-1）。

表 3-1　石蜡切片的常见问题和解决办法

问题及原因	解决办法
问题：起褶/连续切片卷曲	
原因：①蜡块边缘未修整齐	①修整蜡块边缘到平整
②切片刀钝	②重新磨刀或换新刀片
③组织质地不同	③重新确定组织块的方向
问题：切片厚薄不均	
原因：①未选择合适熔点石蜡	①将蜡块放入 4℃冰箱降温
②刀片或蜡块固定不牢	②重新固定刀片或蜡块

续表

问题及原因	解决办法
问题：在切片刀某个部位切片裂开	
原因：①刀片有缺口	①用刀片的其他位置重切
②组织中含硬颗粒	②粗修避开硬颗粒
③石蜡中含硬颗粒	③可摸出，剔出
问题：切片不形成条带	
原因：①石蜡太硬	①低熔点石蜡中重新包埋或加热一下蜡
②刀上粘有蜡的碎片	②清洁刀片及刀片夹持器的背面
③间隙角不正确	③调整角度
问题：蜡块回位时，切片附于组织块	
原因：①间隙角较小	①增加间隙角
②刀边或组织块边缘有碎片	②清洁刀片或修整组织块边缘
③组织条上有静电	③放置加湿器
问题：切片不完整	
原因：①脱水或透明不完全	①重新脱水、透明、包埋
②组织包埋不正确	②重新包埋
③只切到组织表面或一部分	③粗修后露出组织再切
问题：切片被过分压缩	
原因：①刀片钝	①换刀片重切
②石蜡太软	②将蜡块放入4℃冰箱降温
问题：切片比组织块大，明显扩展	
原因：展片用的水温过高	调节水温

八、冰冻切片机

近年来，冰冻切片机在组织学技术中广泛应用，由于冰冻切片制作时不需要经过梯度乙醇脱水和二甲苯的透明过程，因此对脂肪和类脂物保存完好，而且制片速度快。对于手术患者的快速病理诊断尤为重要，尤其是对于临床检查时无法确定肿瘤良恶程度的患者，手术过程中的冰冻切片快速诊断，为手术的实施提供依据。

冰冻切片的机器和方法有很多种，最常用的是恒冷箱式冷冻切片机。一般情况下，恒冷箱内温度为-25℃，箱内温度下降后，打开观察窗，将组织固着器放置于速冻台上，先放少量OCT包埋剂（一种聚乙二醇和聚乙烯醇的水溶性混合物）或羧甲基纤维素，待冻结后将组织块放上，在其周围加适量包埋剂，将组织块包埋。组织冻结后，将组织固着器装到切片机上，调整组织的切片与刀口平行并贴近切片刀，调节切片厚度旋钮到合适厚度，关闭观察窗。初步修出组织切面后，放下抗卷板，开始切片。然后用载玻片贴附，吹干或固定。

九、贴片

贴片是把切片机切下的蜡带，按盖玻片的大小，分割成小段，分排粘贴于载玻片的一个步骤。切片成功的关键在于切片贴附牢固，在染色时不易脱落，使皱褶的蜡片伸展平整。

1. 准备工作

新购买的载玻片和盖玻片，除非是防脱和清洁级免擦型的载玻片（价格昂贵）不需进行处理即可使用外，其他形式包装的载玻片和盖玻片均应进行清洁处理，否则极易在染色过程中掉片。

（1）载玻片和盖玻片洗涤法

1）煮沸洗涤法：将新购买载玻片和盖玻片放入加有适量洗衣粉的水中，加热煮沸15min，冷却后用自来水充分洗涤，用干净脱脂棉擦干备用。此过程要求动作温柔，以免造成玻片破损。如是回收旧玻片，可用同样方法洗涤，但煮沸时间应延长至半小时以上。

2）对要求严格的载玻片（如血涂片），应在洗液中至少浸泡半天后取出，自来水充分冲洗，擦干备用。

（2）洗液配制方法　重铬酸钾300g溶于热水中，充分搅匀使之全溶，冷却后，慢慢加入硫酸300ml（注意：一定是硫酸加入水中，绝对不能水加入硫酸中），边加边搅拌，然后将其倒入3000ml水中。

2. 用具和试剂

1）烫板。为石蜡切片伸展器，市面上有现成出售的电热烫板，也可以自制简易烫板，式样很多可自行选择或设计制造。

2）清洁的载玻片。

3）解剖刀。切断蜡带和载运或移动蜡片用。

4）蒸馏水或4%福尔马林一瓶。

5）蛋白甘油也称梅氏蛋白，为一种很好的粘片剂，粘附蜡片用。其配法如下：将一个鸡蛋打破入碗或杯中，去蛋黄留下蛋白，用筷子充分搅打成雪花状泡沫，然后将它用粗滤纸或双层纱布过滤到量筒中，经数小时或一夜，即可滤出透明蛋白液。此时在其中再加等量的甘油，稍稍振摇使两者混合，最后加入麝香草酚作防腐用，可保存几个月到一年。

3. 粘贴的方法

将烫板插上电源或加入温水，温度调整到35℃左右，保持恒定。

在载玻片上涂蛋白甘油。其法是用细玻璃棒蘸取一小滴蛋白甘油，加在载玻片的中央，然后以洗净的手指加以涂抹，范围不要太广，也不可太多，以能贴足够的蜡片为度，多余的粘片剂应拭去。

将已涂蛋白甘油的载玻片放在贮有蜡带的黑色蜡光纸上，并用滴管加蒸馏水数滴，此时若发现水不均匀分散而聚成滴状，即表示载玻片不清洁，有残留油脂等物在上面。这样的载玻片应重新清洗后再用。

用解剖刀或保安刀片将蜡带切成许多小段。每段的长短，应依盖玻片的长度为准，一般应比盖玻片短1/5～2/5，因蜡片加温后要伸长1/5～2/5。在分段时，应从蜡片截角的交界处切开。

将毛笔上多余的水分挥去，然后以笔尖粘取已切成段的蜡片，轻轻移到涂有水的载玻片上（注意此时仍应将蜡片光面向下贴在玻片上），依次排列整齐，此时如发现载玻片上水分不足，可再加一些。贴的位置应稍靠载玻片的左端，以便为右端空出贴标签的位置。

将载玻片水平提起，移到烫板上。此时蜡片因受热而伸展摊平。若有不能伸展的切片，须取下检查原因，加水或用针挑拨后重新加温，以摊平为度。

已经摊平的切片，可从烫板上取下搁在玻璃棒上使载玻片稍稍倾斜以便流去多余的水分，或用吸水纸将水分吸去，与此同时还必须将散开的切片重新用解剖针排列整齐。

载玻片再度放在烫板上（或在35℃左右的温箱中）晾干。2～3h后，即可取下编号，放入切片盒中待染。

4. 切片脱落的原因及防止的办法

石蜡切片在染色过程中有时可能从载玻片上掉下来。其脱落的原因很多，现将一些主要的因素列举如下：①所用的载玻片不清洁；②粘片剂已腐败变质；③粘片时将光滑面向上；④切片厚而小；⑤组织过硬；⑥切片皱褶未能充分伸展；⑦贴片后尚未完全干燥（组织部分呈现白色）。

第三节　组织学染色技术

一、染色概论

未加染色的切片在镜下除了能够辨认细胞和细胞核的轮廓以外，看不清楚其他任何结构。即使如此，19世纪早期的形态学家也相当正确地描述了人体各种器官细胞的排列。当然，在今天这远远不能满足医学科学发展的需要了。因此，染色的技术才逐渐发展成为制片过程中的一个重要环节。染色较固定、脱水、包埋、切片等步骤远为复杂，理论性强，技术要求严格，已经成为一门独立的科学，其在生物显微、组织学、病理学等学科中已占有相当重要的地位。

早在公元前人类已经有了染色剂和染色方面的一些知识。在生物学切片上染色后再进行观察，据说始于1714年，那时列文虎克首先用天然染色剂研究肌肉组织。此后逐渐发展起来。开始多利用一些天然染色剂，如胭脂红和苏木素等进行染色。在1856年，William Perkins发现了苯胺紫，从此开创了利用合成染色剂的时代。1862年，Bencke首先描述了亚尼林在组织学中的应用。随着染色剂工业的发展，亚尼林现在已经成为多达几千种染色剂的“大家族”。至今它们仍然是生物切片染色中应用最广的一类染色剂。

1. 染色的原理

染色就是染色剂和组织细胞相结合的过程。对于这两者结合的原理，有两种不同的解释。有学者从物理学的角度认为染色剂和组织细胞之间的结合是“溶解”或“吸收”。例如，苏丹类染色剂使脂质着色，就是利用染色剂在脂质中的溶解度大于在乙醇等溶剂中的溶解度这一特性。因此，当苏丹类的乙醇溶液与组织细胞中的脂质接触时，染色剂就从溶液中“转移”到脂质中去，而使脂质着色。有些染色则是染色剂分子通过渗透和毛细管作用而被吸收或沉淀到组织、细胞的小孔中去而着色，犹如活性炭吸收各种分子，甚至胶质和微生物等较大的颗粒。这种机制的染色是很少的。另一种观点认为，染色是染色剂和组织、细胞之间的化学性结合，如显示含铁血黄素的普鲁士蓝反应是最典型的例子。但是，大量染色的化学反应并不像铁反应那样明确。早年的形态学家就认为酸性染色剂溶液中的色素根具有阴离子，可以和碱性成分（如细胞质）相结合；反之，碱性染料可使酸性成分着色（如细胞核含有核酸）。这是正确的，但实际情况远为复杂，这是因为蛋白质分子是个相对分子质量为几万至几百万的大分子。

在科研工作中，常常遇到切制长期固定于甲醛中的组织，往往染色不良，尤其是核的着色欠佳。这是因为随着时间延长，固定液甲醛氧化生成甲酸，组织亦随之变为酸性，所以不易被苏木素所着色。补救的办法是，先用流水冲洗组织块，然后用碱性溶液处理使之中和后再进行染色。

大多数染色的原理至今仍未搞清楚。有些可能是物理性的，有些可能是化学性的，有些则可能两种机制都起作用。正因为人们对染色的原理还没有完全掌握，所以目前还不能很好地运用原理来控制它，在相当程度上需凭工作经验。因此，“染色”成为技术性很强的一项工作，需长期反复实践方能经验丰富、运用自如，一种染色往往在某实验室能够成功，而在另一个实验室里则失败。因此在学习每一种染色方法时，必须注意成败的关键，或谓“诀窍”。

浸染严格地说有别于染色，因为浸染时染色剂既不是和组织、细胞发生化学性结合，也不是吸附到组织、细胞的小孔内，而是重金属盐（常用银和金的盐类）沉着于染色对象的表面。一般组织细胞在染色后并没有染料的固体颗粒存在其内部或表面，因此，真正的染色即使染色过深，观察时还是透明的，而浸透的结果往往呈现黑色，并且不透明。染色的染料溶液是有色的，但“浸染”的染液则往往无色。

2．进行性染色和退行性染色

组织成分着色自浅至深，当达到所需要的强度时，终止染色，这种方法称为进行性染色。一般所采用的染液浓度较低，染色过程中应该不时在镜下观察以进行控制，这样才能得到染色强度适中的效果。此种方法无需“分化”，如卡红染色。

退行性染色，则是先把组织浓染过度，超过所需的程度，然后再用某些溶液脱去多余的染色剂，以达到适当的深度，并使不应着色的组织、细胞脱色，这个步骤称为“分化”。在分化中进行镜下观察，当然也是必不可少的。苏木素-伊红染色法（HE染色法）中用苏木素染色就是退行性染色。退行性染色应用比较广泛。

3．直接染色、间接染色和媒染剂

有些染色，无需第三种物质参加，染色剂和组织即可直接结合着色，称为直接染色。直接染色最后达到的深度与染液的浓度和组织及细胞对染色剂的亲和力相关。还有一些染色，单独染料本身的水溶液或乙醇溶液，几乎不能与组织、细胞相结合或结合的能力很弱，必须有第三种成分——媒染剂参与，才能使染色剂与组织细胞有效地结合起来，这种染色法称为间接染色。

媒染剂通常是二价或三价金属如铝、铁的硫酸盐或氢氧化物。媒染剂有的加在染液中，媒染剂在染色的同时起作用（如Ehrlich苏木素染色），有的则用于染色前，媒染剂单独配成溶液或固定液本身就起着媒染的作用（如Mallory磷钨酸苏木素染色用Zenker或Helly固定），有时则用于染色后。

4．促染剂

用以加强染料和组织细胞结合能力的物质称为促染剂，如Loeffler亚甲蓝溶液中的氢氧化钠，染细胞质时伊红液中加的冰醋酸，龙胆紫和番红花中的亚尼林等。促染剂与媒染剂不同：①促染剂本身不参加化学反应，不像在间接染色中媒染剂与染色剂形成沉着在组织细胞中的有色物质——“色淀”。②促染剂是对没有促染剂存在时也能染色的反应起加强作用。媒染剂则往往在一些间接染色反应中几乎是必不可少的。

促染剂犹如化学反应中的催化剂，少量存在就有明显的促染作用。它们的作用机制也许是降低表面张力，或是改变了染液的pH。在神经染色常用的一些金属浸染法中，所用的促染剂常常是一些催眠药，如水合氯醛用于终板染色，巴比妥用于轴索染色等。

5．分化剂

在退行性染色中，附在组织细胞上多余的染色剂，需要用某些特定的溶液把目的物以外的部分脱去，从而使目的物与周围组织形成鲜明的对比，同时使目的物本身的色泽深浅适当。这种选择性地除去多余染色剂的过程，称为分化，所使用的溶液即为分化剂。

分化剂可分为如下三类。

1）酸性分化剂：如盐酸、乙酸等。它们能和媒染剂（金属）相结合形成可溶性盐类，从而打开了媒染剂和组织细胞的结合，使组织细胞脱色。

2）氧化分化剂：如苦味酸、铬酸、重铬酸钾、高铁氰化钾和过锰酸钾等。这些都是一些氧化剂，可以将染色剂氧化而呈无色，犹如漂白作用。首先脱去的必是染色较浅者，染色较深的组织细胞还可保留部分染色剂，这样就达到了分化的效果。

3）媒染分化剂：媒染剂能促使组织细胞和染色剂相结合。如果将已染色的切片再放到媒染剂的溶液中，则可使已经和组织相结合的染色剂脱失，这是媒染剂的另一种功能。从这个角度看，又可称之为媒染分化剂。媒染分化剂既可促使染色剂和组织相结合，又可把染色剂自组织细胞脱去，这是因为染色剂和媒染剂的比例关系不同，当溶液中媒染剂的量超过了染色剂的量时，占有压倒优势的媒染剂就把已经和组织细胞相结合的染色剂夺取过来，使组织细胞脱色。

既然分化剂有脱色作用，因此分化剂本身也是脱色剂。一张褪色的切片，需要再染时，第一步就是用脱色剂加以处理。在常规染色中，分化的时间必须严格掌握，再根据经验进行镜下观察控制染色效果。

6．变色反应和正色反应

染色反应，最后目的物所呈现的颜色和染色剂的颜色相同，称为正色反应。有些染色反应，最后目的物所呈现的颜色和染色剂当初的颜色不同，则称为变色反应。

7．染色中的注意事项

一般在组织经过固定、脱水、透明、包埋、切片、脱蜡等步骤以后，再进行染色。这些步骤是否都按照要求处理，对染色的效果有直接影响。一张固定、脱水等步骤都有缺陷的切片，染色是不可能鲜艳、透明、层次分明的。

在染色前的诸多环节中，固定与染色效果有特别重要的关系。固定过程可以使组织细胞的化学成分“重新组织”，既影响到它的渗透性，也可能影响到组织细胞化学成分与染色剂的结合。例如，应用甲醛固定时，甲醛与蛋白质的氨基结合，则羧基游离，从而增强组织对碱性染色剂的亲和力。一些重金属固定剂如氯化汞等，它们与羧基结合，留下游离氨基，因而使组织易与酸性染色剂相结合。

染色准备工作：染色器皿一定要依次经过肥皂水、洗涤液、自来水、蒸馏水等严格洗刷、浸泡、冲洗。如作金属浸染和铁反应时，清洗不合要求就会导致沉淀形成。

染色剂和试剂的配制：需要用蒸馏水配制的，不能用自来水代替；在配制染料时加试剂的顺序和要求，都应该按配方严格执行。诸如此类，都必须严格要求，如染色液已发生沉淀或有霉菌等生长，在用前必须过滤或者弃用。

染色不能达到预想的效果时，调整染色剂的浓度、pH、染色时间和环境温度等均有可能将问题解决。这 4 点往往是决定染色效果的关键。其中尤其重要的是溶液的 pH，因为它可以影响组织细胞的化学成分及染色剂的电离化程度。温度升高则可促进染色剂的渗透和染色的化学反应。

总之，染色是一项技术性很强的操作，细致和谨慎至为重要，要严格按操作规程进行，在没有得到充分证明以前不要轻易改变操作规程。初学者应养成良好的习惯。例如，开始着手作一个染色之前，需仔细地阅读和掌握染色步骤，根据完成此项染色的步骤和所需时间，做好计划，并将染色剂和试剂、器皿等按次序放在染色台上。此外在每个必要的环节上要坚持镜下观察控制，这样，既能保证染色的质量，也能在机制理论上迅速得以提高，为学好染色技术打下坚实的基础。在染色完成后，还要在镜下逐片检查染色是否合适。

染色中发生切片脱落现象，首先应想到载玻片不洁、贴附不良、皱褶、切片和玻片间有气泡、烤片时间不足等原因。如果已经过谨慎处理，仍不能避免时，可在染色前作“火棉胶化”处理。其方法为：切片脱蜡进入无水乙醇后，在 0.2%的火棉胶无水乙醇和乙醚等量溶液中浸泡片刻至半分钟，取出揩干，再浸入 70%乙醇中使之固化，切片染色后脱水至无水乙醇后，再在无水乙醇和乙醚混合液中浸片刻即可。

8. 切片的再染

1）除去盖片：将切片放入二甲苯中，置于室温下或放在有盖的平皿中置于 60℃烤箱内，所需时间视切片陈旧程度而定；或载片反面在煤气灯（或电炉）上缓缓加温（注意温度勿过高，以免烧灼组织），当封固剂中出现小气泡时把玻片浸入二甲苯。

2）切片浸入二甲苯，除去所有的封固剂。

3）切片浸入无水乙醇、95%乙醇，复水。

4）脱色：盐酸乙醇除去染色剂，充分水洗，浸入 0.5%高锰酸钾溶液 5min，0.5%草酸溶液漂白 5min，水洗后再重新染色。

二、染色剂

1. 染色剂概述

染色剂在我国应用较早，在商、周时期就已经相当发达，主要用于丝、麻、棉等织物的印染。在生物上应用染色剂，认为最早是列文虎克在 1714 年应用番红花作肌肉染色，开创了生物染色的时代。1858 年，Gerlach 在注射血管标本时，发现内皮细胞可被着色，后来他又用胭脂红染神经细胞和神经纤维，得到了很好的效果。指出了在组织学中使用染色剂的重要性。因此后人往往把他称为“染色之父”。染料用于生物学染色之初使用的是一些天然染色剂，它们是分别从植物或动物中提取出来的。1849 年，植物学家 Goppert 和 Cohn 首先应用胭脂红作组织染色。它是从一种昆虫——雌性胭脂虫的干尸中所提取的。至今应用最广的核染色剂苏木素相传是 1863 年 Waldeyer 最早用于生物组织染色，它是自墨西哥和南美洲海岸生长的野生植物——苏木树的木质所提取的。1856 年发明了亚尼林染料以后，合成染料才逐渐普及起来。

在第一次世界大战以前，生物染色剂几乎完全为德国公司所垄断。该公司并不生产染色剂，而只是对工业染料进行选购、检查，凡适合用于生物学应用者就作为生物染色剂分装出售。在那时也完全是凭经验的，不同批号的染料性能是不同的。第一次世界大战期间，染色剂的供应中断，原有的染色剂也因污染等原因而不再适用。1922 年，以美国 Coon 为首组成了生物染色剂标准化委员会。它的任务是检查各厂商的生物染色剂产品，凡合乎要求的某批号产品，在标签上可以印上委员会证明号，并在该委员会的刊物《染色技术学》上发表相应资料。

我国在 1952 年开始生产少数品种的染色剂，目前已能生产数百种。

2．染色剂分类

染色剂的分类方法有很多种，常见的是按来源分、按其化学反应分，还可按其使用目的分。

（1）根据染色剂来源分类

1）天然染色剂：天然染色剂是从动物或者植物组织中提取出的一种有机物质，目前最常使用的苏木素、胭脂红（卡红）、靛紫、地衣红、番红花等都是天然染色剂。

2）合成染色剂：这种染色剂是以化学的方法合成的，多半是从煤焦油中提取出来的苯的衍生物，目前应用最多最广的就是合成染色剂，根据其化学结构不同可分为 10 类：亚硝基染色剂（萘酚绿 B 等）、硝基染色剂（苦味酸等）、偶氮染色剂（偶氮红、苏丹Ⅲ等）、醌亚胺类染色剂（甲苯胺蓝、中性红等）、苯甲烷类染色剂（酸性品红、亮绿等）、汀类染色剂（伊红 Y 等）、蒽醌类染色剂（茜素红等）、噻唑类染色剂（樱草黄等）、喹啉类染色剂（花青素等）、重氮盐类染色剂（坚牢红-B 盐等）。

（2）根据化学反应分类　这种分类，并不是根据染色剂本身的酸碱性进行分类，而是根据染色剂中助色团的酸碱性分类，主要有酸性染色剂、碱性染色剂和中性染色剂。

1）酸性染色剂：指在染色剂中含有酸性助色团，可以和碱性物质作用生成钠盐、钾盐等，一般可溶解于水和乙醇，常作为细胞质染色剂。常用的酸性染色剂有苦味酸、伊红、酸性品红、刚果红、橙黄 G 等。

2）碱性染色剂：染色剂中含有碱性助色团，可与酸生成盐，大多为氯化物、硫酸盐、乙酸盐等，能溶于水和乙醇，常作为细胞核染色剂，如苏木素、中性红、甲基绿、甲苯胺蓝等。

3）中性染色剂：是由酸性和碱性染色剂混合后中和而成，能溶于水和乙醇。血液学中常用中性染色剂，染色剂中的不同成分可使细胞核、细胞质和颗粒分别着色，如染血涂片的瑞特染色剂和吉姆萨染色剂等。

（3）根据染色目的分类

1）细胞核染色剂：细胞核的主要化学成分是核酸，核酸内所含的酸性物质对碱性染色剂有较强的亲和力，又称其为“嗜碱性”。因此，染细胞核的主要是碱性染色剂，如苏木素、胭脂红、沙黄、结晶紫等。

2）细胞质染色剂：细胞质的主要成分是蛋白质，但细胞质的染色与 pH 密切相关。当 pH 为 3.6～4.7 时，细胞质带正电荷，可被酸性染色剂着色，因此又称其为“嗜酸性”。常用的染色剂有伊红 Y、淡绿、酸性复红、苦味酸等。

3）脂肪染色剂：主要用于脂肪类染色，这种染色剂很难溶于水，微溶于乙醇，不能作为普通染色剂，但其可以溶于脂类，然后以其鲜艳色彩借助于物理作用使脂肪着色。常用的染色剂有苏丹Ⅲ、苏丹Ⅳ、油红O等。

3．染色剂的配制

1）配制任何溶液和染色剂时应遵循以下规则：①配制所用玻璃器皿必须彻底清洁，并用中性蒸馏水充分浸洗并干燥，注意防尘；②在稀释、配比时使用度量准确的试剂；③用作特殊染色（如银染）的烧杯和吸管等应标明和专用；④需要避光保存的试剂，须用有色瓶盛装并放于冷暗处，要求严格的，应在瓶外再套一层黑色纸，以达到完全避光目的；⑤根据溶液的性质，需要在用前现配的，必须保证在临用时新配，应保存在冰箱中的也要严格遵守规定；⑥配制溶液或者染色剂时，必须要按正确顺序加入各种成分溶解；⑦含有乙醇溶液的染色剂或者易挥发的溶液，要贮存于磨砂口玻璃瓶中以免因挥发导致浓度发生变化；⑧容易产生结晶或者沉淀的染色剂应该在使用前过滤，所有用于细菌检验的各种染料也要在用前过滤。

2）常见染色剂的溶解度见表3-2。

表3-2 较常见组织学染色剂于室温下每100ml水和无水乙醇内溶解的克数

染色剂	溶剂		染色剂	溶剂	
	水	无水乙醇		水	无水乙醇
酸性品红	18.0	0.3	茜素	微	0.125
茜素红	5.3	0.15	金黄	1.3	0.3
偶氮黑	0.3	0.25	碱性品红	0.4	7.6
俾斯麦棕	1.2	1.1	胭脂红	8.3	
刚果红	4.5	0.8	结晶紫	1.5	7.0
水溶伊红	40.5	3.5	醇溶伊红	微	0.45
藻红	11.0	2.0	荧光黄	微	2.1
苏木素	1.75	60.0	淡绿	18.5	0.85
马休黄	4.7	0.16	甲绿	9.2	
亚甲蓝	10.4		龙胆紫	4.2	6.2
甲橙	0.05	0.01	甲基蓝	2.5	1.5
中性红	3.2	2.0	油红O	溶于异丙醇	
橙黄G	7.1	0.3	占那司绿	5.3	1.1

三、染色一般注意事项

在染色之前一定要知道染色剂溶液的性质。在染色之后，常常在同样的溶剂中洗去多余的染色剂。例如，番红是溶解在50%乙醇中，那么冲洗也必须在50%乙醇中进行。

在应用乙醇溶液时，常常按照它的梯度顺序排列，如30%、50%、70%和其他高浓度乙醇。如果组织，特别是柔弱的组织从水中直接移入无水乙醇或70%乙醇中，都会引起极其剧烈的扩散而使组织损坏。

在每种染色方法中，试剂与染色液后面所注需要的时间，是按常用的材料来确定的，仅供参考。实际上需要的时间，应该依照标本的类型、所用固定液的性质、切片的厚度、木质化的程度、核的稠密等状况而定。延长了染色时间，将需较长的脱色或分化的时间。

初学者必须逐渐积累经验，根据具体情况，学会自己做出各项判断。

用酸乙醇分化已染色的标本，必须在显微镜的观察下进行。褪色后，必须彻底洗净，否则会影响后面的染色，本身也容易褪色。

必须记住，退行性染色法必须有较长的过染时间，在脱色后，将会得到更鲜明的分化。后面我们所介绍的各种染色时间是比较短的，这是为了适应教学的需要。在一般情况下，为了使组织分化更明显，染色的时间还可延长些。

必须注意，在应用各种试剂和染色剂时，应该按照它们的梯度顺序依次进行，在双重染色时，所应用的两种染色剂必须有正确的先后次序，如苏木素必须在伊红之前，番红在亮绿或固绿之前。

切片进行脱水时，应在各梯度乙醇中逐级顺序进行。脱水太快，不但会损坏组织，而且将不能很好地把水脱净，影响最后结果。

在脱水时，还必须将装有无水乙醇的染色缸口的周缘，涂以少量的凡士林，以防止空气中的潮气被吸入，否则也会影响组织的完全脱水。如果脱水不完全，那么在用二甲苯透明时将会有云雾状的情况出现。要求严格的科研类染色过程，无水乙醇中应放入用滤纸包好的已炒过的硫酸铜，以吸除无水乙醇中的水分。

在透明时，当所有的乙醇完全被替代后，组织将完全透明而无波状的折射纹出现。

在封藏时，初学者常常出现的问题是在载玻片上加入了过多的封藏剂。

最后我们必须认真地忠告初学者，染色的方法虽然很多，但对初学者来说，千万不可贪多。开始时只需选择两三种最主要的方法，反复练习，一直到能熟练地掌握这些染色技术为止。例如，在动物制片方面，可选用硼砂洋红法、苏木素-伊红对染法和马洛赖氏三色法等；在植物切片方面，可选铁矾苏木素法、番红固绿对染法和孚尔根染色法等。

四、染色的一般方法

染色方法主要分为常规染色、特殊染色、组织化学染色和免疫组织化学染色等。病理学诊断，很大程度上依赖于组织染色后显现出组织细胞病理形态学变化，然后在显微镜下观察分析后得出。目前，没有一种染色可以全面地反映出组织的所有病理变化，因此，通常是以苏木素-伊红（HE）染色作为观察基础，特殊染色作鉴别诊断。

由于要染的切片尚包在石蜡之中，而所用的染色剂又常常为水溶液，因此在染色之前，必须再度复水，石蜡切片在二甲苯中溶去石蜡，经过梯度乙醇，下降到水。经染色后需再脱水，上升到二甲苯，然后封藏。这是一个程序化且繁琐的过程，初学者必须将一般的复水与脱水的方法熟练掌握，使这个过程中的各个步骤成为一个习惯。其步骤与方法分述如下。

1）将染色缸排列，并在缸的无槽一面贴上标签。

2）将所需用试剂倒入染色缸中；必须注意倒入的试剂应与标签相符。倒入的量约为缸的2/3，以淹没切片为度。

3）将2～5张贴有石蜡切片的载玻片放入二甲苯中，停留的时间为3～10min。具体所需时间，应依照切片的厚度及当时室温而定，不能一成不变。冬季室温过低，有时切片在二甲苯中 30min 以上石蜡尚未完全溶去。在这种情况下，应将此染色缸移到温暖处稍稍加热，或放在 37℃的温箱中几分钟，以加速其溶蜡。

4）将载玻片按顺序，每次一张从二甲苯中移入另一缸二甲苯中。在移动时，应先用镊子把靠近自己的第一张载玻片从缸中提起，使载玻片的右下角与染色缸的边缘轻轻接触一下，以便使附于载玻片的试剂回流到染色缸中。这样就可使载玻片较干不致带有过多的试剂移到下一个缸内。但必须注意，不能停留过久，若片子完全干燥，会影响结果。

5）当所有的载玻片全部移入第二缸后，待第一张片子停留在第二个缸中的时间为 3～5min 时，再从第一张载玻片开始，将它们依次移入第三缸（即二甲苯和无水乙醇 1∶1 混合液）中。以后按此方法继续进行，直到所有的载玻片都陆续经过各级乙醇移到蒸馏水中为止。每级停留的时间为 2～5min。

6）载玻片自水中取出，即可在各种水溶液的染色剂中染色，如苏木素染色剂、番红水溶液等。在染色剂中停留的时间不等，如在苏木素中可染 3～5min（或稍短），在番红中可染 1～24h。然后按各自的需要在自来水中冲洗或再进行其他处理。

7）染色完毕后按程序移入脱水系，经梯度乙醇，再到无水乙醇和二甲苯混合液，最后在二甲苯中透明约 5min。

若为双重染色，脱水到 85%乙醇后，载玻片可移入 95%乙醇溶解的染色剂（如 0.1%的固绿）中染几秒至 1min，然后再继续脱水和透明。

8）透明后，进行封藏。

五、封藏

制片的最后一步为封藏，封藏的目的一是使已经透明的材料保存在适当的封藏剂中；二是应用合适的封藏剂使材料能在显微镜下很清晰地显示出来。

1．封藏剂

（1）加拿大树胶　加拿大树胶又称加拿大树脂，得自加拿大所盛产的胶冷杉，割伤树皮即分泌而出，经提炼而成固体的树脂。加拿大树胶色黄，能溶于二甲苯、叔丁醇苯和三氯甲烷，其浓度以玻璃棒一端形成小滴滴下，而不生成丝状物为佳。加拿大树胶为最常用的一种封藏剂，其优点是折光率（1.52）与玻璃（1.51）很接近，而与所封组织又不相似，因此观察所封切片时较为清晰。

配就的加拿大树胶可装入特制的树胶瓶中，不用时放于暗处，避免阳光的直接照射。如长期存放，可能逐渐变酸，使切片也随之褪色。为预防变酸，可在其中加一些小块大理石（为碳酸钙所构成，带碱性）以中和酸性（投入的大理石必须清洁并用二甲苯清洗）。

（2）达马树胶　达马树胶为松柏科植物柳桉（*Eucalyptus saligna*）所分泌的一种白色微带淡黄色的半透明树脂。能溶于二甲苯、苯、松节油、三氯甲烷和醇。溶解为封藏剂后能长久保持中性，且易干，其效用比加拿大树胶还好，折光率也为 1.52。其配方如下：溶解 25g 达马树胶于 250ml 三氯甲烷和 250ml 二甲苯中，过滤，待蒸发到 100ml，即可应用。

2．封藏法

材料透明后，按照下列方法进行封藏。

在面前的桌上，放一张洁净而能吸水的纸。将载玻片从二甲苯中取出放在纸上（必须注意，载玻片放入染色缸时，有切片的一面，面对自己，此时应将有切片的一面向上）。迅速地在切片的中央滴一滴树胶，千万不能待二甲苯干燥后再进行。

用右手持细镊子轻轻地夹住盖玻片的右侧，并把它的左边放在树胶的左边。然后用左手持解剖针抵住盖玻片的左边，右手将镊子松开逐渐下降，慢慢抽出。这样就可使树胶在盖玻片下均匀地展开并将其中的气泡赶出来。

每次封藏时，必须总结经验。根据盖玻片的大小来估计所需树胶的滴数，过多过少都会影响封片质量。树胶过多则将从盖玻片下向四周漫出来；太少则将在盖玻片下留有空隙。如发现这些情况，在事后必须加以补救。如树胶过多，可在干燥以后，用刀刮去，并用纱布蘸二甲苯拭去其残留的树胶；如树胶太少，则可用玻璃棒再滴一滴树胶在盖玻片的边缘，树胶会慢慢地被吸进去。

如为整体封藏或徒手切片及冰冻切片等，在封藏时应先滴上树胶然后将材料放在树胶上，这样在盖玻片下放时，不致将材料挤到边缘去，如先放材料，再滴树胶，就会使材料被挤到边缘。

第二篇

动物疾病病理鉴别诊断

第四章　多种动物共患传染病及寄生虫病的病理鉴别诊断

第一节　多种动物共患传染病病理诊断

一、炭疽

【临床诊断】　本病的潜伏期较短（1～5d）。在临床上可分为最急性、急性、亚急性、慢性4种类型，前3种主要见于牛、羊、马，慢性型多见于猪。

1）最急性型：常见于流行初期，多见于羊，牛和马偶发。患病动物突然倒地、昏迷、呼吸困难，可视黏膜发绀，全身战栗，天然孔出血。羊还出现摇摆、磨牙、痉挛等症状，牛发病时个别病例表现为兴奋鸣叫或臌气。大部分病例于数分钟或数小时内死亡。

2）急性型：较常见，牛和马多发。患畜体温可高达42℃，精神不振，食欲下降或废绝，反刍停止，可视黏膜发绀并有小点出血。病初便秘，后期腹泻带血，甚至出现血尿。濒死期体温下降，天然孔出血，多于发病后1～2d死亡。

3）亚急性型：病程较缓，常见于牛和马，常在皮肤和肠形成“炭疽痈”。通常在咽喉、颈部、胸前、腹下、肩前等部位皮肤形成皮肤痈，在十二指肠、空肠及直肠形成肠痈，有时在口腔黏膜也可形成痈型炭疽。有时可转为急性败血症而死亡。

4）慢性型：猪对炭疽杆菌的抵抗力强，因此主要表现为慢性型炭疽，常以痈型炭疽的形式存在，多无临床症状。但咽型炭疽可见下颌间隙和颈部有明显肿胀，病猪表现呼吸困难、吞咽障碍。

【病理学诊断】　最急性型病例多无明显病变，或仅在内脏见到出血点。急性炭疽主要表现败血症变化。尸体膨胀明显，尸僵不全，天然孔出血，血液凝固不良呈煤焦油样，可视黏膜发绀。全身出血，皮下、肌肉间及浆膜下发生胶样水肿。脾高度肿大，可达正常脾的3倍以上，脾髓软化呈糊状。淋巴结肿大、出血，切面呈大理石样花纹。肠道发生出血性炎症。肺和其他器官还可见到浆液出血性炎。痈型炭疽一般在局部可见炎性水肿、出血、坏死，多于数周后痊愈。

猪炭疽的病变有4种类型，包括败血型、咽型、肠型和肺型，其中咽型炭疽最为常见，其病变特征为出血性坏死性淋巴结炎（颌下与咽背淋巴结）和出血性坏死性扁桃体炎。

病变组织镜检可见有单在或排列成长链状的炭疽杆菌。如外部检查怀疑为炭疽，可在耳尖采血涂片镜检，如发现炭疽杆菌，病畜及死亡病例禁止剖检。

二、结核病

【临床诊断】　发病初期症状不明显，或仅有短促干咳。随后咳嗽频繁，呼吸加快，日渐消瘦，体表淋巴结偶见肿大。纵隔淋巴结肿大并压迫食管时可发生慢性臌气。乳房结核可致乳量大减，乳房上淋巴结肿大。肠结核多见于犊牛，表现为消化不良，顽固下痢，迅速消瘦。

【病理学诊断】　病变多见于肺、淋巴结和浆膜，也可见于乳腺、子宫、肠、肝、脾、肾等器官。

肺部病变常呈大小不等的干酪性支气管肺炎，严重时病变部液化形成空洞。如为血液蔓延，则表现为结核结节。渗出性结节的中央为灰黄色坏死物，外围为红色炎性反应带；增生性结节中央为黄白色干酪样坏死物或带有坚硬的钙化颗粒，外周被灰白色结缔组织包裹。

肺门、纵隔、肠系膜和咽背淋巴结病变明显。淋巴结轻度或高度肿大，切面可见大小不等的干酪样坏死灶和钙化的结节，或呈大片黄白色斑块状有间质分隔的干酪样坏死灶，其中也可发生钙化。

胸膜与腹膜可发生密集的增生性结节即“珍珠病”，或表现为渗出性干酪样浆膜炎。

乳腺可见增生性或渗出性结核结节，结节中心为干酪样坏死。肝、肾、脾主要表现为干酪样坏死和钙化的增生性结核结节。子宫结核病变常呈子宫壁增厚，有厚层干酪样坏死，黏膜不平，有结节或肿块。肠结核主要表现为结核结节或结核性溃疡。其他器官也可见到干酪样坏死性结核病变。

组织学检查主要表现有增生性、渗出性和坏死性三种结核结节，其中增生性结节最具代表性，最常见。初期结节主要由上皮样细胞和郎格罕细胞组成。随着结节的增大，中心发生干酪样坏死和钙化，其外为上皮样细胞和多核巨细胞，最外层为成纤维细胞和淋巴细胞构成的普通肉芽组织。渗出性结节较少见，结核杆菌先在局部引起充血、渗出（浆液、纤维素、单核细胞与淋巴细胞等），随后渗出物和局部组织迅速发生干酪样坏死，坏死物周围是明显的炎性渗出反应。坏死性结节很少见，表现为多发性微小坏死灶，周围无炎症反应。除上述结核结节外，也可表现为弥漫性上皮样细胞与多核巨细胞增生，然后发生干酪样坏死与钙化。

三、布鲁氏菌病

【临床诊断】　牛的布鲁氏菌病在雌性多引起流产，雄性多引起睾丸炎，怀孕牛在感染后可发生胎盘炎，常在怀孕第5～9个月导致流产，产出死胎或弱胎，胎衣滞留，生殖道流出黏性或脓性分泌物并排出大量细菌。乳腺及其周围淋巴结也可发生感染，从乳汁中排出细菌，有时病牛可出现关节炎。

怀孕绵羊与山羊除流产外不表现症状。流产前阴道流出黄色黏液，流产常发生于妊娠后第3或第4个月。公羊可发生睾丸炎，出现睾丸肿大。奶山羊易发乳房炎，表现为乳量减少、乳中有凝块、乳腺硬肿，还可伴发关节炎出现跛行等症状。

猪的布鲁氏菌病在发生菌血症后病菌主要寄居在两性的生殖道，在雌性可侵入胎盘和胎儿，在雄性可侵入睾丸、附睾、精囊腺及尿道球腺，病变多为单侧性，先出现增生，之后发生脓肿，最后出现硬化和萎缩。有时可发生关节炎。母猪的主要症状是在怀孕的任何时间均可造成流产。公猪有时可出现持续感染，由于生殖道损伤可影响性活动，有时可从精液中排出病菌。雌雄两性可在感染后6个月自行康复。

【病理学诊断】　布鲁氏菌病的特征变化主要在生殖器官和流产胎儿。

（1）淋巴结　隐性感染者淋巴结无明显改变，重症病例可见淋巴结肿大，质硬，有时切面可见坏死灶。组织学观察可见淋巴小结数量增多，生发中心明显，同时可见网状细胞和上皮样细胞增生，上皮样细胞可多个聚集在一起形成上皮样细胞结节，有的结节中还出现多核巨细胞。病情恶化时，上皮样细胞结节中心部分的细胞发生坏死，周围由一层上皮样细胞和多核巨细胞包围，其外层由浸润有淋巴细胞的新生肉芽组织环绕，形成坏死增生性结节。

（2）脾　眼观仅见轻微肿大、充血，切面模糊不清。镜检时的典型病变为白髓淋巴组织增生，形成明显的淋巴滤泡，偶尔也可见上皮样细胞结节等。

（3）肝　常有细小的坏死灶和上皮样细胞结节。

（4）肺　主要病变为布鲁氏菌病结节。慢性病例，在肺脏所见结节常为坏死增生性结节（即特殊肉芽肿），中心为坏死区，内有大量崩解的中性粒细胞。急性病例多为渗出性结节，结节在初期有少量中性粒细胞浸润，随后浸润的细胞和局部组织坏死、崩解，形成坏死灶，其周围组织发生充血、出血、浆液渗出和中性粒细胞浸润。当病变破坏支气管时，可引起支气管炎和支气管肺炎。

（5）肾　常表现为慢性间质性肾炎。肾曲小管间有多量淋巴细胞和上皮样细胞增生，有时也出现上皮样细胞结节。

（6）流产胎儿　呈败血症变化，表现为浆膜和黏膜发生淤点和淤斑，皮下组织水肿、出血，有时发生木乃伊化，全身急性淋巴结炎，实质器官变性和肝多发性小坏死灶等。

（7）子宫　呈化脓、坏死性炎症变化，病变多局限于子叶胎盘部。子宫内膜与绒毛膜之间有污灰色或黄色胶状的渗出物，绒毛充血、出血、肿胀及坏死，呈紫红色或污红色，表面附有一层黄色坏死物和污灰色脓液，胎膜水肿增厚有出血。渗出物中含中性粒细胞、脱落的上皮细胞与组织坏死崩解产物等。

（8）附睾　羊布鲁氏菌病由于病羊精索静脉曲张淤血呈串珠状肿胀，鞘膜腔积液、阴囊皮肤水肿、阴囊下垂呈桶状，患羊迈步艰难，严重时阴囊拖地而行。后期精索高度增粗，血管壁增厚，精索呈结节状。附睾病变主要发生于附睾尾，急性期附睾尾较正常大 1～2 倍，切面常见大小不等的囊腔，内有乳白色絮状或干酪样物。有时附睾头、附睾体有绿豆至黄豆大的结节。睾丸肿大，多为一侧。慢性期附睾尾较正常肿大 3～4 倍，表面呈结节状，质地较硬并与睾丸粘连，切面呈黄白色斑纹状结构，并可见黄白色干酪样物。睾丸缩小，质较硬。

除此之外，常见的病变还有局灶性间质性乳腺炎、关节炎、间质性心肌炎、角膜炎、睾丸炎等。

四、巴氏杆菌病

【临床诊断及病理学诊断】　本病侵害多种动物，但在临床症状和病理特征等方面不尽相同。

（1）牛巴氏杆菌病　又称牛出血性败血症，简称出败。其病死率很高，可达 80% 以上。以高热、败血症、纤维素性胸膜肺炎为特征。本病潜伏期为 1～6d，分为败血型、水肿型和肺炎型 3 种类型。黄牛和水牛 3 种类型均可发生，但败血型最多见，牦牛则多呈水肿型。

1）败血型：患病初期病牛体温升高（41～42℃），食欲废绝，反刍停止，随后出现腹泻，粪便混有黏液和血液，体温下降，病畜迅速死亡。病程仅为12～24h。

剖检呈败血性变化，全身黏膜、浆膜、皮下、肺、肌肉等均有明显出血，心、肝、肾等实质器官变性、肿大。全身淋巴结充血、水肿。肺淤血、水肿。胸腔、腹腔和心包腔有较多量的浆液纤维素性渗出物。消化道呈不同程度的卡他性或出血性炎症变化。

2）水肿型：此型病程亦短，一般为12～36h。除全身败血症表现外，其特征是在下颌间隙、颈部、胸部乃至前肢皮下结缔组织出现明显的弥散性炎性水肿，切开可流出淡黄色液体。咽喉部发生炎性水肿，并可扩展到舌根、咽喉周围。病畜常因呼吸极度困难最终窒息而死。皮肤与黏膜发绀。剖检还可见急性卡他性或出血性胃肠炎变化。

3）肺炎型：又称为胸型。病牛表现流鼻、咳嗽、呼吸困难等症状。胸部叩诊有实音区和痛感，听诊有杂音和水泡音，有时可听到摩擦音，病程一般为3d至1周。

除有败血型变化外，其特征病变是纤维素性胸肺炎。肺有充血、出血、炎性渗出、肺肝变等变化，肺间质水肿增宽，切面呈大理石样景象。在病的后期常发生机化、坏死。此外还可见纤维素性胸膜炎和心包炎变化，慢性经过者常发生肺与胸膜或心包粘连。镜检特点是肺泡腔中有大量纤维素渗出。

（2）绵羊巴氏杆菌病　本病主要发生在断奶羔羊，1岁左右羊也可发病，也以败血症和纤维素性胸膜肺炎为特征。临床症状按病程长短可分为最急性、急性和慢性3种类型。

1）最急性型：多见于哺乳羔羊，表现为突然发病，有寒战、呼吸困难等症状，在数分钟至数小时内即死亡。

2）急性型：主要表现为体温升高（41～42℃），咳嗽，初期便秘，后期腹泻，有时粪便全部变为血水。病羊常因严重腹泻虚脱死亡，病程2～5d。

3）慢性型：病程稍长，可达3周。病羊消瘦，流黏脓性鼻液，咳嗽，呼吸困难。有时颈部和胸下部发生水肿，还可见角膜炎和腹泻症状。临死前病羊极度衰弱，体温下降。

绵羊巴氏杆菌病根据病理变化不同可分为败血型和胸型。

1）败血型：病死羊剖检可见皮下、肌肉间、浆膜有明显出血。全身淋巴结肿大、水肿，咽喉或肠系膜淋巴结严重出血和周围组织水肿。咽部常发生片状坏死。胸腔和心包腔有淡黄色渗出物，肺淤血、水肿，有出血或1cm大小的出血性梗死灶。肝可见坏死灶。胃肠道有出血性炎症。病程较长者，还可见到多发性关节炎、心外膜炎、脑膜炎等变化。镜检特点为肺、肝、脾毛细血管有特征性的巴氏杆菌性栓塞。

2）胸型：主要表现为纤维素性胸膜肺炎变化，肺中分布有大小不等的坏死灶或化脓灶。病程较久还伴有心包炎。镜检特征是肺泡腔内有大量纤维素渗出，单核细胞浸润。

（3）猪巴氏杆菌病　又称猪肺疫，是猪的一种急性、热性传染病，以败血症、咽喉炎和纤维素性胸膜肺炎为特征。各年龄段猪均可发病，但以哺乳仔猪最易感。常呈散发或地方性流行，在大型猪场也呈流行性。

（4）禽巴氏杆菌病　又称禽出血性败血症或禽霍乱，是禽类的一种急性败血性传染病。急性病例以败血症和下痢为特征，慢性病例则以肉髯水肿、关节炎为特征。各种家禽、野禽和鸟类均可感染发病。鸭最易感，尤其1月龄雏鸭，其发病率和死亡率均很高。鸡多呈散发。

（5）兔巴氏杆菌病　临床表现和病变常局限在局部器官，多由局部病变发展成败血症。

五、坏死杆菌病

【临床诊断和病理学诊断】

（1）牛坏死杆菌病　以坏死性口炎和坏死性蹄炎为特征，前者常见于犊牛，后者多发生在成年牛。

1）坏死性口炎：又称犊白喉。潜伏期为4～7d。病牛有体温升高、精神沉郁、食欲减退、流鼻、流涎、腹泻等症状。其临床特征病变是在颊部、舌、齿、硬腭等不同部位口腔黏膜发生坏死，并形成糜烂或溃疡，其表面常覆有灰黄色或灰白色坏死组织（假膜）。假膜脱落后露出鲜红色的粗糙糜烂面或溃疡面。如果坏死发生在咽喉部，则引起吞咽和呼吸困难。

剖检，除临床病变外，在鼻腔、咽喉部、气管也可看到坏死灶。有时在肝和肺可见转移性坏死灶，尤其肝发生典型的凝固性坏死，病灶呈圆形，淡黄色，针头大至豌豆或核桃大，质地较硬，其外围有红晕，常突出于肝表面。肺的变化和肝相似。

2）坏死性蹄炎：病菌主要侵害蹄部，导致蹄的腐烂，故有腐蹄病之称。病初蹄冠、趾间和蹄踵肿胀、发热、疼痛，之后发生坏死、溃烂，病牛跛行。炎症如向上蔓延还可使腕、跗关节以下部位发生坏死。如引起蹄部深层组织广泛坏死，可导致蹄匣脱落，病牛卧地不起。在坏死灶内常有黄色恶臭的脓汁。严重病例可继发败血症而死亡。肝、肺和前胃可见转移的坏死灶。另外，分娩母牛可因子宫损伤而感染，引起坏死性子宫炎。

（2）羊坏死杆菌病　本病的临床症状和病变特征与牛的基本相同，但蹄部病变更常见，且绵羊的发病多于山羊。

坏死性蹄炎在羊也称腐蹄病，其特点是蹄部皮肤、韧带和骨骼发生进行性坏死。病羊初期跛行，多为一肢患病。蹄间隙、蹄踵和蹄冠皮肤红肿，继而发生坏死，形成溃疡，挤压有恶臭的脓液流出。随病程的发展，坏死波及腱、韧带和关节，严重者蹄匣脱落。剖检时，在其他器官也可看到转移性的坏死灶，尤其肝的凝固性坏死病变十分典型。

坏死性口炎多见于羔羊，常发生在生齿期。轻症病例很快恢复，重者往往由于内脏形成转移性坏死灶而死亡。

（3）猪坏死杆菌病　本病有坏死性皮炎、口炎、鼻炎和肠炎4种病型，其中坏死性皮炎最常见，特征是体表皮肤发生溃烂，皮下组织发生腐烂或形成脓肿。

1）坏死性皮炎：又称皮肤坏疽，多见于育肥猪和仔猪，其他家畜也有发生。坏死常发生在体躯、四肢、头颈、耳、尾，乳头和乳房皮肤也可发生。坏死灶呈褐色或黑色，病灶周围的皮肤质地较硬，有渗出物。严重时病变部位的骨和关节裸露。当内脏出现转移性坏死灶或继发感染时，病猪则出现发热、减食或停食等症状，常衰竭而死。

2）坏死性口炎：哺乳仔猪和断乳仔猪最常见，症状和病变与牛、羊相似。

3）坏死性鼻炎：多发生在仔猪和育肥猪。病猪表现为咳嗽、流鼻、气喘、腹泻等，病猪喷嚏时可排出含血液和坏死物的脓汁。病畜一般不发热。炎症可波及鼻旁窦、喉、气管和肺，从而加重病情，导致动物死亡。

4）坏死性肠炎：常与猪瘟、副伤寒等病并发或继发感染，临床有严重腹泻、迅速消瘦等全身症状，排便带血或有坏死黏膜。剖检可见大肠和小肠黏膜均有坏死及溃疡，并形成白色假膜。重症病例可发生肠壁穿孔或粘连。

六、沙门氏菌病

【临床诊断】　本病因感染动物不同可表现不同的临床疾病。沙门氏菌病最常见的临床症状为肠炎。但有时也可表现为急性败血症、流产、关节炎及呼吸道症状，有些动物甚至不表现临床症状。

（1）猪沙门氏菌病　又称副伤寒，其病原主要有猪霍乱沙门氏菌、猪霍乱沙门氏菌 Kunzendorf 变型、猪伤寒沙门氏菌、猪伤寒沙门氏菌 Voldagsen 变型、鼠伤寒沙门氏菌、德尔俾沙门氏菌、肠炎沙门氏菌等。潜伏期一般为 2d 到数周，临床表现有急性、亚急性和慢性。

1）急性型（败血型）：体温突然升高达 41～42℃，精神不振，无食欲。后期有下痢，呼吸困难，耳根、胸前和腹下皮肤有紫红色斑点。有时出现症状后 2h 死亡，但多数病程为 2～4d。死亡率很高。

2）亚急性型和慢性型：临床最常见，与肠型猪瘟的临床表现极为相似。病猪体温升高达 40.5～41.5℃，精神不振，寒战，眼有黏性或脓性分泌物，上下眼睑常被黏着。少数发生角膜混浊，严重者发生溃疡，甚至眼球被腐蚀。病猪食欲缺乏，初便秘后下痢，粪便淡黄色或灰绿色，恶臭，很快消瘦，部分病猪在中后期出现弥漫性湿疹。有时病情往往拖延 2～3 周或更长，最后极度消瘦衰竭而死。

（2）牛沙门氏菌病　主要由鼠伤寒沙门氏菌、都柏林沙门氏菌或组波特沙门氏菌感染引起发病。

犊牛多在生后 2～4 周发病，主要表现为体温升高（40～41℃），不食，呼吸加快，下痢，粪便中混有黏液和血丝，常于发病后 5～7d 死亡，病死率一般为 30%～50%。如病程延长，腕关节和跗关节可能肿大，有的伴有支气管炎症状。

成年牛表现为高热（40～41℃），昏迷，呼吸困难，心跳加快，多数于发病后 1d 内粪便中即带血，随之下痢，粪便恶臭。下痢开始后体温下降，病牛可于发病后 1～5d 死亡。如病程延长，则病牛消瘦，因腹痛而常以后肢蹬踢腹部，孕牛多发生流产。部分病例可能恢复。成年牛也可取顿挫型经过或呈隐性经过。

（3）羊沙门氏菌病　本病病原主要为鼠伤寒沙门氏菌、羊流产沙门氏菌、都柏林沙门氏菌，在临床上可表现为下痢型和流产型两类。

1）下痢型：主要表现为病羊体温升高达 40～41℃，食欲减退，腹泻，排黏液性带血稀粪，有恶臭。精神委顿、虚弱、憔悴，经 1～5d 死亡，部分可在 2 周后康复。

2）流产型：多发生在怀孕的后 1/3 时期，此前可出现体温升高，部分病羊出现腹泻症状，流产前和流产后数天阴道有分泌物流出。病羊所产羊羔多衰竭、委顿，并可有腹泻，往往于发病后 1～7d 死亡。

兔由鼠伤寒沙门氏菌和肠炎沙门氏菌引起发病，以腹泻和流产为特征，表现为腹泻型和流产型两种类型。

毛皮动物的沙门氏菌病由肠炎沙门氏菌、猪霍乱沙门氏菌和鼠伤寒沙门氏菌等引起，一般多发生在 6～8 月，病的经过多为急性型，多侵害仔兽，哺乳期间母兽少见，以发热、下痢、黄疸为主要特征。麝鼠多发生败血症。病兽多归于死亡，妊娠母兽往往在产前 3～

14d 发生流产。仔兽在哺乳期感染时表现虚弱，有的发生昏迷及抽搐，经 2～3d 死亡。

禽类的沙门氏菌病由鸡白痢沙门氏菌引起的称为鸡白痢，由鸡伤寒沙门氏菌引起的称为禽伤寒，由其他有鞭毛能运动的沙门氏菌引起的禽类疾病则通称为禽副伤寒。

【病理学诊断】 猪在患急性沙门氏菌病时主要出现败血症的病理变化，脾肿大，蓝紫色，硬如橡皮，切面呈蓝红色，脾髓质不软化。肠系膜淋巴结索状肿大，其他淋巴结也有不同程度的增大，红色，质地较软，类似大理石状。肝、肾有不同程度的肿大、充血和出血。有时在肝实质可见糠麸样且极为细小的灰黄色坏死点。全身黏膜和浆膜均有不同程度的出血斑或出血点，胃肠黏膜可见急性卡他性炎症。亚急性型和慢性型的特征病变为坏死性肠炎，黏膜上覆盖有大面积坏死性物质，其下为溃疡面。脾稍肿大，有网状组织增生。

犊牛患病后急性经过时主要呈一般败血性变化，如浆膜与黏膜出血、实质器官变性等。皱胃和小肠后段呈急性卡他性或出血性炎症，肠系膜淋巴结、肠孤立淋巴滤泡与淋巴集结增生，均呈"髓样肿大"或"髓样变"。脾肿大、质软，镜检为急性脾炎变化，也可见网状内皮细胞增生与坏死。肝表面可见大小不等的灰黄或灰白色细小病灶，镜下为肝细胞坏死灶、渗出灶或增生灶（即副伤寒结节）。肾偶见出血点和灰白色病灶。亚急性或慢性时，主要表现为卡他性化脓性支气管肺炎、肝炎和关节炎。肺炎主要位于尖叶、心叶和膈叶前下缘，可见到化脓灶，并常有浆液纤维素性胸炎。关节受损时常表现为浆液纤维素性腕关节炎和跗关节炎。

成年牛的病变与犊牛相似，但急性较严重，多呈出血性小肠炎，淋巴滤泡"髓样肿胀"更明显，甚至发生局灶性纤维素性坏死性肠炎。

羊发生下痢型时真胃和肠道空虚，黏膜充血。肠道黏膜上有黏液，并含有小的血块，肠道和胆囊黏膜水肿，肠系膜淋巴结肿大充血。发生流产、死产的胎儿或产后 1 周内死亡的羔羊表现败血症病变。死亡母羊可出现急性子宫炎。流产或死产者其子宫肿胀，常含有坏死组织、浆液性渗出物和滞留的胎盘。

七、大肠杆菌病

【临床诊断】

（1）仔猪 因仔猪的生长期及病原菌血清型不同，本病在仔猪可表现不同的临床特点。

1）仔猪黄痢：潜伏期较短，生后 12h 即可引起发病。仔猪出生时体况可能正常，经过一定时日后突然有 1 或 2 头表现全身衰弱，迅速死亡，以后其他仔猪相继发病，排出黄色浆状稀粪，内含片状凝乳，很快消瘦，昏迷而死亡。

2）仔猪白痢：病猪突然出现腹泻，排出乳白色或白色的黏液状粪便，腥臭味。能自行康复，死亡较少。

3）猪水肿病：为大肠杆菌引起幼龄猪的一种肠毒血症，发病率虽然不高，但死亡率高。主要发生于断奶仔猪，小至数日龄，大至 4 月龄的仔猪均可发生，体况健壮、生长快的仔猪最为常见。病猪突然发病，精神沉郁，食欲减退。体温无明显变化，心跳加速，呼吸初期快而浅，后来慢而深。常便秘。病猪出现肌肉震颤，抽搐，四肢划动似游泳，呻吟。站立时背部弓起，发抖，如前肢发生麻痹则站立不稳，如后肢麻痹则不能站立。

行走时四肢无力，共济失调，步态摇摆不稳，盲目前进或做圆圈运动。水肿为本病的主要特征。

（2）犊牛　犊牛的潜伏期为数小时。其症状可分为3型：败血型、肠毒血型和肠型。

1）败血型：一般见于出生后至7d且没有吃过初乳的犊牛，本菌从肠道侵入血流，引起败血症。病犊发热，精神委顿，间有腹泻，常常突然死亡。从尸体的内脏和组织里都可分离到单一血清型的大肠杆菌纯培养菌株。

2）肠毒血型：见于生后7d内吃过初乳的犊牛，表现为虚脱和突然死亡，肠道内致病性大肠杆菌大量增殖并产生肠毒素，但没有菌血症，死亡是大量的肠毒素吸收入血所致。

3）肠型（白痢）：见于生后7～10d吃过初乳的犊牛，病初体温升高至39.4～40℃，食欲减退，喜卧，数小时后开始下痢，初如稀糊，后呈水样，混有未消化的奶凝块、血块和气泡。粪便初呈黄色，继而变为灰白色。后期排便失禁，尾及后躯被稀粪污染，体温降到常温以下，由于脱水及电解质平衡紊乱多于1～3d内死亡。病程稍长病例出现肺炎及关节病变。由大肠杆菌O_{115}引起的综合征，一般发生严重腹泻，易造成出生后2～5d犊牛迅速死亡。此外还有多发性关节炎、胸膜炎、心包炎、虹膜睫状体炎和脑膜炎。有的犊牛发生血红蛋白尿。

大肠杆菌在成年牛往往引起乳房炎，病牛发病急促，乳房的一叶或数叶肿胀、发热、疼痛，产奶量急剧下降，甚至泌乳停止，出现体温升高和食欲废绝等全身症状。

（3）羔羊　羔羊大肠杆菌病又名羔羊大肠杆菌性腹泻或羔羊白痢，是由致病性大肠杆菌所引起的一种新生羔羊急性、致死性传染病。其特征为胃肠炎或败血症。本病多发生于出生数日至6周龄的羔羊，有些地方3～8月龄的羊也可发生，呈地方性流行或散发。放牧季节很少发生，冬春舍饲期间常发。主要经消化道感染。气候不良、初乳不足、圈舍污秽潮湿等均有利于该病发生。

潜伏期为数小时至1～2d。根据临床表现和病理变化可分为败血型和肠型（下痢型）两种。败血型多发生于2～6周龄羔羊，常有神经症状，四肢关节肿胀、疼痛。病程很少超过24h，多于发病后4～12h死亡。肠型常见于2～8d新生羔羊，主要表现腹痛、腹泻、严重脱水、不能站立。如不及时治疗，可于36h内死亡。

【病理学诊断】　仔猪黄痢的主要病变为尸体严重脱水，皮下常有水肿，肠道膨胀，有多量黄色液状分泌物和气体，肠黏膜呈急性卡他性炎症变化，尤以十二指肠最为严重，肠系膜淋巴结有小点状出血，肝、肾有凝固性坏死灶。

仔猪白痢可见尸体外表苍白、消瘦，肠有卡他性炎症变化，肠系膜淋巴结轻度水肿。

猪水肿病的剖检病变主要为水肿。胃壁水肿常见于大弯和贲门部，也可波及胃底部和食管部，黏膜层和肌肉层之间有一层胶冻样水肿，严重者厚达2～3cm。胃底有弥漫性出血，胆囊及喉头也常有水肿。大肠系膜也可见到水肿，部分病猪水肿可出现在直肠周围。小肠黏膜有出血性变化。淋巴结水肿、充血及出血。

犊牛败血症或肠毒血症的尸体常无特征病变。因腹泻病死犊牛尸体严重消瘦，可见黏膜苍白，尾及后躯被恶臭的稀粪所污染。真胃有大量凝结块，黏膜充血、水肿，间有出血，有严重的卡他性至出血性肠炎，肠内容物如血水样，含有气泡。肠系膜淋巴结肿大，切面多汁，有时充血。此外也见脾肿大，肝与肾被膜下出血，心内膜有小点出血。大肠杆菌 O_{115} 还能在成年牛的脾形成脓肿。在成年牛，急性乳腺炎表现为乳房充血肿大，切面可见明显的炎性充血、出血区，如为亚急性型，则在乳腺中有大小不等的坏死灶形成。

羔羊败血型时胸腔、腹腔、心包腔大量积液，混有纤维素，关节肿大，脑膜充血、点状出血，肠型呈现卡他性或出血性胃肠炎变化。可见皱胃、小肠和大肠黏膜充血、出血、水肿，瘤胃、网胃黏膜脱落，胃肠充满乳状内容物，肠内容物混有血液和气泡。肠系膜淋巴结肿胀，切面多汁。

八、肉毒梭菌中毒症

【临床诊断】　因毒素能阻断神经冲动传导，所以临床主要表现为运动神经麻痹。一般从头部开始迅速向后发展，直至四肢。肌肉软弱、麻痹，不能咀嚼和吞咽，垂舌，流涎，下颌下垂，瞳孔放大，对外界刺激无反应。发展到四肢时，出现共济失调，行走时头弯于一侧或做点头运动，尾向一侧摆动，严重时卧地不起，呼吸极度困难，呈腹式呼吸，最终因呼吸麻痹而死亡。

【病理学诊断】　一般无特征变化，所有器官充血，有的可能有出血或水肿变化。

九、破伤风

【临床诊断】　本病的潜伏期最短一天，最长可达数月，一般 1～2 周。潜伏期长短与动物种类及创伤部位有关。一般创伤距头部较近、伤口深而小、创伤深部严重损伤或发生坏死、创口被粪土或痂皮覆盖时，潜伏期缩短，反之则延长。

单蹄兽最初表现对刺激的反射兴奋性增加，稍有刺激即抬头，瞬膜外露，接着出现咀嚼缓慢、步态僵硬等症状，以后随病情的进展，出现全身性强直痉挛症状。轻者口微张，采食缓慢，重者开口困难，牙关紧闭，无法采食和饮水，由于咽肌痉挛致使吞咽困难，唾液积聚于口腔而流涎，口臭，头颈伸直，两耳竖立，鼻孔开张，四肢腰背僵硬，腹部卷缩，便秘，尾根高举，行走困难，形如木马，各关节屈曲困难，易跌倒，且不易自起，病畜此时神志清楚，有饮食欲，但应激性高，轻微刺激即可使其惊恐不安、痉挛和大汗淋漓。末期患畜常因呼吸功能障碍或循环系统衰竭而死亡。体温一般正常，但死亡前体温可升高到 42℃，病死率高达 45%～90%。

牛较少发生本病，症状较为轻微，反射兴奋性明显低于马，常见反刍停止，瘤胃臌气。

成年羊病初症状不明显，随着病程发展逐渐出现全身性强直症状，常发生角弓反张，行走呈高跷样步态，头颈伸直，牙关紧闭，流涎，尾直，常伴有瘤胃臌气。羔羊的破伤风常由脐带感染引起，可呈现畜舍性流行，角弓反张明显，伴有腹泻，病死率几乎达 100%。

猪常发生本病，多由于阉割感染而引起，一般多从头颈部肌肉痉挛开始，牙关紧闭，口吐白沫，叫声尖细，瞬膜外露，两耳竖立，腰背弓起，全身肌肉痉挛，触摸坚实如木板，四肢强硬，难以站立，病死率较高。

十、李氏杆菌病

【临床诊断】　本病自然感染的潜伏期为 2～3 周，有的可能只有数天，也有的长达2个多月。

反刍动物感染后，初期体温升高1～2℃，不久可降至常温。原发性败血症主要见于幼畜，表现精神沉郁、呆立不动、头低耳耷，轻热、流涎、流涕和流泪，不愿随群行动。咀嚼吞咽迟缓。脑膜炎发生于较大的动物，主要表现为头颈一侧性麻痹，弯向对侧，该侧耳下垂，眼半闭，以至视力丧失。沿头的方向做旋转（回旋病）或圆圈运动。颈项强硬，个别出现角弓反张。随后卧地，呈昏迷状，卧于一侧，强使翻身但又很快翻转过来。成年动物症状不明显，妊娠母畜多发生流产。

猪发病时，初期低热，至后期下降，保持在36～36.5℃。病初意识障碍，运动失常，做圆圈运动，或无目的行走，或不自主地后退，或以头抵地不动。有的头颈后仰，前肢或后肢张开，呈典型的观星姿势。肌肉震颤、强硬，颈部和颊部尤为明显。有的表现阵发性痉挛，口吐白沫，侧卧地上，四肢乱爬。个别病初两前肢或四肢发生麻痹，不能起立。一般经过1～4d死亡，长的可达7～9d。较大的猪有时出现共济失调，步态强拘，有的后肢麻痹，不能站立，拖地而行，病程可长达1个月以上。仔猪多发生败血症，体温明显升高，精神高度沉郁，食欲减少或废绝，口渴，个别病例全身僵硬、咳嗽、腹泻、皮疹、呼吸困难、耳部和腹部皮肤发绀，病程为1～3d，病死率很高。妊娠母猪常发生流产。

兔常发生急性死亡，有的表现精神委顿、不愿走动、口流白沫、神志不清。神经症状呈间歇性发作，发作时无目的向前冲撞或做转圈运动，最后倒地，头后仰、抽搐甚至死亡。

家禽主要表现为败血症，表现精神沉郁、停食、下痢，短时间内死亡，病程较长者表现痉挛、斜颈等神经症状。

毛皮动物以幼龄者多发，可表现为精神兴奋与沉郁交替出现，共济失调，后肢麻痹，有的出现转圈运动，常发生结膜炎、角膜炎、下痢和呕吐，有时还出现咳嗽、呼吸困难。

【病理学诊断】　有神经症状的患病动物脑膜充血、水肿，脑脊液中的淋巴细胞增多。典型的病理组织学变化为脑干微脓肿和单核细胞构成的血管周围管套。流产母羊表现胎盘炎，胎盘滞留，子叶水肿、坏死，子宫内膜充血、出血、坏死。

十一、链球菌病

【临床诊断】　链球菌病是指由β-溶血性链球菌引起的人畜共患病的总称。动物链球菌病中以猪、牛、羊、马和鸡较为常见，近来在水貂、牦牛、兔和鱼类也有发生链球菌病的报道。链球菌病的临床表现多种多样，可以引起各种化脓创和败血症，也可表现为各种局部性感染。由于链球菌分布极为广泛，可严重影响人畜健康。

链球菌入侵机体时首先在感染门户引起病变，如经呼吸道感染的病菌先在鼻咽部、扁桃体、咽背淋巴结等局部组织引起炎症，进一步突破局部的防御屏障，随血流和淋巴流散布全身，大量繁殖，引起菌血症和败血症。病菌能产生多种毒素和酶，导致许多严重的病理变化。例如，链球菌溶血素，能溶解红细胞，破坏白细胞、巨噬细胞、神经细胞和血小板等，还对心肌有较强的毒性作用。链激酶即溶纤维蛋白酶，能溶解纤维蛋白，透明质酸酶可使结缔组织的基质成分透明质酸发生溶解，故能增加血管壁的通透性，降低组织间质的黏性或凝胶状态，因此可促使病菌扩散、蔓延。链球菌细胞壁上的磷壁酸等和皮肤黏膜的表面细胞有高度亲和力，能使细菌易吸附于口咽部黏膜上皮。细菌的荚膜成分、M 蛋白等也具有抗吞噬作用，均有利于其发挥致病作用。

链球菌的易感动物很多，因而在流行病学、临床症状和诊断方法上也不完全一致。猪可引起败血性链球菌病和淋巴结脓肿两种类型，牛可引起链球菌性乳房炎和牛肺炎链球菌病，羊可引起羊败血性链球菌病，鸡可引起鸡链球菌病等，因此各种疾病的诊断可参考相关章节内容。

十二、葡萄球菌病

【临床诊断】 绵羊的葡萄球菌病常表现为传染性乳房炎，多出现急性坏疽性乳房炎。可见乳房发红、明显肿大，其分泌物呈红色或暗红色，有恶臭，母羊不让羔羊吮乳，常于发病后 2～3d 死亡。羔羊患本病表现为化脓性皮炎或脓毒血症，内脏器官可见大小不等的脓肿。

牛的葡萄球菌病主要由金黄色葡萄球菌引起，呈急性、亚急性和慢性经过。急性乳房炎在患区呈现炎症反应，乳汁含有大量微黄色脓性絮片和红色浆液。重症患区红肿，迅速增大，变硬，发热，疼痛。乳房皮肤绷紧，呈蓝红色，仅能挤出少量微红色至红棕色含絮片分泌液，带恶臭味，并伴有全身症状，有时呈化脓性炎症。

猪感染葡萄球菌后多表现为渗出性皮炎，为一种高度接触性皮肤疾病，多见于 5～6 日龄仔猪。病初先在肛门和眼睛周围、耳廓和腹部等无毛处皮肤上出现红斑，发生直径为 3～4mm 的微黄色水疱，之后迅速破裂，渗出清朗的浆液或黏液，与皮屑、皮脂和污垢混合，干燥后形成微棕色片状结痂，发痒。痂皮脱落，露出鲜红色创面。通常于 24～48h 蔓延至全身表皮。患病仔猪食欲减退，饮欲增加，并迅速消瘦。一般经 30～40d 可康复，但影响发育。严重病例于发病后 4～6d 死亡。

禽类的葡萄球菌病多由金黄色葡萄球菌引起，常见于火鸡、鸭和鹅，主要表现为急性败血症、关节炎和脐炎三大类型，详见相关章节。

十三、绿脓杆菌病

【临床诊断】 畜禽中以雏鸡发病最为常见，发病急，病程短，病雏精神沉郁，食欲减退，羽毛粗乱，卧地不起。多数病雏发生不同程度下痢，粪便呈水样，淡黄绿色，严重者粪便带血。有的病鸡眼周围水肿、潮湿、流泪、角膜混浊。由于下痢脱水，病鸡消瘦，胸腹部皮下水肿，全身衰竭，常很快死亡。

【病理学诊断】 死亡雏鸡外观消瘦，羽毛粗乱，无光泽。泄殖腔周围有稀粪污染。头颈部、胸腹部皮下水肿，淤血或溃烂，皮下有淡绿色胶冻样浸润物。严重者水肿部皮下可见出血点或出血斑。实质器官有不同程度充血、出血。肝、脾肿大有出血点，肝有淡灰黄色米粒大小坏死灶。气囊混浊，增厚。肺淤血，有点状出血。肠黏膜充血、出血严重。

十四、钩端螺旋体病

【临床诊断】 各种家畜感染钩端螺旋体后的临床表现各有不同，一般特点为感染率高、发病率低，症状轻的多，症状重的少。本病的潜伏期一般为 2～20d。

猪感染钩端螺旋体后在大猪和中猪常见黄疸，多呈散发，偶见暴发。病猪体温升高，厌食，皮肤干燥，发病后2d内皮肤和黏膜泛黄，尿液呈浓茶样或血尿。病死率较高，亚急性型和慢性型多见于断奶前后至30kg以下的小猪，呈地方流行性或暴发，病初有不同程度的体温升高，眼结膜潮红，有时有浆液性鼻液，食欲减退，精神不振。几天后眼结膜有的潮红水肿，有的泛黄，有的在上下颌、头部、颈部甚至全身水肿，俗称“大头瘟”。尿液变黄，出现血红蛋白尿甚至血尿。有时粪便干硬，有时腹泻，病猪日渐消瘦，无力。死亡率可达50%～90%。恢复的猪一般生长迟缓，有的成为僵猪。怀孕母猪感染后常发生流产，流产率可达20%～70%，流产后有时可发生急性死亡。流产的胎儿有的为死胎或木乃伊胎，个别存活的也常于产后不久死亡。

牛感染钩端螺旋体后的急性型常为突然高热，黏膜发黄，尿色很暗，有大量白蛋白、血红蛋白和胆色素，常见皮肤干裂、坏死和溃疡，常于发病后3～7d死亡。亚急性型常见于奶牛，体温有不同程度升高，食欲减退，黏膜发生黄疸，产奶量显著下降或停止，乳汁颜色变黄并常有血凝块。流产也是牛钩端螺旋体病的重要症状之一，一些牛群暴发本病后唯一的症状就是发生流产。

羊感染钩端螺旋体后的基本症状与牛相似，但发病率较低。

犬感染钩端螺旋体后表现发热、嗜睡、呕吐、便血、黄疸及血红蛋白尿等，严重者可引起死亡。

鹿感染钩端螺旋体后主要临床症状为体温升高到41℃以上，可视黏膜黄染、贫血、血尿，食欲减退或废绝，精神委顿，心跳加快。

【病理学诊断】　钩端螺旋体在家畜引起的病变基本相同，急性病例表现为黄疸、出血、血红蛋白尿，以及肝和肾不同程度的损害，慢性或轻型病例则以肾的变化较为突出。

猪的皮肤、皮下组织、浆膜和黏膜有不同程度的黄疸，胸腔和心包有黄色积液。心内膜、肠系膜、肠黏膜和膀胱黏膜等出血。肝肿大且呈棕黄色，胆囊淤血、肿大，慢性者有灰白色病灶。水肿型病例则在上下颌、头颈、背、胃壁等部位出现水肿。

牛、羊、马和鹿等的主要病变为皮肤干裂坏死，口腔黏膜有溃疡，黏膜及皮下组织黄染，有时可见水肿。肺、心、肾和脾等器官有出血点，肝肿大、泛黄，肾稍肿大，有灰白色病灶。膀胱积有深黄色或红色尿液。肠系膜淋巴结肿大。

十五、放线菌病

【临床诊断】　牛常见上下颌骨肿大，界限明显，肿胀进展缓慢，一般经过6～18个月才出现小而坚实的硬结。有时肿大发展速度很快，可牵连到整个头骨。肿胀部位初期疼痛，晚期无痛觉。病牛呼吸、吞咽和咀嚼均困难，快速消瘦，有时皮肤化脓破溃，脓汁流出，形成瘘管。

【病理学诊断】　病变常见于颌骨、口腔、头部皮肤与皮下、淋巴结及肺等。下颌骨或上颌骨发生骨膜炎、骨髓炎。骨内外膜骨样组织大量增生，故局部肿大、坚硬，骨组织呈多孔海绵状，其中可发生化脓甚至形成瘘管，向外排出脓汁。头、颈、下颌部软组织也可发生硬结。舌表现为“木舌”或形成蘑菇状新生物。唇部肥厚或出现结节。淋巴结（颌下、咽背等淋巴结）和肺等部位也可见类似变化。上述增生的组织或结节中均有灰白、灰黄色小软化灶。软化灶及脓汁中有“硫黄颗粒”。病变组织中可形成大小不等的放线菌肉芽肿，肉芽肿或脓液中有放线菌块。取病变组织制作石蜡切片，进行 HE 染色或放线菌染色（如 PAS），镜下观察放线菌肉芽肿的结构和放线菌块的形态，即可确诊。

十六、恶性水肿

【临床诊断】 本病的潜伏期一般为 12～72h。

绵羊如经外伤感染，在感染局部可见组织发生气性水肿，触之有捻发音，病初表现红、肿、热、痛，随后变冷，无痛。如经产道损伤感染，则表现阴唇肿胀、阴道黏膜潮红肿胀，常有难闻的污秽液体流出，肿胀往往迅速蔓延至股部、乳房及下腹部。公羊如因争斗受伤而感染，常表现头部肿胀，故有“肿头病”之称，在咽喉、颈、前胸皮下也有明显水肿，胸腔和心包腔有透明胶样积液。如经消化道感染，则引发羊快疫。

马和牛经外伤感染或因分娩感染时，除了有与绵羊相似的症状外，病畜还有食欲减退、高热（41～42℃）稽留、呼吸困难、结膜发绀等症状，一般在发病后 3d 内死亡，很少自愈。如因去势发生感染，多于术后 2～5d，在阴囊和腹下发生气性水肿，病畜出现疝痛及全身症状。

猪有两种表现：一种是伤口周围发生炎性水肿，并伴有全身症状；另一种是胃型或快疫型，是经胃黏膜感染所致，胃黏膜常肿胀增厚，形成“橡皮胃”。

【病理学诊断】 本病发病前有外伤史。患部严重水肿，而且水肿液中常带有气泡。切开肿胀部位，在皮下及肌肉间的结缔组织中常见有淡红色酸臭带气泡的液体流出。肌肉变性、坏死，松软似煮肉样，严重者呈暗红或暗褐色。胸、腹腔有多量淡红色积液。肺严重淤血、水肿。心脏扩张，心肌柔软呈灰红色。肝、肾淤血，变性。脾质地变软，可从切面刮下大量脾髓。经产道感染的病例，可见子宫壁水肿，黏膜被覆有恶臭的糊状物。骨盆腔和乳上淋巴结肿大，切面多汁出血。在会阴、腹下和股部也常有恶性水肿病变。肌纤维与肌内膜彼此分离，结构变松散，其间为带气泡的水肿液和炎性细胞。肌纤维变性，患部深层肌纤维常坏死，发生断裂或液化。

十七、衣原体病

【临床诊断】 本病的潜伏期因动物种类和临床表现不同而不同，家畜感染后有以下几种不同的临床表现。

1）流产型：又称为地方性流产，主要发生于牛、羊和猪。羊的潜伏期为 50～90d。流产常发生在怀孕的最后一个月，病羊表现流产、死产和产弱羔，如继发感染子宫内膜炎可导致死亡。流产过的母羊以后不再发生流产。

易感母牛感染后有短时间的发热，初次怀孕青年母牛感染后易发生流产，流产常发生于怀孕后期，一般不发生胎衣不下。青年公牛感染后常发生精囊腺炎，可出现精囊腺、附睾和睾丸发炎。

猪感染后无流产先兆，体温升高少见，初产母猪流产较多见，有时可见到部分或全部仔猪死亡，存活者体质较弱。

2）肺肠炎型：本型主要见于 6 月龄以前的犊牛，仔猪也常发生。潜伏期为 1～10d，病畜表现抑郁、腹泻，体温升高到40℃以上，流浆液性黏性鼻液，流泪，以后出现咳嗽和支气管肺炎。犊牛的表现症状轻重不一，有急性、亚急性和慢性等。仔猪常并发胸膜炎或心包炎。

3）关节炎型：又称多发性关节炎，主要发生于羔羊。病羊腕关节和跗关节肿胀、疼痛，一肢或四肢跛行，弓背而立，重者长期卧地，生长发育受阻。几乎患关节炎的羔羊都伴有滤泡性结膜炎，但有结膜炎者不一定伴有关节炎。

4）结膜炎型：又称滤泡性结膜炎，主要见于绵羊，尤其肥育羔和哺乳羔。病羔单眼或双眼结膜充血、水肿，大量流泪，角膜不同程度混浊，严重时出现糜烂、溃疡或穿孔。数天后，在瞬膜和眼睑结膜上可见 1～10mm 大小的淋巴滤泡。部分羊伴有关节炎。镜检可见淋巴滤泡增生。

5）脑脊髓炎：又称伯斯病，主要发生于牛，尤其是2岁以下的牛最易感。自然感染时潜伏期为4～27d，病初体温突然升高，达40.5～41.5℃，持续7～20d。病初有食欲，但以后即不食、消瘦、衰竭，体重迅速降低。流涎和咳嗽明显。行走常摇摆不定，有的牛有转圈运动或低头抵物。四肢主要关节肿胀、疼痛。有的病牛有鼻漏或腹泻。末期有的病牛呈角弓反张。

6）禽类衣原体病：禽类感染后称为鹦鹉热或鸟疫，多呈隐性经过，尤其是家鸡、鹅、野鸡等，仅能发现有抗体存在，具体表现见相关章节。

【病理学诊断】　流产母羊可见胎膜水肿，子叶为黑红或土黄色。流产胎儿表现为败血性变化，肝表面可见针尖大小的灰白色病灶。镜检可见胎儿肝、肺、肾、心肌和骨骼肌的血管周围常有网状内皮细胞增生。牛发生流产时胎膜也水肿，胎儿苍白，贫血，皮肤和黏膜有小点出血，皮下水肿，肝有时肿胀。所有器官有弥漫性和局灶性内皮细胞增生性变化。猪可见流产胎儿皮肤上布有淤血斑，皮下水肿，胸膜和腹腔内积有多量淡红色渗出液，肝肿大呈红黄色，心内膜有出血点，脾肿大。

发生肺肠炎时，可见有急性和亚急性卡他性胃肠炎变化，皱胃和小肠黏膜增厚。肠系膜和纵隔淋巴结充血肿胀；肺呈卡他性、纤维素性或化脓性支气管肺炎变化，经常可见肺膨胀不全，有时伴有胸膜炎。此外，还可看到心肌炎和心包炎、间质性肾炎、纤维素性腹膜炎等变化，心内膜下和肾包膜下常见出血，肝与横膈膜、大肠、小肠与腹膜发生纤维素性粘连。大脑有时可见充血。髋关节、膝关节和跗关节发生浆液纤维性素性炎症。

发生关节炎时，病变主要见于关节、眼、肺。关节囊扩张、积液。滑膜有纤维素渗出并覆于其表面，数周后关节滑膜层因增生而变粗糙。肺萎陷，有轻度实变区。

发生结膜炎时，在瞬膜和眼睑结膜上可见 1～10mm 大小的淋巴滤泡。部分羊伴有关节炎。镜检可见淋巴滤泡增生。

发生脑脊髓炎时，尸体常消瘦，脱水。腹腔、胸腔和心包腔初期有浆液渗出，以后浆膜面被纤维素性薄膜覆盖，并与附近脏器粘连。脾和淋巴结一般增大。脑膜和中央神经系统血管充血，组织学检查可见脑和脊髓的神经元变性，神经胶质细胞坏死，神经纤维轻度液化，并有淋巴细胞、单核巨噬细胞和中性白细胞等，许多血管有淋巴细胞和单核巨噬细胞组成的血管套，脑膜被淋巴细胞和单核巨噬细胞浸润。

十八、狂犬病

【临床诊断】　本病潜伏期的长短差别很大，短者1周，长者可达1年以上，一般为2～8周。犬的潜伏期为10d至2个月，有时更长。临床一般可分为狂暴型和麻痹型两种类型，狂暴型有前驱期、兴奋期和麻痹期。前驱期为1～2d，病犬精神沉郁，常躲在暗处，不愿与人接近，不听呼唤，强迫牵引则咬人。性情、食欲反常，喜吃异物。喉头轻度麻痹，吞咽时颈部伸展，反射机能亢进，轻度刺激即易兴奋。性欲亢进，唾液分泌物增多，后躯软弱。兴奋期为2～4d，病犬高度兴奋，表现狂暴并常攻击人畜。狂暴发作常与沉郁交替出现。病犬疲惫卧地不起，但不久又起立，表现一种特殊的斜视和惶恐表情。当再次受到外界刺激时，又可出现一次新的发作，狂乱攻击，自咬四肢、尾及阴部。随病程发展，陷于意识障碍，反射紊乱，狂咬，显著消瘦，犬声嘶哑，夹尾，眼球凹陷，散瞳或缩瞳。麻痹期为1～2d。麻痹症状急速发展，下颌下垂，舌脱出口外，流涎显著，不久后躯及四肢麻痹，卧地不起，最后因呼吸中枢麻痹而死亡。整个病程7～10d。麻痹型常出现昏迷、麻痹和恐水等症状。

牛、羊感染发病后，初期精神沉郁，反刍减少，食欲降低，不久表现起卧不安，有阵发性兴奋和冲击动作，磨牙，性欲亢进，流涎。一般较少有攻击行为。兴奋发作后往往有短暂停歇，以后再度发作，并逐渐出现麻痹症状，如吞咽麻痹，伸颈、流涎、臌气，里急后重，最后倒地不起，衰竭而亡。

马和驴感染后，病初可见咬伤局部奇痒，以至摩擦出血，性欲亢进。兴奋时易冲击其他动物，有时可将自体咬伤，吞食异物，最后发生麻痹，流涎，不能饮食，衰竭而亡。

猪感染后表现兴奋不安，横冲直撞，叫声嘶哑，流涎，反复用鼻掘地，攻击人畜。在发作间歇期常钻入垫草中，稍有惊动就立即跃起，无目的乱跑，最后发生麻痹，2～4d后死亡。

【病理学诊断】　狂犬病病毒主要侵害中枢神经系统，眼观一般无明显病变。镜检表现典型的非化脓性脑炎变化，并有不同程度的脑膜炎。本病的特征变化是在大脑海马角、大脑或小脑皮质甚至外周神经节内等处的神经细胞中，用免疫组化法可检测到嗜酸性包涵体，通常称内氏小体，是一种嗜伊红的细胞质包涵体，为圆形或卵圆形，直径2～8μm。但由于样本的自溶，有时假阳性率可高达40%以上。此外，唾液腺也常有损伤，腺上皮变性、坏死，细胞质内也可检查出病毒。

十九、伪狂犬病

【临床诊断】　潜伏期一般为3～6d。绵羊和山羊均可发病，呈急性经过。病羊主要表现体温升高，肌肉震颤，奇痒，常摩擦、啃咬痒部皮肤，多于数天内死亡。

【病理学诊断】　局部皮肤被毛脱落、充血、水肿，有擦伤或咬伤。全身淋巴结及扁桃体充血、水肿。肝、脾、肺可见大量针尖至米粒大小的灰白色坏死灶。肾表面有点状出血。胃肠黏膜呈卡他性或出血性炎症景象。脑膜充血，水肿。镜检中枢神经系统呈典型的弥漫性非化脓性脑膜脑炎、脊髓炎和神经节炎变化，在脑、神经节的神经细胞和淋巴结中的网状细胞等细胞中可见核内包涵体。

二十、口蹄疫

【临床诊断】　精神沉郁、厌食、发热、口蹄部出现水疱是患病动物的共同表现。牛的症状较为严重，初期可见流涎，继而口、舌、乳头等部位发生水疱。水疱破裂后形成烂斑，随之结痂。猪的症状主要表现为蹄冠、蹄叉甚至蹄底出现孤立或成片的水疱，水疱皮厚实，严重者蹄壳脱落。

绵羊的症状较轻，一般仅见蹄部有豆粒大小的水疱，需仔细检查才可发现。山羊症状也较轻微，蹄部症状少见，水疱主要出现于口腔黏膜，水疱皮薄，且很快破裂。

本病的潜伏期一般为1～10d，病程在2周左右。如无继发症发生，成年动物会在4周之内康复，死亡率在5%以下。幼畜死亡率较高，有时可达70%以上，主要死因是心肌受损，常在感染初期猝死，且不出现水疱等特征性症状。

【病理学诊断】 病毒主要从上呼吸道、食管和无毛处皮肤侵入机体，并在入侵处增殖，形成原发性水疱和病毒血症。增殖的病毒随血液到达全身组织，并大量增殖，形成全身症状和继发性水疱。

反刍动物除口、蹄部、皮肤上有水疱、烂斑或痂块外，在咽喉、气管、支气管与前胃黏膜也可发生圆形烂斑与溃疡，其上覆以黑色痂块。真胃与肠道可见出血性炎症。幼畜心内、外膜有出血性斑点。心肌上出现灰黄或灰白色条纹、斑块，俗称“虎斑心”。成年牛的恶性病例也可见到此种病变。

病变部皮肤黏膜上皮发生水泡变性并形成含有浆液、坏死上皮与中性粒细胞的水疱。变性上皮和水疱内容物中有时可见嗜酸性包涵体。真皮乳头层充血，有淋巴细胞浸润。心肌主要表现为颗粒变性、脂肪变性和蜡样坏死。病程稍长者，间质有淋巴细胞、组织细胞增生和中性粒细胞浸润，血管内皮增生，管腔中有透明血栓形成。

二十一、痘病

【临床诊断】 本病的潜伏期平均为6～8d，病程为3～4周。病羊主要表现体温升高（41～42℃），食欲减退，眼睑肿胀，结膜潮红，眼、鼻有浆液性或黏液性分泌物。经1～4d后出现痘症，起初发生在全身无毛和少毛部位，以后有毛的体部也受到侵害。典型绵羊痘一般要经历红斑期（皮肤、黏膜出现红斑）、丘疹期（红斑发展成坚硬的小结节）、结痂期（痘疹坏死、干燥结痂）和脱痂期（痂皮脱落，遗留红色或白色斑痕，最后痊愈）。非典型病例，常发展到丘疹期而终止，呈现良性经过，即“顿挫型”，如果痘疹继发化脓菌感染，常出现脓疱或溃疡，如继发坏死杆菌感染，则形成坏疽性溃疡，有恶臭。

【病理学诊断】 痘疹主要发生在皮肤无毛或少毛部分，如眼周围、唇、鼻、乳房、外生殖器、四肢和尾内侧等。其病变实质是表皮的增生、变性和坏死，以及真皮的炎症变化。初期痘疹表现为绿豆至豌豆大的圆形红斑，继而转变成直径为0.5～1cm的丘疹，稍突出于皮肤表面，颜色由深红逐渐变为灰白或灰黄，周围有红晕，之后大多经过坏死、结痂和表皮再生而愈合。镜检真皮呈典型的浆液性炎症变化，表现为充血、出血、水肿、炎性细胞浸润及血管炎和血栓形成。巨噬细胞增多并可见嗜酸性包涵体。表皮增生变厚，细胞质也有包涵体。除皮肤外，痘疹还见于口腔、鼻腔、喉头、气管、胃等处黏膜。

肺也是绵羊痘的常发部位，病变主要在膈叶，呈结节状，大小不等，散在分布。初期表现为渗出-增生性结节，约米粒大小，色暗红，切面也呈暗红色，并且湿润，如同一个出血点。结节进一步发展、增大，成为增生-坏死性结节，质地坚硬，常位于肺胸膜下，多为圆形，呈灰白或灰红色。镜下可见肺泡上皮和间叶细胞明显增生，肺痘疹最后的主要结局是包囊化的坏死性结节。

二十二、水疱性口炎

【临床诊断】 本病的潜伏期人工感染为1～3d，自然感染为3～5d。

牛患病后初期体温升高达40～41℃，精神沉郁，食欲减退，反刍减少，大量饮水。口腔黏膜及鼻镜干燥，耳根发热，在舌、唇黏膜上出现米粒大小的水疱，常由小水疱融合成大水疱，内含透明黄色液体，经1～2d后水疱破裂，疱皮脱落后则遗留浅而边缘不整齐的鲜红色烂斑，病牛流出大量清亮的黏稠唾液，采食困难，有时病畜的乳头及蹄部也可发生水疱。病程为1～2周，转归良好，极少发生死亡。

猪患病后体温先升高，24～48h 后口腔和蹄部出现水疱，不久破裂形成痂块，多发生于舌、唇部、鼻端及蹄冠部，病猪在口腔或蹄部病变严重时，采食可受到影响，但食欲并不明显减退。有时在蹄部发生溃疡，病灶扩大，可使蹄壳脱落，露出鲜红色的出血面。病期约2周，转归一般良好。

二十三、流行性出血热

流行性出血热也称为伴有肾综合征的出血热，是由流行性出热病毒引起的一种自然疫源地传染病，其传染主要为小型啮齿类动物。啮齿类动物感染后可产生病毒血症，但一般不表现临床症状。人感染之后出现发热、出血、休克和肾衰竭，全身微小血管广泛性受损，表现出血，低血压休克。潜伏期一般为1～2周，典型病例于短期发热之后发生休克、出血和急性肾衰竭。典型病例的病程一般可分为发热期、休克期、少尿期、多尿期和恢复期。本病已成为我国重点防治的一种人畜共患传染病。

本病根据流行病学、临床症状及尿常规、血小板检查可做出初步诊新，确诊需要进行病毒分离和血清学试验。

二十四、Q热

【临床诊断】 动物感染后主要呈隐性经过。在反刍动物中，病原体侵入后可局限于乳房、体表淋巴结和胎盘，一般几个月后可清除感染，但在一些反刍动物可成为带菌者。极少数病例出现发热、食欲缺乏、精神委顿，间或有鼻炎、结膜炎、关节炎、乳房炎。部分绵羊、牛在妊娠后期可能发生流产、胎衣不下、子宫内膜炎和不育，小反刍动物感染后主要表现为暴发流产。犬可能发生支气管炎和脾肿大。

二十五、传染性海绵样脑病

【临床诊断】 本病的潜伏期很长，平均约为5年，病程一般为14～180d。临诊症状包括神经性和一般性变化。神经症状有3种表现形式，最常见的是精神状态的改变，病牛因恐惧、狂躁而表现出攻击性；3%的病牛出现运动失调，通常为后肢共济失调，常表现步态不稳，颤抖、乱踢乱蹬以致摔倒；90%的病牛感觉异常，其表现多样，最明显的是触觉和听觉减退，耳对称性活动困难，常一耳向前，另一只耳向后或保持正常。常见的一般症状为病牛精神沉郁，食欲正常，体温偏高，呼吸频率增加；体质下降，体重减轻；产奶量减少，病牛无明显瘙痒，但也不断摩擦臂部，致使皮肤破损，脱毛。病牛最终因极度消瘦而死亡。

如果将病牛置于安静和其所熟悉的环境中，有些症状可得到减轻，尤其是感觉衰退症状。

【病理学诊断】　剖检时除体表外伤外，一般无可见明显病变。镜检发现的病变主要在中枢神经系统，可见脑干灰质发生两侧对称性变性。脑干的神经纤维网中散在卵圆形、圆形空泡或微小空腔。脑干迷走神经背核、三叉神经脊束核与弧束核、前庭核、红核及环状结构等的神经元核周体和轴突含有大的单个或多个界限分明的细胞质内空泡，有时整个细胞质被空泡占据呈气球样。神经纤维网和神经元中的空泡内含物经糖原和脂肪染色均为阴性并呈透明状。星形细胞肥大常伴随空泡的形成。疯牛病可发生淀粉样变，但不多见。

第二节　多种动物共患寄生虫病病理诊断

一、棘球蚴病

【临床诊断】　本病感染初期和轻度感染常无明显症状。肝严重感染时可致营养不良，乏力；渐进性消瘦，腹部膨大，腹水增多；叩诊时浊音区扩大，触诊有疼痛感。肺严重感染时表现长期的咳嗽和不同程度的呼吸困难，甚至因窒息死亡；听诊时，病灶处肺泡呼吸音减弱或消失。若棘球蚴破裂，可因过敏性休克而骤死。

【病理学诊断】　棘球蚴所致的病变可见于肝和肺，表现肝肿大，肝、肺表面凹凸不平，有黄豆大至排球大的虫体包囊，囊内充满囊液和许多棘球蚴砂，其周围组织因受压迫而萎缩。泡球蚴所致的病变则主要见于肝，可见肝内泡球蚴形成无数个直径为0.1～5.0mm的囊泡，相应连接聚集，囊泡呈圆形或椭圆形，囊内有的含透明囊液和许多原头节，有的含胶状物而无原头节；葡萄状的囊泡群可不断生长蔓延，甚至波及整个脏器。

二、华支睾吸虫病

【临床诊断】　患病动物表现消化不良、食欲缺乏、下痢、呕吐、贫血、黄疸、消瘦和水肿，重者出现脱水，可因并发其他疾病导致死亡。

【病理学诊断】　急性病例可见肝肿大，慢性病例肝萎缩、硬化。胆囊、胆管上皮细胞脱落、坏死，周围炎性细胞浸润，胆管壁扩张、增厚，常突出于肝表面。胆囊肿大，胆汁浓稠，内存许多虫体和虫卵。

三、旋毛虫病

【临床诊断】　本病症状与宿主种类、感染强度、虫体不同发育阶段、幼虫寄生部位和机体的功能状态密切相关。通常成虫寄生于小肠可引起食欲缺乏、肠炎、呕吐及腹泻；幼虫寄生可引起急性肌炎，体温升高，肌肉疼痛，运动、咀嚼和呼吸障碍，声音嘶哑，逐渐消瘦等症状。

【病理学诊断】　感染初期由于成虫寄生可引起十二指肠、空肠黏膜的广泛炎症，水肿、充血、出血，甚至形成浅表溃疡。幼虫移行期可致全身性小动脉、毛细血管急性炎症，间质水肿；心肌、心内膜充血、水肿，甚至心肌坏死，心包积液；肺部有局灶性或泛发性出血、肺水肿，甚至胸腔积液；幼虫侵入横纹肌后，引起肌纤维变性、肿胀、排列紊乱、横纹消失，虫体周围肌细胞坏死、崩解、肌间质水肿及炎性细胞浸润。成囊期随着虫龄的增长，虫体卷曲，幼虫寄生部位的肌细胞及结缔组织变性，增生于幼虫外围，形成包囊，肉眼观察包囊呈针尖大小的露滴状或小白点。

四、弓形虫病

【临床诊断】　本病症状表现因宿主种类不同而差异较大。

猪：猪对弓形虫敏感，多发于3～4月龄猪。常呈急性经过，病死率高。发病可见稽留高热（40～42℃），精神委顿，食欲减退乃至废绝，多便秘，偶见下痢，呼吸困难（常呈腹式呼吸或犬坐姿势呼吸）；有时可见咳嗽和呕吐，流水样或黏液样鼻液，有的四肢或全身肌肉强直；体表淋巴结，尤其是腹股沟淋巴结明显肿大；身体下部及耳部出现淤血斑，或有较大面积发绀；孕猪常致流产或死胎。转为慢性型后，症状不明显，仅见食欲缺乏，精神不佳，变为僵猪。

牛：牛较少患本病。犊牛发病可见发热、呼吸困难、咳嗽、摇头、肌肉震颤、精神沉郁等症状。

绵羊：大多数成年羊呈隐形感染，常致孕羊流产。少数病例可表现高热稽留、呼吸迫促、呈明显的腹式呼吸、流泪、流涎、走路摇摆、运动失调、视力障碍、腹泻及淋巴结肿大等症状。

犬：多为隐性感染。发病时可见发热、厌食、呼吸困难、运动失调和下痢；少数病例可剧烈呕吐，随后出现麻痹和其他神经症状。

兔：急性病例以高热、呼吸困难和神经症状为主；慢性病例表现为消瘦、精神不振及神经症状。

鹿：表现为高热、拒食；病初兴奋，后期麻痹，卧地不起，粪尿失禁，体温高至41℃，经1～2h 后死亡。

猫：与犬症状相似，但肺炎表现更为显著；有时甚至在无明显症状的情况下突然死亡。

鸡：主要表现感觉迟钝、厌食、步态摇摆，后期发生麻痹。

【病理学诊断】　病变可见于全身各脏器，以肺、淋巴结和肝最为显著，其次为脾、肾、肠和胃等。肉眼可见的病变主要为肺出血，有不同程度的间质水肿；全身淋巴结肿大、充血、出血；肝肿大，有点状出血及灰白色和灰黄色坏死灶；脾肿大，有丘状出血点；肾有出血和坏死灶；胃底部出血并有溃疡，大、小肠有出血点；心包及胸腔、腹腔有积水。病理组织学变化主要为将可疑病畜或死亡动物的组织或体液，作涂片、压片或切片，甲醇固定后，作瑞特或吉姆萨染色镜检可找到弓形虫滋养体或包囊。

五、隐孢子虫病

【临床诊断】　家畜发病以犊牛、羔羊和仔猪较为严重，症状以腹泻为主，同时可见精神沉郁、食欲减退，严重时死亡。禽类以鸡、火鸡发病最为严重，症状表现为咳嗽、呼吸困难并有啰音、打喷嚏，食欲缺乏或废绝，消瘦，甚至死亡。

【病理学诊断】　家畜病变以肠炎为主，禽类剖检可见喉头、气管水肿，有较多的泡沫样渗出物，有的气管内可见灰白色凝固物。气管、支气管、法氏囊上皮细胞增生，并有各种组织细胞、淋巴细胞和异嗜细胞浸润，当火鸡隐孢子虫严重时，可见小肠苍白、肿胀。此外，上述病变处可发现各期虫体。

第五章 牛、羊常见病病理鉴别诊断

第一节 牛、羊常见传染病病理诊断

一、气肿疽

【临床诊断】 本病的特征病变是在臀、股、颈、肩、胸、腰等肌肉丰富的部位和皮肤，也可发生在腮部、颊部或舌部。患部肿胀、疼痛，皮干硬呈黑红色，触诊有捻发音，叩诊有鼓音，穿刺则见含气泡的酸臭黑色液体流出。此外，病畜还表现发热、不食、反刍停止、呼吸困难、脉搏快而弱、跛行等症状。

【病理学诊断】 发病部位的肌肉常呈典型的气性坏疽和出血性炎的变化，呈暗红或污黑色。切开患部时不仅流出带气泡的暗红色或褐色酸臭液体，还可见大小不等的黑红色坏死灶，中心部较为干燥，而外围组织出血、水肿。肌肉发生蜡样坏死，切面呈多孔海绵状，肝和肾也有类似变化。患部皮下及肌膜有大量出血点及红色或黄色胶样浸润。镜检可见病灶部肌纤维坏死，肌纤维间及肌内纤维束之间的距离增宽，有多少不等的气泡、渗出液、溶解的红细胞和梭菌，毛细血管内也可看到病原菌。病变中心区域的间质组织发生变性、坏死，外周区为水肿液和白细胞浸润，也有病原菌分布。病灶周围的肌纤维呈不同程度的颗粒变性和脂肪变性。其他器官表现不同程度的败血症变化。尸体因迅速腐败而高度膨胀，常从口、鼻、肛门、阴道流出带泡沫的红色液体。

二、牛传染性胸膜肺炎

【临床诊断】 病牛临床表现有急性型、亚急性型和慢性型 3 种类型，常取亚急性或慢性经过，有时也见无症状表现型。

1）急性型：病牛体温升高（40～42℃），稽留热，干咳，呼吸加快，鼻翼扩张，呼吸浅表且极度困难，呈腹式呼吸。随着病程的发展，咳嗽逐渐频繁，常表现带有疼痛的短咳，咳嗽声弱而无力。有时流有浆液性或脓性鼻液，可视黏膜发绀，反刍和泌乳停止，食欲废绝。呼吸困难症状加重后，胸部叩诊时患侧有浊音或实音区，听诊为湿性啰音，肺泡音减弱乃至消失。患部叩诊可引起疼痛。后期心脏衰弱，脉搏细弱而快，可达 80～120 次/min，有时因胸腔积液，只能听到微弱心音。此外还可看到胸下部及肉垂水肿，尿量减少而尿相对密度增加，便秘与腹泻交替出现。病畜体况迅速衰弱，呼吸更加困难，最终因窒息而死。急性病程一般在明显症状出现后经过 5～8d，约半数病牛死亡，有些病例则转为慢性。此型的整个病程为 15～60d。

2）亚急性型：症状与急性型相似，但有所缓和，病程也较长。当体温升至 40℃时，呼吸困难开始明显。

3）慢性型：多由上述两型转变而来。体温变化不规则。症状和牛结核病相似，一般无明显症状。病牛主要表现消瘦，偶尔有干性咳嗽。听诊患部有湿性啰音，之后改为干性啰音。消化机能紊乱。

【病理学诊断】 本病的特征病变在胸腔，典型病变为浆液纤维素性胸膜肺炎，有大量的纤维素渗出。根据疾病的发展过程，病理变化可分为初期、中期、后期三个阶段。

初期在肺尖叶、心叶和膈叶前下缘散布有支气管肺炎灶或成纤维素性支气管肺炎灶，呈淡红或灰红色，切面湿润。镜检可在支气管和细支气管周围的肺泡见有多少不等的浆液或纤维素性渗出物，肺泡隔毛细血管充血。

中期呈典型的纤维素性肺炎和浆液纤维素性胸膜肺炎的变化，同时伴有纤维素性心包炎变化。此期常在肺的一侧（尤其右侧）或两侧出现融合性纤维素性肺炎。炎区多位于膈叶和中间叶，肿大，质地坚实，其中有鲜红、暗红、灰红、灰黄等不同色彩的肺小叶相互交错，外观呈“大理石样变”景象。肺间质明显增宽，呈灰白色条索状，可看到灰白或灰黄色淋巴栓及红色血栓。镜检可见间质有大量浆液和纤维素渗出及白细胞浸润，还有充血、出血、坏死、机化、淋巴管炎、血管炎变化。坏死灶常位于小叶边缘，呈一条宽圆的崩解区。淋巴管极度扩张，严重时管壁发生坏死，管腔中有淋巴栓形成（主要由纤维素和炎症细胞组成）。血管管壁发炎或发生纤维素样坏死，其中常有血栓形成。此外，可见胸膜覆以灰黄色纤维素，胸腔则见大量呈絮状的混有纤维素的液体。

病的后期炎区肺小叶中的炎性渗出物被机化，发生肺肉变，使肺质地变柔韧。肺胸膜因机化而增厚，且与肋胸膜发生粘连。

三、副结核病

【临床诊断】 发病初期患畜表现间歇性腹泻，粪便稀薄带恶臭，病畜体温、食欲、精神等无异常。后期腹泻逐渐加重，由间歇性腹泻转为持续性腹泻，粪便呈水样。病畜明显消瘦，衰弱、脱毛、卧地，可并发肺炎。病程一般为 3～4 个月，有些病例可拖 6 个月至 2 年，最终因衰竭而亡。

【病理学诊断】 病畜尸体极度消瘦，可视黏膜苍白，皮下与肌间脂肪胶样浸润。空肠后端、回肠、盲肠和结肠前段肠壁明显增厚，可达数倍甚至 10 倍，黏膜表面形成皱褶，凹凸不平，看起来似脑回（见于牛）或地毯（见于羊）。淋巴结肿大，切面灰白或灰红，均质，呈髓样变。

肠黏膜固有层和黏膜下层有程度不等的上皮样细胞、巨细胞浸润。抗酸染色可见上皮样细胞和巨细胞细胞质中有大量呈丛状或成团的红色副结核杆菌。黏膜上皮尤其肠绒毛游离端上皮增生，使肠绒毛增粗、变形，上皮大量脱落。肠腺不同程度萎缩。淋巴窦内可见多少不等的上皮样细胞和巨细胞，严重时淋巴组织几乎被上皮样细胞所取代。抗酸染色可见上皮样细胞中也有大量病原菌。淋巴小结常发生萎缩或消失。

四、羊快疫

【临床诊断】 病羊往往突然死亡，常在放牧时死于牧场或早晨发现死于圈舍内。病程稍缓者有运动失调、腹胀、腹痛和腹泻等症状。病羊最后昏迷，于数小时或 1d 内死亡，极少有耐过者。

【病理学诊断】　病羊尸体迅速腐败膨胀，可视黏膜发绀。皱胃黏膜弥散性出血，重者发生溃疡，黏膜下层明显水肿，浆膜呈纤维素性炎变化。肠道黏膜充血、出血、坏死。其他器官表现不同程度的毒血症变化。

五、羊肠毒血症

【临床诊断】　本病和羊快疫有相似的临床症状，即发病急、死亡快。由于病程的缓急，常有搐搦型和昏迷型两种表现类型。

1）搐搦型：病程短，病羊在倒毙前多四肢剧烈划动呈游泳状、肌肉颤抖、磨牙、口鼻流沫、角弓反张，往往在发病后4h内死亡。

2）昏迷型：病程稍缓，病羊主要表现步态不稳、卧地、流涎，继而昏迷，眼反射消失，有些病羊发生腹泻，排黑褐色带血的恶臭稀便，最后病羊常静静死去。

【病理学诊断】　肠出血和肾软化为本病特征病变。肠出血主要表现为小肠，尤其十二指肠和空肠发生严重的出血性肠炎或出血-坏死性肠炎，严重时整个肠壁呈红色。肾软化主要为肾小管在变性、坏死的基础上迅速自溶的结果，剖检可见肾肿胀，皮质柔软如泥，甚至呈糊状，黑红如酱，用水冲洗可冲去肾实质。

此外其他器官也表现不同程度的毒血症变化。病死羊可视黏膜发绀，胸腔、腹腔积液。肝淤血、肿大，呈土黄色，上有散在的米粒大小的坏死灶，胆囊肿大1～3倍。全身淋巴结肿大、充血、出血。脾肿大，质地柔软，有点状出血。胸腺明显出血。心包腔积液，含有絮状纤维素，心肌柔软，心内外膜有出血点。肺严重淤血、水肿。脑膜出血，脑实质内有液化性坏死灶。

六、羊猝狙

【临床诊断】　羊猝狙的病程短促，病羊多未见症状即突然死亡。有时可发现病羊离群、卧地、衰弱、痉挛、眼球突出等，常于数小时内死亡。

【病理学诊断】　出血-坏死性肠炎主要发生在十二指肠和空肠，可见黏膜严重出血、糜烂，还有大小不等的溃疡灶。腹膜下多处出血，腹腔中有大量清亮的淡黄色渗出液，其中混有凝固的呈丝状或团块状的纤维素，如剖检时间延长，常被血红蛋白染成红色。胸腔和心包腔也见积液。病羊刚死时骨骼肌表现正常，但因死后细菌增殖，故可见尸体肌肉间和皮下组织积有红色液体，肌肉变软变黑，有气泡，和黑腿病的病变十分相似。

七、羊黑疫

【临床诊断】　本病病程短促，多无明显症状，病羊常突然死亡，病死率几乎达100%。部分病例可拖延1～2d，出现离群、食欲废绝、反刍停止、呼吸困难、体温升高等症状，最后多昏睡而死。

【病理学诊断】　肝表面和实质均可看到大小不一、数量不等的坏死灶，直径2～3cm或更大，呈黄白色，其外围常有一红晕。另外，肝中还可发现寄生虫，病变区的肝被膜多覆以淡黄色的纤维素，肝被膜和实质内常见肝片吸虫的幼虫移行时形成弯曲状的黄绿色瘢痕。皮肤因皮下严重淤血而呈黑色外观，故有“黑疫”之称。颈下、胸部、腹部及股内侧皮下常有胶冻样水肿。浆膜腔大量积液，腹腔积液可多达1000ml，心包腔可积液50～100ml。积液暴露于空气后很快凝固呈胶冻状。心肌变软，心内膜出血。真胃、小肠和结肠充血，尤以回盲瓣处明显。幽门部和小肠黏膜有时有出血变化。脾淤血、肿大，呈黑紫色。

八、羔羊痢疾

【临床诊断】　病羔剧烈腹泻，甚至出现血便，腹泻后期多因虚弱而卧地不起，如不及时治疗，常于1d或2d内死亡，仅有少数轻症者可能自愈。部分病羔腹胀，但无下痢或仅排少量稀粪，有神经症状，四肢瘫软，呼吸急促，口流血沫，最后昏迷，头向后仰，体温降至常温以下，多于数小时至十几小时内死亡。

【病理学诊断】　尸体可视黏膜苍白、消瘦、严重脱水，肛门和后肢被稀粪污染。其他器官表现毒血症的一般变化。胸腔、腹腔和心包腔内积有淡黄色透明液体。心内外膜出血。肺充血、出血、水肿。淋巴结肿大、充血、出血。肾有时可见软化现象。

本病的特征病变为弥漫性出血-坏死性肠炎，主要见于小肠尤其是空肠、回肠及回盲瓣，出血严重时肠壁呈暗红色，相应肠段的肠系膜呈树枝状充血。病程稍久者，可见大小不等的溃疡，从数毫米至数厘米，周围有充血出血炎性反应带。溃疡有时融合，形成广泛的坏死区。如溃疡深达黏膜下层，透过浆膜即可看到，在此处常发生局灶性纤维素性炎，引起粘连。结肠以坏死变化为主，也有充血、出血变化。肠内容物稀薄，恶臭，呈灰黄或红色，有时完全变为血液。

九、牛流行热

【临床诊断】　本病多呈良性经过，感染后2～3d出现病毒血症。大部分病牛持续2～3d高热（39.5～42.5℃）后体温降至正常，故有三日热或暂时热之称，也是本病的特征症状。

除上述症状外，病牛还表现鼻镜干热，流有黏性鼻液；食欲减退或废绝，反刍停止；眼结膜潮红肿胀，见光流泪；呼吸困难，头颈前伸，鼻孔张开，张口伸舌，喘气如拉风匣；四肢关节肿胀僵硬，强迫行走时，步态不稳，后肢拖拉，明显跛行，重者发生瘫痪；口腔发炎，大量涎液，涎液中含有泡沫；产奶量急剧下降或停止，妊娠母牛常发生流产、死胎等。

【病理学诊断】　一般无特征性病变。肺发生明显的间质性和肺泡性气肿，间质增宽，肺泡扩张，内含如串珠样气泡，按压有捻发音。部分病例呈明显的肺淤血、水肿变化，肺肿大，间质增宽，切面流出多量暗红色液体，气管内积有大量含泡沫的黏液。个别病例肺同时发生气肿、淤血、水肿。心、肝和肾变性、肿胀，右心室扩张，心内膜和外膜出血。淋巴结充血、出血、水肿，切面多汁。皱胃、肠道呈卡他性或卡他出血性炎变化，黏膜覆有黏液。此外，还可看到尸僵不全、血凝不良、皮下气肿等变化。

十、牛瘟

【临床诊断】　本病潜伏期为1～2周，发病初期常见发热（41～42℃）、流涎、厌食、呼吸和脉搏增快、泌乳量减少、白细胞减少等症状，之后即在口腔、鼻、眼出现特征性的黏膜坏死性炎变化。口角、唇内侧、齿龈、颊部和硬腭黏膜初期潮红，随即出现粟粒大小的灰白或黄白色扁平结节，开始坚硬，后变软，并且迅速融合，形成灰色或灰黄色痂膜。痂膜如脱落或剥离，则露出红色的糜烂面，继发细菌感染时发展为溃疡。口角内面的乳头因其上皮坏死脱落而呈特征的短圆锥状。剖检时在咽部黏膜也可见上述变化。因口腔病变使病牛流涎，其涎液常混有气泡。鼻唇镜皲裂，附以黄褐色痂皮，鼻黏膜充血、出血，鼻孔流有黏性或脓性鼻液。眼结膜充血，可形成假膜，眼睑肿胀，有浆液性、黏脓性分泌物流出。数天后病牛体温下降，开始腹泻，粪便稀薄如水，混有血液、黏液或假膜，恶臭。严重病例，腹泻常为出血性，后因严重脱水而虚脱，最终死亡。病死率一般为50%～90%。

【病理学诊断】　除口腔外，消化道均有不同程度的病变，以皱胃、大肠最为严重，常见出血、水肿、糜烂或溃疡，发生水肿的黏膜切面呈胶冻样外观。上呼吸道黏膜也有类似变化，同时有肺气肿、出血性肺炎或支气管肺炎的相应变化和症状。此外，也见皮肤的损害，多为水牛，呈湿疹样变化，淋巴组织以淋巴结生发中心坏死为特征。孕牛感染牛瘟常发生流产。

十一、牛病毒性腹泻-黏膜病

【临床诊断】　急性病例突然发病，多发于青年牛，主要表现为发热、腹泻、消瘦、鼻镜及口腔黏膜糜烂、流涎、呼气恶臭、血液学检查白细胞减少。部分病牛因蹄叶炎和趾间皮肤坏死而有跛行，多数病牛于发病后1～2周死亡，少数病程可拖至1个月。

慢性病例一般无发热症状，腹泻或有或无，也有跛行症状。鼻镜上的糜烂很明显，可连成一片，而口腔黏膜的糜烂轻微。多数病例2～6个月死亡。

母牛和母羊在妊娠期间感染本病时常发生流产或产下有先天性缺陷的犊牛、羔羊。最常见的缺陷是小脑发育不全。

【病理学诊断】　口腔、咽、消化道黏膜均有程度不等的糜烂，严重的发生溃疡，同时还可见充血、出血、水肿等变化。食管黏膜的糜烂大小不等，小的常呈直线排列。流产胎儿的口腔、食管、真胃及气管黏膜也可看到溃疡及出血斑。肠壁淋巴集结出血、坏死、发生糜烂。消化道所属淋巴结表现浆液-出血性炎变化。

免疫组化法在诊断本病上具有一定的价值，可用酶标法测定组织切片中的BVDV抗原。对持续感染的牛，可采集任何组织进行检查，其中最适合的组织为淋巴结、甲状腺、皮肤、大脑、皱胃和胎盘。

十二、传染性鼻气管炎

【临床和病理学诊断】　本病分为5个类型：呼吸道型、生殖器型、结膜型、流产型和脑膜脑炎型。其基本症状为发热、沉郁、食欲降低、流产及产乳量减少。

（1）呼吸道型　病牛主要表现发热、流鼻、呼吸加快、有强烈而持续的咳嗽。发病初期鼻液呈浆液性，鼻黏膜高度充血。随着病程的发展，流出黏脓性鼻液，在鼻黏膜上形成白色假膜，严重时，鼻孔周围形成硬痂，揭开痂皮后黏膜高度充血，故称“红鼻子”。个别病牛大量流涎，但无明显的口腔病变。温和型病例仅见流鼻、流泪。此型的病变特征为呼吸道发生卡他性、出血性或纤维素坏死性炎症，黏膜高度充血、水肿。如肺并发感染，表现为化脓性支气管肺炎或纤维素性肺炎的变化。镜检常可在鼻黏膜上皮细胞核内发现包涵体，呈颗粒状，微嗜酸性。

（2）生殖器型　母畜表现为脓疱性阴门阴道炎，阴门高度充血、水肿，散在分布 1～2mm 的细小化脓灶，如继发细菌感染，还可从阴门排出脓性分泌物。阴道黏膜充血、肿胀，有细小的脓疱散布。病变一般经 10～14d 愈合，严重病例可持续数周。公畜表现为脓疱性龟头包皮炎，包皮和阴茎水肿。多数病例经 10～14d 愈合，如继发感染则病程延长。

（3）结膜型　病牛畏光、流泪，结膜高度充血、水肿，可见颗粒状灰黄色坏死物，严重时眼睑外翻。角膜发炎、混浊，呈云雾状，严重时发生溃疡。单纯性病例常在 5～10d 内痊愈。

（4）流产型　一般发生在怀孕第 4 个月左右。流产胎儿全为死胎，胎儿皮肤水肿，胸腔、腹腔积液，肝、脾有散在坏死灶，但很少发生子宫内膜炎。HE 染色镜检，在肝坏死边缘细胞中可见到核内包涵体。

（5）脑膜脑炎型　常见于 6 月龄以内的犊牛，发病率低，病死率高（50%以上）。有神经症状，病程短，多于发病后 5～7d 死亡。镜检可见脑灰质和白质均呈现淋巴细胞性非化脓性脑炎变化。

十三、新生犊牛病毒性腹泻

新生犊牛病毒性腹泻是由多种病毒引起的一种急性腹泻性综合征。临床以委顿、厌食、腹泻、呕吐、脱水和消瘦为主要症状。引起新生犊牛腹泻的病毒常见的有轮状病毒和新生犊牛腹泻冠状病毒，有时还有细小病毒、杯状病毒、星状病毒、腺病毒和肠道病毒等。病牛和带毒牛是主要的传染源。本病一旦流行，常成群暴发，发病率高，病死率低，多发生于冬季。犊牛发病后常排黄色或淡黄色液体粪便，有时带有黏液或血液，严重时呈喷射状排出水样粪便，有轻度腹痛。严重时可出现急性酸中毒及脱水而导致突然死亡。

本病确诊需要进行病毒学检查，还应与沙门氏菌病、犊牛梭菌性肠炎、犊牛大肠杆菌病等相区别。

十四、牛乳头状瘤病

【临床与病理学诊断】　本病的潜伏期为 1～4 个月，通常经过 1～12 个月后自行消退。病牛一般无明显症状，体温和饮食正常，精神良好。但肿瘤发生在食管或消化道则可引起食欲减退。发生在膀胱的乳头状瘤容易癌化，可导致所谓的“慢性地方性血尿”。发生在体表的乳头状瘤可因摩擦而破溃、出血。

不同型的病毒可在不同部位引发不同类型的乳头状瘤，但多为良性肿瘤，常见于颈、颌、肩、腹下、背、耳、眼睑、唇部、包皮、乳房、尾根等部位皮肤及食管、前胃、膀胱、外阴、阴道等处黏膜。乳头是奶牛的常发部位。肿瘤眼观呈球形、椭圆形、结节状、分叶状、绒毛状或菜花状，大小、数量不等，为灰白色、黑色、灰棕色，触之坚实。在发病初期，肿瘤为分布不均匀的圆形，粗糙、角质化，形成大小不等、形状不规则的乳头状或菜花状肿块，大者直径为 5～10cm，其下有狭窄的蒂或基部与皮肤相连。大的乳头状瘤易受损伤而发生出血与感染。

根据组织学特点，乳头状瘤可分为皮肤乳头状瘤和生殖器纤维乳头状瘤两种类型，前者也称为牛皮肤乳头状瘤病，后者则称为牛生殖器纤维乳头状瘤病。

（1）*皮肤乳头状瘤*　最常见，易发生在皮肤及皮肤型黏膜，其特点是表皮与真皮同时增生并呈乳头状突起，表皮的增生常占优势。病毒粒子存在于病变皮肤的颗粒细胞层及角质层细胞核内。电镜下，角质细胞内可见到圆形的细胞颗粒，负染标本中病毒粒子直径为 47～53nm。镜检可见增生的上皮表面过度角化或角化不全。棘细胞层增厚，棘细胞失去张力并发生空泡化。颗粒细胞层可见嗜碱性核内包涵体（自然病例不常见）。乳头状瘤常由许多绒毛状突起构成，每个突起都有一个由结缔组织构成的轴心，内含血管、淋巴管和神经。

纤维型乳头状瘤也可见棘细胞层肥厚、过度角化及表皮突伸长，但真皮的增生比表皮更显著，表现为纤维细胞异常增生。处于消退状的乳头状瘤，棘细胞层逐渐变薄，纤维细胞核浓染、减少，有单核细胞浸润。

（2）*生殖器纤维乳头状瘤*　肿瘤常见于年轻公牛的阴茎或母牛阴道及外阴黏膜，主要由 BPV-1 和 BPV-2 引起。阴茎的纤维乳头状瘤不很规则，常有蒂，很难自愈，尤其是呈多发性乳头状瘤，手术很难彻底切除，易复发。阴门上的乳头状瘤初期呈圆形无柄，但可逐渐变为菜花样。

生殖器纤维乳头状瘤的组织学特点是结缔组织成分明显增生，而覆盖其上的表皮仅表现轻度增生。因此，瘤组织以成纤维细胞为主，它们形成相互交错的成纤维细胞囊或呈漩涡状，排列不规则。有时瘤细胞核内可见嗜酸性包涵体样结构。肿瘤前期可看到许多核分裂相，易误诊为纤维肉瘤。肿瘤局部有溃疡，其下可见中性粒细胞浸润。增生的上皮细胞突入瘤组织，上皮细胞不角化。

十五、蓝舌病

【临床诊断】　绵羊罹患此病主要表现发热（40.5～41.5℃）、稽留热、白细胞减少、流涎、流鼻和跛行等症状。临床病变则为口唇水肿，水肿可蔓延至面颊和耳部，甚至颈部和腹部，口腔黏膜淤血发绀，呈青紫色。数天后口腔黏膜形成糜烂或溃疡。鼻腔黏膜和鼻镜也有类似变化。部分病例可见蹄冠、蹄叶部发炎。怀孕 4～8 周的母羊发生感染，分娩的羔羊中约 20%会出现发育缺陷（脑积水、小脑发育不良或脑沟回过多等）。母牛也可发生流产。后期死亡的病羊多并发肺炎、胃肠炎，故临床有呼吸困难和腹泻症状。山羊的症状和绵羊相似，但较轻微。本病病程一般为 6～14d。

【病理学诊断】　口腔糜烂或溃疡主要定位在唇的内测、齿垫、齿龈、舌背面和腹侧、颊部。重症羊的舌体因严重淤血而呈蓝紫色，故有“蓝舌病”之称。如有继发感染，还会出现坏疽。食管黏膜和前胃黏膜发生出血、糜烂或溃疡，糜烂和溃疡多见于食管沟处或黏膜皱褶的游离缘。皱胃和小肠黏膜常见斑点状出血。颈部、肩部、背部和股部等部位骨骼肌和心肌发生变性、坏死。蹄冠常见大量出血点，可互相融合，在角质组织中形成垂直的红色条纹。肺动脉与主动脉基部明显出血，对本病的诊断有重要意义。下颌间隙、皮下和肌肉间有胶样液体浸润；肺、肝、肾和淋巴结肿大、淤血、水肿，肺表现小叶性肺炎的变化，气管和支气管腔内充满白色或红色泡沫；咽部黏膜充血、出血；脾和胸腺均有点状出血；膀胱、输尿管、阴唇或包皮黏膜常见出血。

蓝舌病病毒的靶细胞主要是口腔、鼻腔、食管、前胃及皮肤和蹄冠等部位复层扁平上皮中的棘细胞和基底层细胞以及小血管内皮细胞，故本病的特征病变是由上皮和血管的损伤共同导致的结果。其组织学病理特征是上皮细胞发生空泡变性，中性粒细胞浸润，进而黏膜发生坏死、脱落并形成溃疡，溃疡可扩展至黏膜深层；血管内皮细胞也呈空泡化，细胞肿大、坏死，核浓缩或崩裂，有增生和肥大，血管管腔变小，血管周围淋巴细胞浸润。

十六、绵羊梅迪-维斯纳病

【临床诊断】　潜伏期为1～3年或更长。自然感染和人工感染的病程均很长，数月至数年。病程的发展有时呈波浪式，中间出现轻度缓解，但终归死亡。

（1）梅迪病　病羊以呼吸道症状为主，表现咳嗽、呼吸困难并逐渐加重、呼吸频数、鼻孔扩张、头高仰、体温一般正常、体重逐渐下降。因躺卧可压迫横膈膜前移而加重呼吸困难，所以病羊一般保持站立姿势。血常规检查，可见有轻度的低血红素贫血和持续性白细胞增多症。病羊在持续 2～5 个月甚至数年后常因缺氧和继发细菌感染而死亡。本病发病率因地区而异，病死率可高达100%。

部分病历可见乳房硬化、产奶量减少或无乳，以及关节炎引起的跛行等症状。

（2）维斯纳病　此病型以神经症状为主，主要表现为运动失调，后肢发软，易失足，休息时经常用跖骨后段着地，四肢逐渐麻痹，由轻瘫发展成全瘫，最终麻痹死亡。有时口唇和眼睑震颤，头偏向一侧。脑脊液中淋巴细胞增多。

【病理学诊断】

（1）梅迪病　呈典型的间质性肺炎变化。肺显著膨大，重量增加，是正常肺的2～4 倍，打开胸腔时肺塌陷，病变部位呈灰白或灰红色，质地坚实如橡皮。此变化中膈叶最明显。肺胸膜增厚，透过肺胸膜可看到数量不等、针尖大小的灰白色小点。如用50%～98%的乙酸涂擦肺表面，灰白色小点将会更为明显。在肺表面还可看到因小点间质增宽而呈现的细网状花纹。

纵隔和支气管淋巴结明显肿大，其重量是正常淋巴结的2～3倍，甚至更重，切面呈灰白色。

镜检可见肺泡间隔、支气管和血管周围、小叶间及胸膜下有明显的网状细胞和淋巴细胞增生，呼吸性细支气管和血管形成典型的“管套”，并有淋巴滤泡形成。肺泡腔缩小或闭塞，肺泡上皮化生为立方上皮，有些肺泡内充满巨噬细胞。用吉姆萨染色可见巨噬细胞胞质里有1～3μm大小的球形包涵体。

纵隔和支气管淋巴结呈慢性增生性淋巴结炎变化。

长期无症状的感染羊，肺平滑肌增生是其唯一明显病变，有时也见淋巴细胞性乳腺炎变化。另外，还可能见淋巴细胞性睾丸炎和卵巢炎变化。

（2）维斯纳病　眼观一般无明显病变，少数病例可见脑膜充血，切面白质有灰黄色小病灶。病期长者，后股肌肉常发生萎缩，骨髓和脑底发生非化脓性脑脊髓膜炎。脑膜因淋巴细胞浸润和纤维增生而增厚。随着疾病的发展，在脑和脊髓的实质可见神经胶质增生及血管管套形成。白质出现灶性脱髓鞘，在脑膜和脑底脑膜附近形成脱髓鞘腔。

小脑白质几乎完全被破坏，灰质则无损伤。

十七、绵羊肺腺瘤病

【病理学诊断】　本病重要病变见于关节、中枢神经、肺和乳腺等。

病理学检查可见患部关节肿胀、关节囊肥厚、关节腔内充满黄色或淡黄色液体，其中混有纤维素絮状物。滑膜呈慢性滑膜炎变化，增厚并有点状出血，常与关节软骨粘连，透过滑膜可看到软组织中的钙化灶。光镜检查可见滑膜绒毛增生，皱襞增多、增厚，绒毛深入关节腔，有淋巴细胞、浆细胞及单核细胞浸润，重者滑膜及周围组织发生纤维素样坏死、钙化和纤维化，关节软骨组织也发生钙化。

脑脊髓炎型病例可见脑膜和脉络丛充血，脑实质软化。病变主要在小脑和脊髓的白质，偶尔见于中脑。从前庭核部位将小脑和延脑横断，常见一侧脑白质中有 5mm 大小的棕红色病灶。镜检病灶区血管周围淋巴细胞、单核细胞和网状纤维增生，形成管套，管套外围有星状胶质细胞和少突胶质细胞增生，神经纤维有程度不一的脱髓鞘变化。

肺炎型病例主要表现肺肿大，表面上在灰白色小点，切面有大叶性或小叶性实变区，有泡沫黏液流出，并具有大小不等的坏死灶，有严重的肉变。镜检可见典型的间质性肺炎变化，在细支气管和血管周围有单核细胞形成的“管套”，甚至形成淋巴小结，肺泡上皮增生、化生，肺泡隔增厚，小叶间结缔组织增生。

发生乳房炎的病例镜下可见间质有大量淋巴细胞、浆细胞及巨噬细胞浸润，并有灶状坏死。

个别病例可见肾表面有 1～2mm 大小的灰白色小点，镜检为肾小球肾炎的变化。骨骼肌发生局灶坏死，尤其股二头肌和股四头肌表现更为明显。心和血管表现心包炎、心肌炎、动脉炎等变化，心内膜和心外膜均有点状出血，动脉管壁坏死、钙化。肝表面和切面可见大小不等的点状或斑状坏死灶，与周围组织界限清楚，质地较硬。胆囊常见肿大。光镜检查，肝窦有淀粉样物质沉着。脾眼观无明显变化，但光镜下，可见脾窦内有淀粉样物质沉着等变化。淋巴结肿大，切面湿润多汁。

十八、小反刍兽疫

【临床诊断】　本病的临床特征与牛瘟相似，主要表现为发热、眼鼻出现大量分泌物，发生口炎、腹泻和肺炎。本病的潜伏期为 4～6d，临床上主要表现为超过 41℃持续 3～5d 的发热。患病动物沉郁，眼鼻出现黏脓性分泌物。牙龈充血，口腔出现溃疡、唾液分泌增多。后期可出现水样染血的腹泻，也可出现肺炎、咳嗽及呼吸困难。

【病理学诊断】　本病的病理变化与牛瘟相似，整个消化道可出现糜烂性损伤，大肠可出现斑马线状出血。淋巴结肿大，脾出现坏死。

第二节　牛、羊常见寄生虫病病理诊断

一、片形吸虫病

【临床诊断】　轻度感染往往不表现症状。感染数量多时（牛约 250 条成虫，羊约

50条成虫）则表现症状，但幼畜即使轻度感染也可能表现症状。根据病期一般可分为急性型和慢性型两种类型。

绵羊对本病最敏感，发生率高，死亡率也高。急性型多因短时间内吞食大量（2000个以上）囊蚴后所致。多发于夏末、秋季及初冬季节，病势迅猛，患畜突然倒毙。病初表现体温升高、精神沉郁、食欲减退、衰弱易疲劳、离群落后，随后迅速发生贫血。叩诊肝区为半浊音界扩大，压痛敏感，腹水，严重者在几天内死亡。

慢性型多因吞食少量（200～500个）囊蚴后发生，多见于冬末初春季节，此类型较多见，其特点是逐渐消瘦、贫血和低白蛋白血症。高度消瘦，黏膜苍白，被毛粗乱，易脱落，眼睑、颌下及胸下水肿和腹水。母羊乳汁稀薄，妊娠羊往往流产，终因恶病质而死亡。能拖过冬季至次年天气转暖，饲料改善后逐步恢复。

牛多呈慢性经过，犊牛症状明显，成年牛一般不明显。逐渐消瘦，被毛粗乱，易脱落，食欲减退，反刍异常，继而出现周期性瘤胃臌气或前胃迟缓。下痢，贫血，水肿。如不及时治疗，可因恶病质而死亡。

【病理学诊断】 当一次感染大量囊蚴时，童虫在向肝实质内移行的过程中，可机械地损伤和破坏肠壁、肝包膜、肝实质和微血管，引起炎症和出血。肝肿大，肝包膜有纤维素沉积，出血，肝实质内有暗红色虫道，虫道内有凝血块和幼小的虫体。可发生急性肝炎和内出血，腹腔液带血色。可发生腹膜炎。急性病例可在肝实质中发现童虫及幼小虫体；慢性病例可在胆管内检获成虫。

二、双腔吸虫病

【临床诊断】 严重感染的患畜，可见到黏膜黄疸，逐渐消瘦，颌下和胸下水肿，下痢。

【病理学诊断】 在肝胆管内寄生可引起胆管卡他性炎症，胆管壁增生，肝肿大，肝被膜肥厚。

三、莫尼茨绦虫病

【临床诊断】 成年动物一般无症状。幼年动物最初表现为消瘦、离群、粪便变软、精神不振，后发展为腹泻，粪中含黏液和孕卵节片，进而症状加剧，衰弱，贫血。有时有明显的神经症状，如无目的地运动，步履蹒跚，有时有震颤。神经型的莫尼茨绦虫病羊往往以死告终。

【病理学诊断】 尸体消瘦，黏膜苍白，贫血。胸腔、腹腔渗出液增多。肠道有时发生阻塞扭转。肠系膜淋巴结、肠黏膜和脾增生。黏膜出血，有时大脑出血，浸润，肠内有绦虫。

四、脑多头蚴病

【临床诊断】 动物感染后 1～3 周，即虫体在脑内移行时，呈现体温升高及类似脑炎或脑膜炎症状。重度感染的动物常在此期间死亡。感染后2～7个月开始出现典型的症状，临床症状主要取决于虫体的寄生部位。寄生于大脑额叶时，头下垂，向前直线奔跑，或常以头抵物，呆立不动。寄生于大脑颞叶时，常向患侧做转圈运动，多数病例对侧视力减弱或全部消失。寄生于枕叶时，头高举，后退，有时倒地不起，颈部肌肉强制性痉挛或角弓反张。寄生于小脑时，表现知觉过敏，容易悸恐，行走时步态急促或步履蹒跚，视觉障碍，磨牙，流涎，平衡失调，痉挛。寄生于腰部脊髓时，引起渐进性后躯及盆腔脏器麻痹。如果寄生多个虫体而又位于不同位置时，则出现综合症状。

【病理学诊断】　由于本病临床症状较为明显，往往根据其症状即可确诊，但有些病例需在剖检时才能确诊。

五、仰口线虫病

【临床诊断】　患畜表现为进行性贫血，严重消瘦，下颌水肿，顽固性下痢，粪便带黑色。幼畜发育受阻，具有神经症状和进行性麻痹，死亡率很高。

【病理学诊断】　尸体消瘦，贫血，水肿，皮下有浆液性浸润。血液色淡，水样，凝固不全。肺有淤血性出血和小点出血。心肌软化，肝淡灰，质脆。十二指肠和空肠有大量虫体，游离于肠腔内容物中或附着在黏膜上。肠黏膜发炎，有出血点。肠内容物呈褐色或血红色。

六、食管口线虫病

【临床诊断】　发病前期表现为明显的持续性腹泻，粪便呈暗绿色，黏液较多，有时粪便带血，最后衰竭而死。慢性病例，则表现为便秘和腹泻交替出现，病畜进行性消瘦，下颌间隙可能发生水肿，最后病畜虚脱死亡。

【病理学诊断】　病畜食管口线虫感染中，以哥伦比亚食管口线虫危害最大，主要引起肠的结节病变。牛辐射食管口线虫的危害较大，幼虫阶段在小肠和大肠壁中形成结节，影响肠蠕动、食物消化和吸收。结节在肠的腹膜面破溃时，可引起腹膜炎和粘连；向肠腔面破溃时，引起溃疡性和化脓性结肠炎。成虫的分泌液是造成肠黏液增多的主因。如有幼虫到达腹膜，可引起坏死性腹膜炎。大量幼虫在肠壁移行时，可引起正常组织的广泛坏死，坏死组织在修复过程中，可导致肠狭窄或肠套叠。继发细菌感染时，可引起浅表性肠炎。虫体分泌的毒素可引起造血组织萎缩，导致红细胞生成减少，血色素下降和贫血。6 个月以内的羔羊初次受到感染时，对幼虫没有免疫力，因此幼虫在肠黏膜中移行时，肠黏膜不形成结节，此时剖检会发现，虽然肠腔内有大量成虫，但肠壁没有结节的情况。再感染的羊则相反，会在肠壁形成结节。通常结节直径 2～10mm，结节中常含有淡绿色脓汁，有时发生坏死性病变。结节上有小孔和肠腔相通。新形成的小结节中常可发现幼虫，有时幼虫可在结节生存 3 个月以上，当结节发生钙化时幼虫死亡。

七、牛泰勒虫病

【临床诊断】　本病潜伏期为 14～20d，常呈急性经过，大部分病牛经 3～20d 趋于死亡。病初体温升高到 40～42℃，稽留热，4～10d 内维持在 41℃上下。少数病牛呈弛张热或间歇热，病牛表现沉郁，行走无力，离群落后，多卧少立。脉弱而快，心音亢进有杂音。呼吸增数，肺泡音粗厉，咳嗽，流鼻。眼结膜初期充血肿胀，流出多量浆液性眼泪，以后贫血黄染，布满绿豆大溢血斑。可视黏膜及尾根、肛周、阴囊等薄的皮肤上出现粟粒乃至扁豆大小、呈深红色结节状（略高出皮肤）的溢血斑点。有的在颌下、胸前、腹下、四肢发生水肿。病初食欲减退，中后期病牛喜啃土或其他异物，反刍次数减少以至停止，常磨牙，流涎，排少量干而黑的粪便，常带有黏液或拉丝；病牛往往出现前胃弛缓。病初和重病牛有时可见肩肌或肘肌震颤。体表淋巴结肿胀为本病特征。大多数病牛一侧肩前或腹股沟浅淋巴结肿大，初为硬肿，有痛感，后渐变软，常不易推动。病牛迅速消瘦，血液稀薄。后期食欲、反刍完全停止，溢血点增大增多，死前体温降至常温以下，卧地不起，衰弱而死。耐过的病牛多成为带虫动物。

【病理学诊断】　全身皮下、肌间、黏膜和浆膜上均可见大量的出血点和出血斑。全身淋巴结肿大，切面多汁，有暗红色和灰白色大小不一的结节。皱胃病变明显，具有诊断意义。皱胃黏膜肿胀、充血，有针头至黄豆大暗红色或黄白色的结节。结节部上皮细胞坏死后形成糜烂或溃疡。溃疡有针头大、粟粒大乃至高粱米大，其中央凹下呈暗红色或褐红色；溃疡边不整稍隆起，周围黏膜充血、出血，构成细窄的暗红色带。小肠和膀胱黏膜有时也可见到结节和溃疡。脾肿大，被膜有出血点，脾髓质软呈紫黑色泥糊状。肾肿大、质软，有圆形或类圆形粟粒大暗红色病灶。肝肿大、质软，呈棕黄或棕红色，有灰白和暗红色病灶。胆囊扩张充满黏稠胆汁。

八、牛球虫病

【临床诊断】　潜伏期为 2～3 周，有时达 1 个月。发病多为急性型，病期通常为 10～15d，个别情况下在发病后 1～2d 内引起犊牛死亡。病初精神沉郁，被毛松乱，体温略高或正常，粪便稀，稍带血液，母牛产乳量减少。约 1 周后，精神更加沉郁，身体消瘦，喜躺卧，体温升至 40～41℃。瘤胃蠕动和反刍停止，肠蠕动增强，排带血稀粪，其中混有纤维素性薄膜，有恶臭。后肢及尾部被稀粪污染。后期粪便呈黑色，几乎全为血液，体温下降，极度贫血，衰弱而死。慢性型的病牛一般在发病后 3～5d 逐渐好转，但下痢和贫血症状持续存在，病程可能缠绵数月，也有因高度贫血和消瘦而发生死亡的。

【病理学诊断】　尸体极度消瘦，可视黏膜贫血，肛门敞开，外翻，后肢和肛门周围被血粪污染。直肠黏膜肥厚，有出血性炎症变化，淋巴滤泡肿大突出，有白色和灰色的小病灶，同时在这些部位出现直径为 4～15mm 的溃疡，其表面附有凝乳样薄膜。直肠内容物呈褐色，带恶臭，有纤维素性薄膜和黏膜碎片。肠系膜淋巴结肿大和发炎。

九、螨病

【临床诊断】　螨病主要症状是剧痒、结痂、脱毛、皮肤肥厚和消瘦等。牛疥螨病开始于面部、颈部、背部尾根等被毛较短的部位；而牛痒螨病最早见于颈、肩和垂肉。绵羊疥螨病主要在头部（明显）、嘴唇周围、口角两侧、鼻子边缘和耳根下面，在发病后期病变部形成白色坚硬胶皮样痂皮；而绵羊痒螨病多发于毛密部位，如背部、臀部，羊毛结成束，体躯下部泥泞不洁，零散的毛丛悬垂在羊体上。山羊疥螨病主要发生于嘴唇四周、眼圈、鼻背和耳根部，严重时口唇皮肤龟裂，采食困难；而山羊痒螨病主要发生于耳壳内面，在耳内生成黄色痂，堵塞耳道，羊变聋，食欲缺乏，甚至死亡。

十、牛皮蝇蛆病

牛皮蝇蛆病由皮蝇科皮蝇属的牛皮蝇引起，其幼虫阶段寄生于牛或牦牛的皮下引起疾病。该虫偶尔也能寄生于马、驴和其他野生动物的背部皮下组织，而且可寄生于人，个别地区人的感染率高达 7%，成为人畜共患病之一。本病在我国西北、东北、内蒙古牧区广为分布。寄生于牛的皮蝇属有 2 种，即牛皮蝇和纹皮蝇。本属寄生虫属完全变态。成蝇营自由生活，不采食，也不叮咬，一般多在夏季出现，在晴朗无风的白天侵袭牛只。牛皮蝇在牛体的四肢上部、腹部、乳房和体侧产卵，每根毛上产卵一枚。纹皮蝇则在牛只的后肢球节附近和前胸及前腿部产卵，每根毛上可见数枚虫卵。卵经 4～7d 孵出第 1 期幼虫，幼虫由毛囊钻入皮下。牛皮蝇第 2 期幼虫沿外围神经的外膜组织移行 2 个月后到椎管硬膜的脂肪组织中，在此停留一段时间，尔后从椎间孔爬出，到腰背部皮下（少数到臀部或肩部皮下）成为第 3 期幼虫，在皮下形成大瘤状突起，上有一 0.1～0.2mm 的小孔。第 3 期幼虫在其中逐步长大成熟，后离开牛体入泥土中化蛹，蛹期 1～2 个月，羽化为成虫。整个发育期为一年。纹皮蝇发育和牛皮蝇基本相似，但第 2 期幼虫寄生在食管壁上。皮蝇的整个发育过程需 1 年左右。皮蝇成蝇的出现季节随气候条件不同而略有差异，一般牛皮蝇成虫出现于 6～8 月，纹皮蝇则出现于 4～6 月。

【临床诊断】　幼虫出现于背部皮下时，易于诊断。最初在牛背部皮肤上，可触诊到隆起。上有小孔，隆起内含幼虫，用力挤压，可挤出虫体，即可确诊。此外，流行病学资料，包括当地流行情况和病畜来源等，有重要的参考价值。

【病理学诊断】　成虫虽不叮咬牛，但雌蝇飞翔产卵时可以引起牛的不安、恐惧而使正常的生活和采食受到影响，日久牛只变消瘦，有时牛只出现发狂症状，偶尔跌伤或孕畜流产。

幼虫初钻入皮肤，引起皮肤痛痒，精神不安。幼虫在体内移行时可造成移行部组织损伤。特别是第 3 期幼虫在背部皮下时，引起局部结缔组织增生和皮下蜂窝组织炎，有时细菌继发感染可化脓形成瘘管，直到幼虫钻出，才可痊愈。背部幼虫寄生后，留有疤痕，影响皮革价值。皮蝇幼虫的毒素可引起贫血，患畜消瘦，肉质降低，乳畜产乳量下降。个别患畜幼虫误入延脑或大脑脚寄生，可引起神经症状，甚至造成死亡。

偶尔可见因皮蝇幼虫引起的变态反应，起因于幼虫的自然死亡或机械除虫挤碎的幼虫体液被吸收而致敏，当再次接触该抗原时，即发生过敏反应，表现为荨麻疹，间或有眼睑、结膜、阴唇、乳房的肿胀，流泪，流涎，呼吸加快。

十一、羊狂蝇蛆病

【临床诊断】　病羊流鼻，鼻液在鼻孔周围干涸，形成鼻痂，堵塞鼻孔，呼吸困难。患羊摇头、打喷嚏、磨牙、流泪、甩鼻子、眼睑水肿、食欲减退、日渐消瘦。少数第 1 期幼虫可进入鼻窦，不能返回鼻腔，而致鼻窦发炎。有时病害可危及脑膜，此时可出现神经症状，羊表现运动失调，经常做旋转运动，或发生痉挛、麻痹等症状。

第三节　牛病类症鉴别诊断

一、以消化道症状为主的牛病

（一）以水样或糊状腹泻为主的牛病诊断

1. 传染病和寄生虫病的临床综合诊断

病名	流行病学特点	临床症状	病理变化
牛产肠毒素性大肠杆菌	1～2 周龄的犊牛最易感发病	一般体温不高，排灰白色粥样下痢便，经一段时间腹泻呈水样，粪中混有泡沫和血凝块，有酸臭味	真胃、小肠和直肠黏膜充血、出血等卡他性炎症变化，肝和肾有时出血
副结核病	牛最易感，其中幼龄牛的易感性最高	顽固性腹泻，消瘦	病变常限于空肠、回肠和结肠前段，肠壁增厚，比正常增厚 3～30 倍，呈硬而弯曲的皱褶
牛空肠弯曲菌腹泻	不分年龄均可发病，传播迅速，常发生于冬季	排出水样棕色稀粪，其中常带有血液，恶臭，乳牛泌乳量下降 50%～95%，但体温、脉搏、呼吸、食欲无明显变化	胃肠黏膜出现肿胀、充血、出血等急性卡他性胃肠炎的病变
牛轮状病毒感染	1 周龄以内的犊牛最易感发病	腹泻，排黄白及绿色水样便，有时带有黏液和血液，腹泻延长时脱水明显	小肠黏膜条状或弥漫性出血，肠壁菲薄、半透明，小肠绒毛萎缩，肠内容物呈灰黄色或灰黑色液状，肠系膜淋巴结肿大
牛冠状病毒感染	新生犊牛和成年牛均可感染发病	排水样便，乳牛泌乳量明显减少或停止	小肠黏膜条状或弥漫性出血，肠壁菲薄、半透明，小肠绒毛萎缩，肠内容物呈灰黄色
牛隐孢子虫病	4～30 日龄犊牛易感	腹泻，粪便中带有大量纤维素，有时含有血液	肠黏膜损伤
牛前后盘吸虫病	各年龄牛均可发病	顽固性下痢，粪便呈粥样或水样，常有腥臭味	瘤胃内检出成虫，在胆囊中检出童虫
牛莫尼茨绦虫病	犊牛	粪便初变软，后发展为腹泻，粪便中含黏液和孕节	小肠内可检出虫体
犊弓首蛔虫病	初生犊牛	腹泻，排出灰白色稀糊样粪便，有特殊腥臭味，有时排血便	幼虫移行时，肝损伤，肠道内检出虫体

2. 普通病临床综合诊断

病名	病史	临床症状	病理变化
消化不良	饲料品质不好，单一，管理不当	腹泻是主症，并伴有腹痛症状，粪便中常混有未消化饲料，附着黏液或血液	主要表现胃肠道黏膜充血、出血
胃肠炎	与消化不良相似，但刺激作用加强	基本上与消化不良相似，体温升高明显，病情和症状更重	胃肠道内容物恶臭，混有黏液、脓汁或血液，肠黏膜坏死，形成麸皮状覆盖物
酮病	精、粗饲料的搭配不当	腹泻、呼气带酮味、泌乳量降低、消瘦、脱水和神经症状等	常见肝、肾、心等脂肪变性
淀粉样变性	多继发于化脓性炎症	排泥样乃至水样下痢便，消瘦，颌下部、胸垂至胸前、下腹部呈现水肿状态	肾肿大，黄褐色至橘黄色，整个肾表面呈广泛的砂粒或米粒大斑点、淀粉样蛋白沉积
结肠炎	自身免疫力降低，饲料中存在有害物质	间歇性或阵发性腹痛，排恶臭稀软粪便，频频努责，里急后重	盲肠和结肠浆膜呈蓝紫色，黏膜充血、水肿

（二）以坏死性恶臭下痢为主的牛病诊断

病名	流行病学特点	临床症状	病理变化
牛产志贺毒素大肠杆菌病	2～8 周龄的犊牛最易感发病	水样下痢，慢性病例表现为轻度脱水，重症病例表现为出血性下痢或死亡；犊牛红痢潜伏期 2～4d，下痢便带潜血或血凝块，恶臭，或以排出黑绿色的黏液便为特征	从小肠到大肠整个肠道内积有泥状、黏液状或水样内容物
犊牛沙门氏菌病	多发于 30～40 日龄以后犊牛	病初体温升高（40～41℃），精神沉郁，食欲废绝，经 2～3d 排出灰黄色液状便，混有黏液和血丝，有恶臭味，最后由于脱水迅速衰竭死亡	急性病例在心内外膜、腹膜、真胃、小肠、结肠和膀胱黏膜有出血斑点，脾充血肿大，有时见出血点，肠系膜淋巴结水肿，有时出血；病程较长的肝和肾有时出现坏死灶
牛病毒性腹泻/黏膜病	多数为隐性感染，仅有少数发病，但病死率很高	发热（40～42℃），腹泻常为水样，内含黏液、纤维素性絮片和血液，眼鼻有黏液性分泌物，流涎增多，呼出气恶臭；病牛常呈跛行。妊娠母牛常发生流产	整段消化道黏膜充血、出血、糜烂或溃疡；特征性病变是食管黏膜有大小和形状不等的直线排列的糜烂；蹄叶炎及趾间皮肤糜烂、坏死
日本分体吸虫病	流行于长江流域 13 个省（直辖市），中间宿主为湖北钉螺	下痢，粪便含黏液、血液，甚至块状黏膜，有腥恶臭和里急后重现象，慢性腹水严重	肝、脾肿大，肝有沙粒状灰白虫卵结节
东毕吸虫病	中间宿主为椎实螺科淡水螺	症状比日本血吸虫病轻	较日本血吸虫病轻

（三）以血便为主的牛病诊断

1. 传染病和寄生虫病的临床综合诊断

病名	流行病学特点	临床症状	病理变化
牛沙门氏菌病	多数为 1～3 岁牛	病初高热，呼吸困难，下痢，粪中带血和纤维素，迅速脱水；个别病牛表现腹痛；病程稍长的牛发生关节炎；孕牛多数发生流产	在成年牛小肠和大肠见有出血性炎症病变，大肠黏膜局灶性坏死，脾肿大，肝脂变或有坏死灶
牛产气荚膜梭菌肠毒血症	不分年龄均可突然发病，猝死	多数病牛呈急性经过，病初极度衰竭，一般体温正常，从口腔流大量泡沫样液体，有的表现腹痛，肌肉震颤，排血便，常于 18h 之内死亡	十二指肠和空肠高度出血性肠炎变化，呈血肠样外观，肝褪色，散在充血斑，心肌和脾有出血点
牛球虫病	多见于 2 岁以内犊牛，常为急性发作	可视黏膜苍白，肛门松弛，外翻，后肢和肛门周围被血粪所污染；粪具恶臭味，体温升至 40～41℃	有出血性肠炎和溃疡，可见黏膜上散布有点状或索状出血点和大小不同的白点或灰白点，并常有直径 4～15mm 的溃疡

2. 普通病的临床综合诊断

病名	病史	临床症状	病理变化
砷中毒	采食含砷的灭鼠药、杀虫剂或被砷污染的植物或饮水	主要表现水样腹泻，混有血液，共济失调，严重脱水	胃肠黏膜充血、出血、水肿和糜烂，甚至穿孔，肠内容物呈水样，有蒜臭气味
霉菌中毒	采食过多的霉败饲料	瘤胃积食和前胃弛缓的症状，间歇性腹泻，并混有血液及黏液，严重脱水	胃、肠黏膜充血、出血、肿胀、肥厚，肝充血和肿大

续表

病名	病史	临床症状	病理变化
真胃右方变位	真胃弛缓等诱发因素	右腹部增大，腹痛，粪呈黑色，触诊有液体震荡音，叩诊可闻钢管音	严重的低氯血症、低钾血症、代谢性碱中毒
真胃溃疡	饲料管理不当，饲喂方法不适等	黏膜苍白，腹痛，腹泻，松节油样粪便，脉搏快而弱，心音亢进及贫血性杂音等	多见幽门区及胃底部黏膜皱襞上有糜烂、溃疡的斑或点，胃内有血液或血凝块

（四）以呻吟、踢腹和肌肉震颤等腹痛症状为主的牛病诊断

病名	病史	临床症状	病理变化
瘤胃臌气	采食大量易发酵或膨胀的饲料	左肷部显著隆突，叩诊呈鼓音有弹性，有腹痛症状	瘤胃过度扩张，充满大量气体及内容物，瘤胃黏膜充血或出血
瘤胃积食	精料或难以消化的粗料采食过多	腹围增大，有腹痛症状，触诊瘤胃内容物充满，坚实呈捏粉样。直检瘤胃体积增大后移至骨盆腔入口	瘤胃极度扩张，其内含有气体和大量内容物，黏膜潮红或出血
创伤性网胃炎	饲料混有金属异物，异嗜，腹压增高等	有前胃弛缓症状，有腹痛，网胃区触诊过敏，低体温，粪干少色暗	网胃前后壁有瘢痕或瘘管或金属异物，呈脓腔；常有腹膜炎
真胃左方变位	真胃弛缓等诱发因素，与妊娠和分娩有关	厌食精料，粪少呈糊样，油腻，冲击触诊有震荡音，听诊有金属流水音，听叩诊结合可闻钢管音	真胃黏膜有溃疡，真胃浆膜与网胃、腹壁或瘤胃有粘连，甚至溃疡穿孔
腹膜炎	腹腔或骨盆腔内脏器的破裂，细菌感染及炎症	腹痛，触诊腹壁敏感；腹泻与便秘交替出现；叩诊可闻水平浊音，触诊可闻拍水音	腹膜充血、潮红、粗糙，腹腔积液，混浊，有纤维蛋白絮片；腹膜与各脏器相互粘连
子宫扭转	有急剧起卧，受过碰撞，或腹痛而频繁起卧等病史	不安，频摇尾踢腹；阵缩或努责但无排出物，直检子宫扭转；阴道检查，靠子宫颈口黏膜呈螺旋状	子宫中充满黏液和细胞碎片，螺旋状阴道皱襞呈暗红色的淤血状
瘤胃酸中毒	摄入过多富含碳水化合物的饲料	食欲废绝，精神沉郁，结膜充血；脱水体征明显；腹泻，体温不高；瘤胃充满，内容物黏硬或稀软	瘤胃内容物有酸臭味，充满气体或内容物，黏膜有暗红色斑块或出血；肝肿大；心内外膜出血
肠变位	饲养管理失误，胃肠机能紊乱，或外界环境急剧改变	剧烈的腹痛，粪量减少，粪便黑色带血；可视黏膜发绀或苍白，直检空虚，有血样黏液	变位前方肠段积液、积气和积粪；而后段肠管柔软而空虚；变位肠管出血、坏死，内容物呈血样
盲肠扩张-扭转	日粮中精料比例过大	急性腹痛；排粪次数、量减少，粪色发暗，呈糊状或稀软；右侧肷部叩诊呈鼓音，听叩诊有钢管音	盲肠肿胀，肠腔积气，扭转部肠段暗红、紫红，伴发坏死，肠内容物呈血样，密布出血斑
结肠梗阻	脓毒性或非感染性腹膜炎，剖腹术后感染，脂肪硬块等	腹部膨胀，粪软量少；右肷部前上方到右季肋上方的狭小部位有不很清楚的砰砰响阳性区域	梗阻部肠段肠壁淤血、出血、水肿，并继发炎症、坏死或肠破裂
真胃阻塞	摄入过多粗硬的饲料、砂石，缺水等	粪少而干硬，有的排黑色稀粪；伴有前胃弛缓和瘤胃积液，真胃区疼痛；直检触到膨大的真胃后壁	真胃极度扩张，体积显著增大；真胃黏膜炎性浸润、坏死、脱落，或有散在出血斑点或溃疡
瓣胃阻塞	摄入大量坚韧并富含粗纤维的饲料，或继发于其他病	前胃弛缓，瘤胃内容物坚硬；瓣胃蠕动减弱或消失，叩诊疼痛，粪干少而色黑，呈算盘珠状，直肠空虚	瓣胃充满内容物、干涸，容积增大；瓣叶上皮脱落、菲薄，有溃疡、坏死灶或穿孔
迷走神经消化不良	多继发于腹膜炎，炎症和瘢痕组织损害网胃上的迷走神经	呈现消化障碍，伴发前胃弛缓，皱胃阻塞，瓣胃秘结等多种病症；拟胆碱药物治疗无效，久治不愈	网胃前壁广泛粘连，并附着金属异物或脓肿，瘤胃膨胀、积食或积液，幽门区溃疡，肠管空虚

（五）伴有体温高并口腔黏膜有水疱或糜烂的牛病诊断

病名	流行病学特点	临床症状	病理变化
口蹄疫	口蹄疫一年四季均可发生，常呈流行性或大流行性，并有一定的周期性，侵害多种偶蹄兽	病牛体温升高达40～41℃，闭口，口角流涎增多，呈白色泡沫状，常常挂满嘴边，本病一般为良性经过，约经1周即可痊愈	有特征性的水疱和烂斑，死后剖检可见“虎斑心”和出血性胃肠炎病变
茨城病	发生与季节、地理分布、气候条件以及库蠓的传递密切相关	高热，泡沫样流涎，结膜充血、水肿；有20%～30%的病牛呈喉咙麻痹，吞咽困难	病牛表现为结膜充血，水肿，部分病牛口唇黏膜和鼻腔黏膜不经过水疱病变而直接发生糜烂或溃疡

（六）伴有流涎的疾病诊断

病名	病史	临床症状	病理变化
口炎	各种理化因素刺激，以及传染病、寄生虫继发	流涎，口腔检查敏感、疼痛，口温增高，有不洁臭味	口腔黏膜呈斑纹状与弥漫性充血、发红、肿胀
咽炎	同口炎，但受寒和感冒是主要诱因	吞咽困难，头颈伸展，流涎，触诊咽部疼痛，体温升高等症状	咽部黏膜充血、肿胀，有红斑，形成皱襞，被覆黏液、伪膜
食管梗阻	饲喂块状饲料，饥饿，受惊及食管疾病继发等	停食，流涎，下咽障碍，瘤胃膨胀，触摸到阻塞物，探诊受阻	食管壁组织发炎、肿胀、坏死，甚至穿孔
闹羊花中毒	春夏季节采食闹羊花的嫩叶、茎、叶、皮、根等	泡沫状流涎，呕吐，腹痛，共济失调，脉搏弱，不整，心律不齐，心率慢，呼吸急迫，昏迷	可视黏膜、淋巴结、肾均点状出血，胃肠臌气，脑及脑膜充血、淤血
尿素中毒	饲料中尿素比例过大，混合不均，或误食尿素及碳水化合物供应不足等	表现沉郁，不安，横卧，全身寒战，强制性抽搐等中枢神经症状；伴有呼吸困难、惊厥等症状	瘤胃内有氨臭味，胃黏膜发黑，皱胃及肠道有充血、出血，心内膜和心外膜有出血
草木樨中毒	采食了含香豆素的霉败饲料	血凝不良和全身器官组织广泛性出血	体内呈现广泛性出血；心肌颗粒变性、坏死，肝细胞颗粒变性和脂肪变性
锌缺乏症	长期饲喂缺锌的牧草，或饲料中存在干扰锌吸收的物质过多等	生长发育受阻，皮肤破裂，皮屑增多，蹄壳变形，骨骼发育异常和创伤愈合延迟	口、网胃和真胃黏膜增厚，两胃角化不全，胆囊充满胆汁、膨大，表皮呈棘皮症变化

二、以呼吸道症状为主的牛病

（一）以喘、咳嗽、发热为主的牛病诊断

1. 传染病的临床综合诊断

病名	流行病学特点	临床症状	病理变化
牛巴氏杆菌病-肺炎型	多内源性感染，多种诱因使机体抵抗力下降时发病，本病不分年龄和季节均可发生，呈散发或地方流行性	体温41～42℃，呼吸迫促，呼吸困难，咳嗽，流泡沫样鼻汁，有时带血，后变脓性黏液，听诊有啰音或摩擦音，触诊有痛感；病死率80%以上	纤维素性大叶性胸膜肺炎病变
犊牛地方流行性肺炎	本病多为内源性感染，主要发生于断奶不久的犊牛和幼龄牛，多呈地方流行性	急性表现为发热，高达42℃，精神沉郁，厌食，流涎，流鼻，痛性湿咳，呼吸加快，呼吸困难，张口呼吸，双侧肺前腹侧有干性或湿性啰音，如胸部积水则无声音	双侧纤维素性支气管肺炎，胸腔积液，胸膜的脏层和壁层均有纤维素覆着，肺切面可见肉样病变

续表

病名	流行病学特点	临床症状	病理变化
牛支原体肺炎	本病多为内源性感染，但侵入肺尚需要其他病原因子和应激等诱因	本病原体单独感染几乎没有症状，牛支原体引起的犊牛支气管肺炎表现发热（39～40℃）、干咳、喘、鼻流黏性鼻汁	肺前叶或中叶边缘呈肝变，如有其他微生物混合感染，则病变扩展到前叶体至中叶和腹叶及后叶
牛传染性鼻气管炎	隐性感染牛是最危险的传染源；其中20～60日龄犊牛最易感，且病死率也较高；寒冷的季节多发	发热，流鼻汁，流泪，鼻镜高度充血，呼吸困难，病牛外阴部肿胀，公牛龟头、包皮充血肿胀，4～6月龄犊牛表现神经症状，妊娠4～7个月的母牛易发生流产	鼻、咽喉、气管黏膜坏死，并常见糜烂和溃疡，呼吸道上皮细胞中有核内包涵体；另外还伴有结膜角膜炎和生殖道感染
牛呼吸道合胞体病毒感染	牛是自然宿主，经呼吸道传播；不分季节均可发生，但气候剧变时发病率较高	病牛发热（39.5～41.4℃）、咳嗽、呼吸促迫、喘、流鼻汁、流泡沫型涎液、流泪；预后一般良好，病程通常为5～20d	间质性肺气肿，气管和支气管黏膜充血，气管内充满黏稠的黏液，肺组织有肝变，胸腔淋巴结肿大
牛副流行性感冒	牛单纯感染本病毒，只引起轻微的症状，或呈亚临床状态，但诱因可使病情加重，出现典型的临床症状	病牛体温升高，达41℃以上，流黏脓性鼻汁，流泪，有脓性结膜炎；咳嗽，呼吸困难，有时张口呼吸，有时出现腹泻；肺前下部有啰音，有时有摩擦音	肺呈灰色及暗红色，肺切面有灰色或红色肝变区，肺门和纵隔淋巴结肿大；心内外膜有出血点，胃肠道黏膜有出血斑点
牛腺病毒感染	本病多为隐性感染，机体抵抗力下降时或者与其他病原协同发病；发病无季节性	发病动物表现发热、咳嗽、食欲减退、角膜炎、鼻炎、支气管炎、肺炎、呼吸困难、消瘦、轻度或重度肠炎等	病毒感染组织中检出核内包涵体
牛流行热	大群发病，传播迅速，发病率高，病死率低；有明显的季节性（蚊、蠓出现季节）；一过性高热，多发生于3～5岁牛	病牛高热达39.5～42.5℃，反刍停止，流泪，结膜充血，眼睑水肿；流鼻汁，呼吸迫促，严重时张口呼吸；口腔发炎，流涎，浆液性泡沫样；由于四肢关节水肿和疼痛，病牛呆立不动，并出现跛行	间质性肺气肿、肺充血和肺水肿；病变多集中在肺的尖叶、心叶和膈叶前缘，间质明显增宽，可见胶冻样水肿，并有气泡

2．普通病的临床综合诊断

病名	病史	临床症状	病理变化
日（热）射病	炎热夏季，通风不良，阳光长久照射	体温升高，心跳增速，呼吸浅表，知觉和运动机能消失	脑及脑膜高度充血、淤血，肺充血、水肿
肺充血与肺水肿	过劳，吸入烟尘或刺激性气体	呼吸困难、鼻孔流泡沫状鼻液	肺体积增大，呈暗红或蓝紫色，切面流出大量血液或淡红色浆液
支气管炎	过劳，受寒和感冒	咳嗽，流鼻涕，听诊肺部有干性或湿性啰音，不定热型	支气管黏膜发红呈斑点状、条纹状、局部性或弥漫性
支气管肺炎	支气管炎蔓延，传染病继发	咳嗽，弛张热，肺部叩诊散在浊音，听诊有捻发音和啰音	肺前下部，散在一个或数个孤立的、大小不一的红色或灰黄色炎灶
急性呼吸窘迫综合征	病因复杂，不明	呼吸频速和窘迫，低热，肺部呼吸音减弱，无杂音	弥漫性肺水肿、增生性肺炎

（二）以咳嗽为主但不发热的牛病诊断

1. 传染病和寄生虫病的临床综合诊断

病名	流行病学特点	临床症状	病理变化
牛结核病	各品种和年龄均可感染发病	患肺结核的牛顽固性咳嗽，清晨明显；后期肺部病变严重时，表现呼吸困难，咳嗽加重，胸部听诊有干性或湿性啰音，有时可听到摩擦音；病畜日渐消瘦、贫血；体表淋巴结肿大	在肺、淋巴结、乳房、肠道等部位有其特征性的灰白色结核结节和干酪样坏死，易区别于其他呼吸道传染病
牛肺丝虫病	发病季节主要是夏、秋和初冬，犊牛严重，成年牛轻微	牛全群咳嗽，初为干咳，后变为湿咳。咳嗽次数逐渐频繁；牛日渐消瘦，贫血	尸体消瘦，贫血，支气管中有黏液性、黏液脓性并混有血丝的分泌物团块；团块中有成虫、虫卵和幼虫；虫体寄生的肺部表面隆起，灰白色，触诊坚硬，切开时可见到虫体

2. 普通病的临床综合诊断

病名	病史	临床症状	病理变化
膈肌病	家族发生史	厌食、消化不良和消瘦为特征	特征性病变是以膈肌为主的全身骨骼肌进行性或非强制性营养不良
膈肌赫尔尼亚	先天性缺陷，后天性损伤	明显的呼吸困难，瘤胃臌气反复发生，瘤胃内容物极度充满，触之有黏硬感；胸部听诊发现网胃拍水音	可见膈肌破裂，或疝孔，有的与网胃等脏器粘连，有的呈创伤性网胃炎的病变
牛急性肺水肿和气肿	在秋季转入青草茂盛的草场后发病	呼吸困难，胸部叩诊呈过清音，肺区听诊有啰音和捻发音，皮下水肿	呈现肺水肿、间质气肿病理变化

（三）鼻流血引发的牛病诊断

病名	病史	临床症状	病理变化
后腔静脉血栓症	多起源于肝脓肿	散发猝死综合征，急性呼吸窘迫综合征，咯血、鼻出血、慢性肺炎、贫血综合征	后腔静脉有血栓形成，肺动脉阻塞及肺出血
化脓性肺炎	器官或部位感染，化脓经过	逐渐消瘦，呼吸困难，高热，咳嗽，脓性鼻汁，预后不良	最主要的病变是支气管肺炎，肺脓肿
蕨中毒	大量或长期少量采食蕨类植物	全身出血，高热，血尿，呼吸困难，心衰等	各种组织出血为特征；皮下、肌肉、各器官、全身黏膜出血明显
鼻炎	细菌感染、继发于感冒或其他疾病	打喷嚏，流鼻汁，鼻黏膜充血、肿胀，呼吸困难	鼻黏膜出血、肿胀、溃疡及坏死；鼻甲骨腹侧纤维化
鼻旁窦炎	细菌感染或外伤感染	流脓性鼻汁，或流鼻血，窦部敏感，眼球突出	窦腔扩大，可见黄色胶样浸润的渗出物，有时可见溃疡、肿瘤

三、以稽留热和重度全身症状为主的牛病

（一）传染病的临床综合诊断

病名	流行病学特点	临床症状	病理变化
炭疽	无明显季节性，夏季多雨、洪水及吸血昆虫旺盛的季节易发生，常呈地方流行性	突然高热，发病死亡，或体表上出现“炭疽痈”，濒死期天然孔流出凝固不全血液	全身浆膜、皮下、肌间、咽喉及肾周围结缔组织有黄色胶冻样浸润，并有出血点，脾显著肿大，质脆，软化呈泥状
牛巴氏杆菌病-败血型	多为内源性感染，多种诱因使机体抵抗力下降时发病，本病不分年龄和季节均可发生，呈散发或地方流行性	病牛常突然发病而死亡；体温达41～42℃，腹泻，呈粥样或水样，粪中混有黏液或血液，并有腹痛，不久体温下降而迅速死亡；病程很短，为12～24h	在皮下、肌肉、浆膜、黏膜均有出血点，胸腔内积有大量渗出物，脾有出血点，但不肿胀
牛肺炎链球菌病	本病主要是内源性感染，主要发生于3周龄以内新生犊牛，呈散发或地方流行性	体温升高，结膜发绀，呼吸困难，出现神经症状，鼻镜潮红，流脓样鼻汁；个别病例咳嗽、呼吸困难，胸部听诊有啰音等	可见黏膜、浆膜、心包出血，胸腔积有渗出液，并含有血液，脾充血肿大，脾髓呈黑红色，质地韧
牛大肠杆菌败血症	多发生于1～14日龄犊牛，多与诱因有关，如环境卫生差、饲养密度大、断脐消毒不严、初乳不及时或量少等	发热，脐带严重肿胀，腹泻，脱水，关节肿胀，眼色素层发炎，出现神经症状；慢性病例体质衰弱，消瘦或关节疼痛而躺卧	常突然发病死亡，缺乏特征性肉眼病变，病程稍长的病例，胸腔、腹腔及心包腔积有纤维素性渗出液；脾见有点状出血；有时脑膜充血

（二）普通病的临床综合诊断

病名	病史	临床症状	病理变化
产褥热	多有难产助产、子宫感染等经过	分娩3d内发病，表现高热，排恶臭恶露，子宫炎等败血症状	呈现子宫炎、阴道炎和子宫蓄脓等相应的病理变化
大叶性肺炎	有非传染性、传染性因素存在	稽留高热，流铁锈色鼻汁，具肺部听、叩诊的特定症状	肺切面呈充血期、肝变期和溶解吸收期等红白黄大理石样外观

四、以神经症状为主的牛病

（一）以狂暴、转圈、抽搐、痉挛、麻痹为主的牛病

1. 传染病和寄生虫病的临床综合诊断

病名	流行病学特点	临床症状	病理变化
牛散发性脑脊髓炎	不分品种、性别和年龄均可感染发病，3岁以内的牛最易感；本病传播缓慢，发病率低，呈散发性	体温40～41℃，表现无意识；眼、鼻有分泌物；有轻度腹泻；病牛消瘦，全身主要关节水肿并有压痛感；共济失调，角弓反张，麻痹，病死率为40%～60%	慢性病例伴有浆液性纤维素性腹膜炎、胸膜炎或心包炎，脾肿大；镜检可见脑和脊髓的神经元变性，脑血管周围有管套现象，脑膜可见炎症病灶
狂犬病	人、家畜和野生动物均易感；本病多散发，无明显的季节性，但春夏较秋冬多发	体温40℃左右，阵发性兴奋，有冲撞、跃槽、磨牙、性欲亢进、流涎；随后出现麻痹，如吞咽麻痹、伸颈、臌气；最后倒地不起，衰竭而死	脑及脑膜肿胀、充血和出血；大脑、小脑、延髓的神经细胞细胞质内出现本病特征性的内氏小体，但检出率一般为66%～93%

续表

病名	流行病学特点	临床症状	病理变化
牛海绵状脑病	潜伏期2.5～8年，可水平或垂直传播；发病牛龄3～11岁，多为4～6岁青壮年牛；病死率很高，可达100%	表现为行为异常、恐惧和过敏为主的神经症状	其特征是牛大脑灰质神经基质的海绵状病变和大脑神经元细胞空泡病变。其空泡样变的神经元一般呈双侧对称分布，这种病变主要分布于延髓和脑干
破伤风	通过各种深部创伤感染；本病无季节性，常散发	双耳竖立、鼻孔开大、瞬膜外露、头颈伸直、牙关紧闭、流涎、腹部紧缩、尾根翘起、四肢强直，患牛还常发生瘤胃臌气或子宫积液和积气，体温一般正常	无特征性病理变化
牛昏睡嗜血杆菌感染	6月龄到2岁的牛易感；肥育牛病死率较高；本病常呈散发性，多见于寒冷潮湿季节	跛行，关节和腱鞘肿胀；运动失调、麻痹、昏睡、角弓反张和痉挛，常于短期死亡，呼吸道、生殖道症状也常出现	脑膜充血、出血性坏死，脑实质可见出血性坏死灶，脑切面有大小不等的出血灶和坏死软化灶；心肌、体肌、肾、浆膜、瘤胃、真胃及肠管可见出血；咽喉黏膜形成伪膜或溃疡
牛多头蚴病	犊牛多发；该病的发生与养犬有密切关系	六钩蚴移行时有兴奋症状，虫体成熟后依据寄生的部位出现相应的神经症状	急性致死病例剖检时有脑膜炎及脑炎病变，还可见到六钩蚴移行时留下的弯曲痕迹，有时在肌肉可检出大量移行至此而不能发育的脑多头蚴；慢性时，在脑内可检出鸡蛋大小的脑多头蚴；与囊体接触的头骨，骨质变软，甚至穿孔，表面皮肤隆起

2．普通病的临床综合诊断

病名	病史	临床症状	病理变化
脑膜炎	细菌、病毒感染，各种中毒及寄生虫侵袭	表现兴奋、沉郁、狂暴、共济失调、眼斜、嘴歪等一般、局部的神经性症状	脑膜充血、出血，附着纤维蛋白或脓汁，脑脊髓液增加
大脑皮质坏死症	各种因素使维生素B_1缺乏	主要表现共济失调、失明、痉挛等神经症状	大脑皮质中有软化病灶，大脑剖面变色有层状坏死
牧草搐搦症	降水过多的初春、秋季放牧，镁摄入减少	突然发病，兴奋不安，运动不协调，敏感，搐搦等神经症状	无特征性变化
玉米秆中毒	病因不明，在干旱、早霜地里采食未收获的玉米秆	主要表现步样踉跄，视力消失，胃肠蠕动停止，间歇性痉挛	缺乏特征病变，心、肝、肾和肠等脏器呈现变性、出血
铅中毒	大量摄入或少量长期摄入含铅物质或饲料	主要表现流涎、肌肉震颤、舌翻滚和感觉过敏，瘤胃停滞，腹泻和便秘，或腹痛等神经和胃肠炎症状	脑脊液增多，脑软膜充血、出血，脑回变平、水肿，在骨骺端发现致密的铅线

（二）以平衡失调性神经症状为主的牛病诊断

病名	流行病学特点	临床症状	病理变化
李氏杆菌病	本病多发生于牛和羊，不分品种、年龄、性别都可感染，小于24月龄的犊牛较少发生；在冬季和早春发生较多，一般为散发	出现脑炎症状，平衡失调是本病的特征性症状	在脑干和延髓组织中有小胶质细胞和中性粒细胞增生的小结节，其中心部位有化脓灶
牛玻纳病	带毒动物为传染源。玻纳病病毒（BDV）的侵入门户是嗅球的神经上皮；传播不明显；也有可能水平或垂直传播	意识障碍，进行性运动失调为主要症状；自己不能进入睡眠，脊髓反射、脑神经反射、姿势反射异常	以非化脓性脑炎为特征，以神经细胞变性，嗜神经元现象为主要病变

五、以贫血和黄疸为主的牛病

（一）以发热、贫血和黄疸为主的牛病诊断

病名	流行病学特点	临床症状	病理变化
钩端螺旋体病	幼牛发病率较高，每年以7～10月为流行高峰期，饲养管理等诱因常常引起本病的暴发和流行	犊牛出现急性败血症、高热；成年牛出现血红蛋白尿，怀孕牛可能在败血症期间流产，流产多发生在怀孕的后3个月，也可能产出弱胎或死胎；在成年牛中，亚急性和慢性感染最常见，但症状不明显	急性病例在皮下黏膜和脏器中可见黄疸和点状或斑状出血；慢性病例只局限于肾，在肾皮质有小白斑
细菌性血红蛋白尿症	该病主要发生于成年牛，肝吸虫是诱发该病主要生物因素，因此，细菌性血红蛋白尿在某些地区比其他病普遍，且放牧牛群中更常见	高热40～41.1℃，心率加速，产奶停止，食欲废绝，弓形的站立姿势，有明显的腹痛症状；贫血，呼吸困难和血红蛋白尿；黄疸，病程12～40h	肝有大块的贫血性梗死区，具有一定的诊断意义
牛无浆体病	吸血昆虫是主要传播途径，牛随年龄的增长，其易感性也增强，常与巴贝斯焦虫或泰勒氏焦虫混合感染；本病多发生于高温季节	表现贫血、黄疸和发热外，最急性和急性型还有全身衰竭、脱水、流产及神经症状等，并且病死率较高	可视黏膜贫血，皮下组织胶冻样浸润和黄疸，心内外膜点状出血，肝轻度肿胀，肝表面有黄褐色斑点，胆囊肿大，脾肿大，肾呈黄褐色
牛附红细胞体病	牛附红细胞体对牛易感，但对绵羊、山羊、鹿无致病性；本病多发生于夏秋或雨水较多季节，吸血昆虫可能是传播本病的重要媒介	多数呈隐性经过，在少数情况下受应激因素刺激仅出现发热、贫血、黄疸症状，一般预后良好	腹腔内脂肪、肝、肾黄疸，腹水增加，胆囊肿大，肝炎和肺水肿等病变；有的死后血液凝固不良，以皮下、浆膜、全身脏器点状出血为特征
牛环形泰勒虫病	发病季节与蜱的出没有关，一般为6～8月；传播媒介为残缘璃眼蜱和小亚璃眼蜱	体温升高至40～42℃，稽留热；体表淋巴结（肩前和腹股沟）肿大，触之有痛感；血液稀薄、眼睑、尾根有溢血斑	皱胃黏膜有溃疡斑，全身性出血和全身淋巴结肿大
牛巴贝斯虫病	传播媒介为微小牛蜱和镰形扇头蜱；微小牛蜱传播者黄牛每年5、7、9月有3次发病高峰；黄牛主要发生于1～7月龄	潜伏期4～10d，体温升高至41℃，稽留热；贫血、黄疸和血红蛋白尿	脾病变比较严重，有时出现脾破裂，脾髓色暗，脾细胞突出；胃及小肠有卡他性炎症

（二）以无热、贫血为主的牛病诊断

病名	病史	临床症状	病理变化
红细胞膜带Ⅲ缺乏症	红细胞膜Ⅲ蛋白缺乏	多见于犊牛，主要表现贫血、黄疸	肝和脾肿大明显
新生犊牛同种免疫性溶血性贫血	母牛致敏，食入初乳	吃初乳后发病，贫血、黄疸、呼吸困难、血红蛋白尿	肺水肿，带黑色调的脾肿大，肝肿大
犊牛异形红细胞病	病因不明	呼吸困难、心动加速、贫血、腹泻，无血尿	无特征病理组织变化，但红细胞呈棘突状
双香豆素中毒	食用发霉草木樨，误食过香豆素型灭鼠药	全身多处出血、鼻出血、黑粪、血尿，呈出血性贫血症状	体内各组织和器官呈现广泛性出血变化

（三）以无热、黄疸为主的牛病

1. 寄生虫病的临床综合诊断

病名	流行病学	临床症状	病理变化
片形吸虫病	椎实螺科淡水螺，如小土蜗螺、卵萝卜螺、耳萝卜螺等	背毛粗乱，前胃弛缓，颌下和胸下水肿，黏膜苍白，贫血、黄疸	慢性病例肝变小变硬，肠道呈索状，肝、胆管内可见大量寄生的肝片吸虫；急性腹腔中有大量血水，有肝片吸虫童虫
双腔吸虫病	有两个中间宿主，第一中间宿主为陆地螺，第二中间宿主为蚂蚁	黏膜黄疸，逐渐消瘦，颌下和胸下水肿，下痢	慢性病例肝硬化，胆管壁卡他性炎症、管壁增厚。肝、胆管内可见大量寄生的双腔吸虫

2. 普通病的临床综合诊断

病名	病史	临床症状	病理变化
肝炎	主要中毒因素和传染因素	消化不良，黄疸，肝区叩诊和触诊的变化，兴奋或昏迷	肝肿大或缩小，坚硬，表面光滑或凹凸不平，肝细胞变性、坏死
肝硬化	同肝炎，尤其长期的慢性肝炎	慢性消化不良，食欲缺乏，消瘦，贫血，腹水，黄疸及水肿	肝肿大或缩小，坚硬，表面光滑或凹凸不平，肝内结缔组织增生，纤维化
肝癌	辐射，其他同肝硬化	同肝硬化，病情严重，预后不良	肝色彩多样，有出血和坏死，肝细胞索不规则
脂肪肝	高精料的饲养，高泌乳和肥胖	产后发病，食欲废绝，胃肠蠕动停止，有的黄疸，常伴发围产期多种疾病	肝高度肿大呈淡黄色，质脆、软；切面外翻，似油状；肝细胞内有大小不等的空泡

六、以循环障碍症状为主的牛病

（一）心脏听诊有杂音的牛病诊断

病名		病史	临床症状	病理变化
心内膜炎		原发或继发于细菌感染	循环障碍，发热和心内器质性杂音	肺动脉瓣、房室瓣和大动脉瓣上有疣状物
贫血	出血性	血管损伤，内脏破裂，中毒，寄生虫和血液病等	可视黏膜苍白、无黄染，心率、呼吸加快，肌肉无力，水肿，体腔积液	正细胞正色素性贫血；骨髓再生反应明显

续表

病名		病史	临床症状	病理变化
贫血	溶血性	见于传染病、寄生虫病、中毒病及免疫反应等	可视黏膜苍白、黄染，排血红蛋白尿，体温正常或升高	组织黄染，肝、脾肿大，正细胞正（低）色素性贫血；骨髓再生反应明显
	营养性	造血原料供应不足，或某些中毒	可视黏膜苍白、无黄染，体温不高，病程长；因缺乏物质不同有各自特征	小细胞低色素性贫血，或大细胞正色素性贫血。骨髓内有或无含铁血黄素沉着，有骨髓再生反应
	再生障碍性	药物、理化因素和病毒感染等	可视黏膜苍白、无黄染，病情越来越重，易出血和感染	正细胞正色素性贫血；全血细胞减少。缺乏骨髓再生反应
先天性心脏病		遗传因素，病毒感染，辐射，化学物质等	心杂音，发育不全，发绀，呼吸急迫，不耐运动	法洛四联症，肺动脉完全闭锁，大血管转换症，两大血管右室起始症及室间隔缺损

（二）心脏听诊时心跳加速而弱的疾病诊断

病名	病史	临床症状	病理变化
扩张性心肌病	患病年龄低，病因和机理不明	呈现淤血性心力衰竭的各种症状，通常系谱里有该病症的种公牛	肺动脉瓣、房室瓣和大动脉瓣上有疣状物
肺心病	慢性闭塞性肺病，高海拔生活史或动脉炎等	慢性闭塞性肺病体征，淤血性心力衰竭体征	剖检可见心室、心房和血管等异常变化
心肌炎	细菌感染，炎症蔓延	通常发热、心悸、亢进及频脉等，病症复杂	心肌细胞变性、坏死或纤维化
心房纤颤	主要电解质紊乱，心肌损害等	听诊心跳绝对不整及脉压不整，明显频脉	无特征性病理剖检变化，有原发病病变
犊牛的特殊心脏病	饲料硒和维生素 E 不足及腹泻等引起高血钾	白肌病为心动过速，高血钾为心动过缓，均有腹泻	白肌病心肌有黄白色条纹，高血钾无特征病变

七、以泌尿系统症状为主的牛病

（一）频尿及排尿时表现疼痛和努责的牛病诊断

病名	病史	临床症状	病理变化
肾炎	传染病继发和其他炎症蔓延	排尿时弓背姿势，肾肿大，肾区压痛	肾肿大或缩小，充血或苍白，表面和皮质有散在出血点
膀胱炎	理化因素刺激，细菌感染	排尿频繁，尿量减少，直肠检查输尿管正常，膀胱敏感	膀胱黏膜充血、出血、肿胀及水肿，或膀胱壁增厚
尿道炎	同膀胱炎	频频排尿，尿呈断续状流出，表现不安，抗拒或躲避检查	尿道口发红，尿道增粗
尿结石	饲料搭配不当，饲养失宜，水摄入不足	腹痛，有拱腰、举尾和努责等姿势，尿液淋漓或无尿排出，膀胱高度膨胀	肾盂、输尿管、膀胱和尿道内发现结石

（二）排血样尿的牛病诊断

病名	病史	临床症状	病理变化
麻痹性肌红蛋白尿	长时间休养，营养良好后过度劳役或运动	排红尿，行走困难，触诊后躯肌肉僵硬	患病骨骼肌呈褐色。肌纤维发生坏死、膨化、硝子化等变性
产后血红蛋白尿	采食低磷饲料、十字花科植物，过度泌乳	分娩后不久发病，有贫血、黄疸、衰弱和血尿等	全身性黄染，皮下水肿，胸、腹水增多。肝肿大，膀胱内有红褐色尿
犊牛水中毒	6～8 月，犊牛在炎暑期过多饮水	多在过饮后不久排血尿	膀胱内有红褐色血红蛋白尿
洋葱中毒	采食葱属植物	可视黏膜贫血，黄染，红尿。呼气、尿和粪发葱臭	全身性贫血和黄疸，脏器有葱臭，脾肿大，肝肿大。膀胱内潴留暗红色尿
铜中毒	一次性摄入高铜或少量长期摄入铜	腹泻，脱水，黄疸，血红蛋白尿，休克，有或无肠胃炎	肿大的黄金色肾，尿呈葡萄酒色，浓黑褐色的肿大脾，肝肿大脆弱
先天性红细胞生成卟啉症	家族发生史	卟啉斑齿、卟啉色素尿、溶血性贫血、光敏性皮炎	骨髓和软组织特别是牙齿、骨呈红褐色。荧光显微镜观察呈现红色荧光
地方性血红蛋白尿	长期采食蕨类植物或在其草场放牧	突然排血尿，贫血	膀胱肿瘤

（三）排白色泡沫样的牛病诊断

病名	病史	临床症状	病理变化
肾病综合征	传染、中毒和理化因素作用	周期腹泻，逐渐消瘦，多处水肿，体腔积液	分类脂性肾病和淀粉样肾病两种病理形式
淀粉样变性病	免疫反应、慢性感染等作用	体重减轻、生产性能下降、腹泻和腹侧水肿	取肾、肝等组织，特殊染色可见淀粉样蛋白沉积

八、以死胎、流产为主的繁殖障碍性牛病

（一）以引起流产为主的繁殖障碍性牛病诊断

病名	流行病学特点	临床症状	病理变化
牛布鲁氏菌病	本病的易感动物广泛，动物的易感性是随性成熟年龄接近而增高。性别对易感性无明显差别	母牛最显著的症状是流产，流产胎儿多为死胎。母牛流产后伴发胎衣停滞和子宫内膜炎。公牛常见睾丸炎及附睾炎	胎衣水肿，胎儿淋巴结、脾和肝肿大，胃肠和膀胱的浆膜下有点状或线状出血点，脐带常呈浆液性浸润、增厚，皮下呈出血性浆液性浸润。公牛睾丸和附睾可能有炎性坏死灶和化脓灶
牛生殖道弯曲菌病	胎儿弯曲菌主要通过交配和人工授精传播。成年母牛和公牛大多数有易感性	母牛阴道卡他性炎症，黏膜发红，特别是子宫颈部位，黏膜分泌增加，子宫内膜炎和输卵管炎	胎盘的病理变化常见为水肿，胎儿的病变与布鲁氏菌所引起的流产胎儿的相似
牛地方流行性流产	各年龄易感牛发病，蜱和其他昆虫可作为传播媒介传播本病。本病发生没有明显的季节性，多呈地方流行性	发热。母牛一过性高热之后突然流产，初产的怀孕母牛 50%以上会发生流产，而且多数发生在怀孕的第 8 或第 9 个月，公牛易发生精囊炎、附睾炎和睾丸炎	胎衣增厚和水肿。胎儿皮肤和黏膜有斑点状出血，皮下组织水肿，结膜、咽喉、气管黏膜有点状出血；腹、胸腔积有黄色渗出物；肝肿大并有灰黄色突出于表面的小结节；在气管、舌、胸腺和淋巴结上经常可见斑点状出血。淋巴组织肿大

续表

病名	流行病学特点	临床症状	病理变化
赤羽病	怀孕牛最易感，围产期胎儿常受到感染。本病的发生有一定区域性，多见于热带、温热带地区，季节性明显，一般为8～9月，呈地方流行性	本病的显著特征是妊娠牛发生异常分娩。流行初期主要发生流产、早产和死胎，中期常产出肢体异常的胎儿，后期以产出大脑缺损的牛犊为多见。新生犊异常	胎儿形体异常（关节弯曲、颈椎弯曲），大脑损伤或发育不全，脑室积水，脑内形成囊泡状空腔，躯干肌肉萎缩变白
牛细小病毒感染	犊牛和成年牛均可感染，本病毒在牛群中感染率高，但多半呈隐形感染	下痢，呼吸道症状和结膜炎。妊娠前期至中期感染本病毒有时引起流产	流产胎儿和胎盘水肿及绒毛坏死
Q热	本病一年四季均可发病，一般散发，有时也可呈流行性，但可因孕畜分娩、屠宰旺季等因素而季节性上升或暴发。病死率较低，但动物常呈带菌状态，发病动物多取良性经过	常突然发病，表现为发热、乏力及各种痛症，有时出现不育和散在性流产，少数病例出现结膜炎、支气管肺炎、关节肿胀、乳房炎等症状	形成立克次氏体血症，波及全身各组织、器官，造成小血管、肺、肝等组织脏器病变。血管病变主要是内皮细胞肿胀，可有血栓形成。小支气管、肺泡中有纤维蛋白、淋巴细胞及大单核细胞组成的渗出液，严重者类似大叶性肺炎
新孢子虫病	犬为终末宿主，经胎盘感染是主要的传染途径	发现母牛流产，幼畜瘫痪，特别是一群或多群牛中出现此类症状时，应怀疑是否有本病的发生。同一母牛反复发生流产	母牛一般没有明显病理变化。病变主要集中在流产胎儿的心、脑、肝、肺、肾和骨骼肌。流产胎儿比较典型的病理变化为多灶性非化脓性脑炎非化脓性心肌炎，同时在肝内可能伴有非化脓性细胞浸润和局灶性坏死
弓形虫病	猫为终末宿主，以经口感染为主，也可经损伤的皮肤和黏膜感染。胎盘感染为先天性感染的主要原因。一年四季均可发病	常突然发病，病牛食欲废绝，反刍停止；流涎；结膜炎、流泪；稽留热；脉搏增数，气喘，腹式呼吸，咳嗽；严重者腹下、四肢内侧出现紫红色斑块，体躯下部水肿	淋巴结肿胀，有出血点。肝表面有同心圆状结节，浅部表面中心凹陷液化

（二）引发不孕的牛病诊断

病名	病因	临床症状	病理变化
子宫内膜炎	流产，胎衣不下，难产等过程感染，环境不良，应激等	全身症状明显或不明显，阴道排出异常分泌物，性周期不规律，屡配不孕	子宫弹性降低，子宫内蓄有灰白色、脓性、灰黄色分泌物
卵巢机能不全	饲养管理不当，内分泌机能紊乱，应激因素及疾病等因素	发情周期正常，发情明显或微弱、不发情，卵巢萎缩，或有成熟卵泡，但不排卵或排卵延迟	卵巢皮质和髓质有结缔组织增生，皮质内小血管堵塞，子宫黏膜破坏
卵巢囊肿	同卵巢机能不全	发情异常，呈慕雄狂；或缺乏性欲，长久不发情	囊壁平滑、光泽、薄而透明，腔内充满液体
持久黄体	内分泌失调，营养不平衡，泌乳量过高，应激和疾病等	发情周期停止，母牛长期不发情	卵巢表面具有排卵突起，黄体
排卵延迟	同持久黄体	发情周期正常，发情结束后 1h 内未排卵，或排卵但屡配不孕	卵泡成熟，波动明显，卵泡上有大小不等的结节

九、以运动障碍症状为主的牛病

（一）牛蹄部病引起的跛行检查

病名	病史	临床症状	病理变化
蹄叉腐烂	环境卫生不良，管理不当，修蹄不及时，遗传等	跛行，蹄叉角质腐烂，发出难闻的臭气，按压痛感	蹄叉中沟和侧沟角质腐烂、脆弱，趾间的皮肤腐败放出难闻的臭气
蹄底溃疡	同蹄叉腐烂	跛行，蹄尖着地，或四肢交替负重。蹄底球结合部病变	蹄底球结合部红肿，随后肉芽组织、球部炎性肿胀，化脓性蹄皮炎、深部化脓性炎症或蹄冠蜂窝织炎等
蹄叶炎	长期过量饲喂精料，矿物质缺乏，酸中毒等	突发跛行，异常姿势，弓背，步态强拘，蹄变形等	系部和球节下沉，指（趾）静脉持久性扩张。蹄冠皮肤发红，蹄底角质变软、发黄呈蜡样，或角质异常生长
腐蹄病	同蹄叉腐烂	蹄部为主，跛行，蹄指（趾间）溃烂、流脓汁等	蹄间和蹄冠皮肤充血、红肿，有的坏死或浅表性溃疡及肉芽组织增生等

（二）趴卧不起的牛病诊断

病名	病史	临床症状	病理变化
母牛卧地不起综合征	病因复杂，涉及代谢、肌肉和神经损伤及其他因素	钙剂无效，或治疗后精神好转，但仍无法起立，病牛机敏，无精神沉郁与昏迷	股部内侧肌肉出血和变性，圆韧带撕裂，髋关节周围出血，闭孔神经、坐骨神经出血和水肿等
生产瘫痪	各种引起分娩后血钙降低的因素	分娩后不久突然轻瘫，四肢麻痹，昏迷和体温下降等，钙剂治疗显著	缺乏特征性的病理变化，但是血钙含量低于6mg/dL
脊椎骨折	外伤，难产和操作不当及营养缺乏等	骨折处肿胀和疼痛，活动异常，触诊骨片移位和骨摩擦音，感觉迟钝或消失等	骨折处软组织受损，有骨碎片，肿胀、出血和炎症等，X线片可见脊椎骨异常影像
股神经麻痹	神经过度被牵引，外伤，压迫及其他疾病继发等	驻立时，膝关节以下各关节呈半屈曲状态，或难以站立。运动时，患肢向外划弧等	受压迫或损伤的股神经发生出血、水肿和炎症等变化
闭孔神经损伤	过度牵引，外伤，压迫等	站立时，后肢以球节和趾背侧着地站立。或不能站立，常呈“蛙式”腹部着地，后肢屈曲而外展	受压迫或损伤的闭孔神经、坐骨神经出现出血和水肿的变化

十、伴有皮肤病变的牛病

（一）皮肤增厚、褪色和脱毛的牛病诊断

病名	病史	临床症状	病理变化
铜缺乏症	饲料中铜含量不足，或利用不足	猝倒，犊牛憔悴，泥炭痢，毛褪色和毛变刚硬等	消瘦，贫血。在肝、脾和肾有大量含铁血黄素沉积
粒细胞病综合征	中性粒细胞杀菌作用的先天缺陷	呈家族性发生。沉郁，厌食，消瘦，发热，肉芽肿性炎症	皮肤、口、舌以至瘤胃和小肠黏膜有广泛性的坏死性溃疡，并伴有肉芽肿性病变，脾和体表淋巴结肿大

（二）皮肤增厚、形成结节或肉芽肿的牛病诊断

病名	流行病学特点	临床症状	病理变化
皮肤乳头状瘤病	犊牛和青年牛的发生率比成年牛高。接触病变部位或被污染的器具可传播	病变部位出现乳头状瘤	纤维性乳头瘤在上皮细胞基部以纤维组织为中心形成，其外侧呈角质化。上皮性乳头瘤是上皮细胞增生后覆盖了绒毛样和树皮样结缔组织而形成的
牛白血病	本病很难经初乳传染给新生犊牛但吸血昆虫可传播。呈散发，有时地方流行性	瘤胃臌胀，心悸亢进，呼吸急促，呈水样或血样下痢，尿频或排尿困难而屡屡努责。母牛不孕，眼球突出，全身出汗，胸前水肿。犊牛型白血病以发热和淋巴结肿大为特征，胸腺型白血病以胸腺的瘤性肿大为特征。皮肤型白血病以真皮层为主形成肉瘤	病牛体表淋巴结显著肿大。腹股沟和髂淋巴结的增大具有特别诊断意义。白细胞总数明显增加，淋巴细胞增加（超过75%），出现成淋巴细胞（即所谓瘤细胞）
放线菌病	本病主要侵害牛，以2～5岁的牛最易患病。本病呈散发性	牛常见上、下颌骨出现界限明显的坚硬慢性肉芽肿，病变引起呼吸困难和吞咽、咀嚼障碍。肿块有时化脓破溃，流出脓汁，形成瘘管，长久不愈	肉芽肿局限在头部和颈部，肉芽肿中心部位有的有化脓灶。本菌侵入骨组织、软骨组织，似蜂窝状
牛贝诺孢子病	传播媒介为虻，猫类为其终末宿主。发病季节为夏秋冬。呈地区性	病初，眼巩膜上有针尖大小、白色沙粒状的结节性包囊，后期皮肤增厚、变硬和龟裂，主要发生在四肢，如橡皮样	全身皮肤或皮下结缔组织、鼻黏膜等处有大量细小白色结节，压片检查也发现包囊或滋养体
牛皮下蝇蛆病	发病季节为夏秋。该病流行广泛	病变主要集中在肩部和背部，形成圆形瘤疱，由小逐渐变大，中间有小孔	从小孔流出脓性或炎性渗出物或血液。挤压可挤出虫体
牛蠕形螨病	接触感染，无季节性。一般发病者不多	初发于头部、颈部、肩部或臀部。形成小如针尖至大如核桃的白色小囊瘤，常见的为黄豆大，内含粉状物或脓性叶液状体	结节性内容物多呈干酪样

（三）伴有皮肤剧痒、脱毛和湿疹的牛病诊断（寄生虫病的临床综合诊断）

病名	流行病学	临床症状	病原学检查
螨病	接触传播，有季节性	剧痒，脱毛明显，有结痂和皮肤增厚	刮取患部皮肤痂皮，镜检，发现虫体可确诊
虱病	接触传播，无季节性	痒感没有螨病厉害，脱毛不明显，一般没有结痂，皮肤很少增厚	虱较大，肉眼在畜体表面发现虱或虱卵
光过敏症	食入含光过敏物质的饲料	白色皮肤发红、肿胀、有热痛，而后水泡、坏死和结痂，脱落	肝肿大，胆管壁肥厚，胆囊膨隆

（四）伴有热痛、皮下炎性水肿或气肿的牛病诊断

病名	流行病学特点	临床症状	病理变化
气肿疽	是牛的一种急性热性传染病，主要发生于黄牛，呈地方流行性	在肌肉丰满部位发生炎性气性肿胀，触诊有捻发音，并常呈跛行	切开肿胀部位，流出带气泡的酸臭液体，肌肉呈灰白或暗红色，含有气泡
恶性水肿	本病多因创伤引起，因此病变在伤口周围，呈散发	在伤口周围发生气性炎性肿胀，并迅速而弥漫性扩展，触诊时有捻发音。后期病畜呼吸困难，表现痛苦，死亡	创伤部位有炎性渗出，肝和肾呈海绵状，切面含有泡沫
牛巴氏杆菌病-水肿型	多为内源性感染，多种诱因使机体抵抗力下降时发病，呈散发或地方流行性	发热，反刍停止，流涎，流泪，流黏液样鼻汁，下颌和颈部肿胀，常伴有咳嗽，呼吸困难。病程为数小时至2d	肿胀部主要见于咽喉部和颈部，为炎性水肿，硬固热痛，但不产气，常伴有急性纤维素性胸膜肺炎的症状

（五）伴有无热无痛皮下气肿的牛病诊断

病名	病史	临床症状	病理变化
肺气肿	肺泡内的气压急剧增加，导致肺泡壁破裂	呼吸困难，皮下气肿以及迅速窒息	肺小叶间质增宽，内有成串的大气泡，间质丰富而且疏松
手术创	外界微生物进入伤口内部引起的感染	手术创发炎、化脓、肿胀、坏死。厌氧菌或腐败菌感染的病症	参见厌氧菌或腐败菌感染的病理变化
创伤	各种机械性外力作用	伤口出血、局部肿胀，皮肤发红、皮下青紫。厌氧菌或腐败菌感染的症状	参见厌氧菌或腐败菌感染的病症

（六）伴有无热无痛皮下水肿的牛病诊断

病名	病史	临床症状	病理变化
低蛋白血症	蛋白质摄入少，或排出过多	主要是消瘦，贫血，水肿，胸腹腔积液等	除原发病变化外，营养不良是其特征，白蛋白降低
孕畜水肿	病因不明	一般无全身症状，仅见腹部和乳房水肿，触诊如面团状，指压留痕	主要是腹部和乳房等部位呈现皮下水肿的变化

十一、以突然死亡（猝死）为主的牛病

（一）传染病的临床综合诊断

病名	流行病学特点	临床症状	病理变化
牛肺炎克雷伯菌病	本病以冬末、春初发生较严重，天气转暖病也逐渐减少。本病多为散发	病牛死前不安、呼吸急促、体温不高。精神症状、哞叫，继而精神沉郁，痉挛而死，病程短促	胃肠黏膜出血、脱落，肠浆膜有出血斑点，心、肺、脾、肾等均有出血点，膀胱黏膜出血，脑膜有出血斑
牛坏疽性乳房炎	高产奶牛乳房或乳头皮肤发生外伤时常感染发病	急性病例体温急剧升高、弓腰努背、起卧困难、呼吸急促、脉搏加快、腹泻等全身症状	乳区发生坏疽、肿胀、剧痛。乳房皮下有气肿，有的乳房皮肤破溃排脓，气味恶臭，乳汁病初呈水样，以后呈血样或为脓汁

（二）普通病的临床综合诊断

病名	病史	临床症状	病理变化
肠套叠	消化不良，饥饿，寄生虫及外界刺激等因素	突发腹痛，排粪减少，排血便，体况很快恶化，直检到一段肉样坚实的香肠状物	套叠肠段呈灌肠状，肉样坚实，套入部呈青紫色，高度水肿，黏膜出血、溃疡
亚硝酸盐中毒	饲喂含有硝酸盐饲草和饲料	血液褐变，可视黏膜发绀，呼吸困难，急性窒息，痉挛抽搐等	血液呈棕色酱油样，各器官充血、出血
氟乙酰胺中毒	食入氟乙酰胺污染的饲料、饮水或误食灭鼠的毒饵	起病突然，肌肉震颤，四肢抽搐，倒地，病程短，很快死亡	胃肠道黏膜充血、出血，心肌变性，心内外膜出血；脑出血
氢氯酸中毒	采食或饲喂含有氰苷的植物或青饲料	可视黏膜呈鲜红色、呼吸困难和神经症状等	血液呈鲜红色，各器官充血、出血，瘤胃释放氢氰酸气味

十二、伴有结膜角膜炎的牛病诊断

病名	流行病学特点	临床症状	病理变化
牛传染性角膜结膜炎	多发生于夏秋两季，发病率高，传播迅速，取良性经过	眼羞明、流泪、眼睑肿胀、疼痛，其后结膜和瞬膜红肿，角膜凸起并形成色角膜翳	眼观病变仅限于结膜炎、角膜炎，同临床症状
牛恶性卡他热	一年四季均可发生，发病率较低，但死亡率高，呈散发。病牛有与绵羊密切接触史	病牛除眼结膜角膜炎症状外，还有口腔黏膜溃疡、流涎、体表淋巴结肿大、高热稽留等明显的全身症状，有的病畜还有神经症状	头眼型表现角膜炎和结膜炎，消化道型以消化道黏膜出血性炎症为主，泌尿生殖器官黏膜也呈炎症变化，脾、肝、肾肿胀，心包和心外膜点状出血，脑膜充血，有浆液性浸润
牛吸吮线虫病	本病有季节性，多发生在温暖、湿度较高、蝇类活动的季节，各种年龄的牛均可感染。一般 5～6 月开始发病，8～9 月达到高峰	羞明流泪、结膜潮红肿胀，角膜混浊。炎性过程加剧时，眼内有脓性分泌物流出，常见上下眼睑被黏合。角膜炎严重时，造成角膜糜烂和溃疡，甚至发生角膜穿孔，最终导致失明。牛只不安、摇头，常将眼部往其他物体上摩擦，食欲缺乏	眼观病变限于结膜炎、角膜炎，同临床症状

十三、伴有长期食欲缺乏和消瘦的牛病

严重影响生长发育的牛病诊断

病名	病史	临床症状	病理变化
碘缺乏症	日粮和饮水中碘含量不足，采食含致甲状腺肿物质的草料等	甲状腺肿大，妊娠期延长，胎儿体质弱小，死胎，脱毛，被毛发育不全等	甲状腺肿大，黏液性水肿。组织学检查甲状腺上皮细胞数增生和体积肥大
钴缺乏症	日粮中钴含量绝对或相对不足，维生素 B_{12} 合成障碍	生长发育不良，体质衰弱，消瘦和贫血等	肌肉褪色，脂肪肝，脾沉积血铁黄素，大脑皮质坏死
牛鬣狗病	病因不明，可能与大量摄入维生素 A、维生素 D、维生素 E 有关	后躯细，步行异常等早期异常表现，特别是十字部高，体高均降低等。体型似鬣狗样	四肢长骨特别是大腿骨和胫骨长径短缩，骨端部扁平化

十四、新生犊牛、犊牛及育成牛易发的牛病

（一）新生犊牛（7 日龄以内）易发生的牛病诊断

病名	病史	临床症状	病理变化
脐带感染	脐带消毒不严，环境卫生不良	下痢，消化不良，脐部有肿胀、疼痛，质度坚硬等	脐带断端湿润、污红色，脐孔周围有肉芽肿或脓肿
异物性肺炎	误咽异物，咽部和脑部疾病	全身症状重，呼出或流出腐败性臭味的气体或鼻液，叩诊有浊音、鼓音，听诊有水泡音、空嗡音	肝化脓和坏死，明显的恶臭味，常伴发纤维素性胸膜炎
遗传性先天性脑水肿	符合常染色体隐性遗传发生特点	家族发生史，表现脑水肿综合征、胎儿发育不良、失明等	颅骨或脑畸形的脑水肿，软骨发育不良、颅骨变形的脑水肿

（二）犊牛（6月龄以内）易发生的牛病诊断

病名	病史	临床症状	病理变化
毛球症	日粮营养不平衡，异嗜	食欲缺乏，腹泻，行走无力，呕吐，排出粗毛球	瘤胃和网胃有粗毛球或平滑毛球
肾机能不全	感染，中毒，脱水或失血性等	少尿或无尿，皮下水肿，血压升高，精神高度沉郁，呼吸困难，肌肉痉挛，顽固腹泻，呼出气有尿臭味	参见肾炎和肾病

（三）育成牛易发生的牛病诊断

病名	病史	临床症状	病理变化
肝脓肿	外伤感染，高精料过多，疾病继发	有的无症状，有的消瘦，贫血及衰竭，肝区触诊疼痛	肝表面散发同样大小的化脓灶，伴发网胃炎、腹膜炎
瘤胃角化不全	精料过细、过多，维生素A缺乏，粗料不足	多无症状。个别病例，消化不良，前胃弛缓，瘤胃臌气	瘤胃黏膜乳头增大，皮革状，呈褐黑色并黏结成块
脂肪坏死症	精料过多，肥育过快，激素紊乱，脂肪沉积过多	食欲减退，渐进性消瘦，腹痛，直检摸到脂肪硬块	肿瘤型见于腹腔脏器上，弥漫型见于皮下和肌肉内，有脂肪坏死块

第六章　猪常见病病理鉴别诊断

第一节　猪常见传染病病理诊断

一、猪丹毒

【临床诊断】　本病的潜伏期为3～5d，长的可延至7d。在临床可见以下几种病型。

（1）急性败血型　在流行初期有个别猪不表现任何明显症状突然死亡，其他猪相继发病。病猪体温升高达42～43℃，稽留热，病猪虚弱，不愿走动，卧地，不食，时有呕吐。结膜充血。粪便干硬呈栗状，附有黏液，后期出现下痢。严重的呼吸增快，黏膜发绀。部分病猪皮肤潮红，继而发紫，以耳、颈、背等部位较为多见，如能治愈，则这些部位的皮肤坏死、脱落。病程3～4d，病死率高达80%左右，不死者转为疹块型或慢性型。

（2）亚急性疹块型　皮肤表面出现疹块。病初少食，口渴，便秘，有时恶心呕吐，体温升高至41℃以上。通常于发病后2～3d在胸、腹、背、肩、四肢等部的皮肤发生疹块，呈正方形、菱形，偶呈圆形，稍突起于皮肤表面，初期疹块充血，指压褪色，后期淤血，蓝紫色，指压不褪色。疹块发生后，体温开始下降，病势减轻，经数日病猪可能康复。若病势较重或长期不愈，则有部分或大部分皮肤坏死，久而变成革样痂皮。也有不少病猪在发病过程中，转变为败血症死亡。病程为1～2周。

（3）慢性型　一般由上述两型转变而来，也有原发性的，常见有3型。

关节炎型主要表现为四肢关节炎性肿胀，病腿僵硬，疼痛。急性症状消失后则以关节变形为主，呈现一肢或两肢的跛行或卧地不起，病猪食欲如常，但生长缓慢，体质虚弱，消瘦。病程数周至数月。

心内膜炎型表现为消瘦，贫血，全身衰弱，喜卧伏，厌走动，强迫行走，则举步缓慢，全身摇晃。听诊心脏有杂音，心跳加速、亢进，心律不齐。呼吸急促，通常由于心脏停搏而突然倒地死亡。

皮肤型表现为皮肤坏死，常发生于背、肩、耳、蹄和尾等部。局部皮肤肿胀、隆起、坏死、色黑、干硬，似皮革。逐渐与其下层新生组织分离，犹如一层甲壳。坏死区有时范围很大，可以占整个背部皮肤；有时可在部分耳壳、尾巴末梢和蹄壳发生坏死。经两三个月坏死皮肤脱落，遗留一片色淡无毛的疤痕而愈。如有继发感染，则病情复杂，病程延长。

【病理学诊断】　败血型猪丹毒主要以急性败血症的全身变化和体表皮肤出现红斑为特征，鼻、唇、耳及腿内侧等处皮肤和可视黏膜呈不同程度的紫红色。全身淋巴结发红肿大，切面多汁，呈浆液性出血性炎症。肝充血，心内外膜小点状出血，肺充血、水肿，脾樱红色，充血、肿大，有白髓周围红晕现象。消化道有卡他性或出血性炎症，胃底及幽门部尤其严重，黏膜发生弥漫性出血。十二指肠及空肠前部发生出血性炎症，肾常发生急性出血性肾小球肾炎的变化，体积增大，呈弥漫的暗红色，有“大红肾”之称。

疹块型猪丹毒以皮肤疹块为特征变化。疹块与生前无明显差异。

慢性型关节炎是一种多发性增生性关节炎，关节肿胀，有多量浆液性纤维素性渗出液，黏稠或带红色。后期滑膜绒毛增生肥厚。

慢性心内膜炎常见一个或数个瓣膜，多见于二尖瓣膜上有溃疡性或菜花样疣状赘生物。它是由肉芽组织和纤维素性凝块组成的。剖检时常见心腔扩张。

二、猪痢疾

【临床诊断】　本病的潜伏期为3d至2个月以上，自然感染时多为1～2周，人工感染大多为3～10d。本病的主要症状为排稀粪且带有黏液或血液，个体差异较大。最急性病例往往突然死亡，随后出现症状明显的病猪，病初精神稍差，食欲减少，粪便稀软，表面覆有条状黏液。随后迅速下痢，粪便黄色柔软或水样。重病例在发病后1～2d粪便充满血液和黏液。在出现下痢的同时，病猪表现腹痛，体温稍高，维持数天，以后下降至常温，死前体温降至常温以下。随着病程的发展，病猪精神沉郁，体重减轻，渴欲增加，粪便恶臭带有血液、黏液和坏死上皮组织碎片。亚急性和慢性病例病情较轻。下痢时，粪便中黏液及坏死组织碎片较多，血液较少，病期较长。进行性消瘦，生长迟滞。不少病例能自然康复，但在一定的间隔时间内，部分病例可能复发甚至死亡。母猪的感受性较低，病情较轻，粪便内血液和黏液也较少。

【病理学诊断】　病猪表现明显消瘦，被毛粗乱，明显脱水。病变局限在大肠和回肠结合处。急性期大肠黏膜肿胀，并覆盖有黏液和带血块的纤维素。大肠内容物质稀薄，并混有黏液、血液和组织碎片。病情进一步发展时，黏膜表面坏死，形成假膜，有时黏膜上只有散在成片的薄而密集的纤维素，剥去假膜露出浅表糜烂面。

早期病例黏膜上皮与固有层分离，微血管外漏而发生灶性坏死，杯状细胞增生，腺窝基部上皮细胞变长。病变进一步发展时，肠黏膜表层细胞坏死，黏膜完整性受到不同程度的破坏，并形成假膜。在固有层内有多量炎性细胞浸润，肠腺上皮细胞不同程度变性、萎缩和坏死。病理反应局限于黏膜层，一般不超过黏膜下层，其他各层保持相对完整。

三、猪传染性胸膜肺炎

【临床诊断】　本病因猪的免疫状态、环境应激和对病原体的暴露程度不同，临床症状差异较大，可分为最急性、急性、亚急性和慢性。

最急性型：同圈个别或几只猪突然病重，体温升高至41.5℃左右，表情漠然，食欲废绝，有短期的下痢和呕吐。病猪卧地，初期无显著呼吸症状，但心跳加快，血液循环发生障碍，鼻、耳、腿、体侧皮肤发绀。最后阶段严重呼吸困难，张口呼吸，犬坐样。临死前，从口、鼻中流出大量带血色泡沫液体，一般经过24～36h死亡。个别情况有的猪突然死亡而无先兆症状。初生猪则为败血症致死。

急性型：同圈和不同圈许多猪同时发病，表现体温升高，精神沉郁，拒绝采食。有呼吸困难、咳嗽、张口呼吸等严重呼吸症状。

亚急性和慢性型：发生在急性症状消失之后。不发热，有程度不等的间歇性咳嗽，食欲缺乏，增重减少。慢性感染猪群常有很多亚临床病猪，临床症状可因其他微生物（肺炎支原体、巴氏杆菌等）造成呼吸道感染而加重。首次暴发本病时，孕猪可能发生流产。

【病理学诊断】 本病的病变主要集中在呼吸道，肺炎大多呈两侧性，常累及心叶、尖叶及膈叶的一部分。肺炎病变为局灶性，病灶区色深而质地坚实，切面易碎。纤维素性胸膜炎明显，胸腔含有带血色的液体。迅速死亡病例，气管和支气管充满带血色的黏液性泡沫性渗出物。慢性病例肺膈叶上有大小不一的脓肿样结节。胸膜有粘连区。发病早期的组织学变化以肺组织坏死、出血、中性粒细胞浸润、巨噬细胞和血小板激活、血管栓塞、广泛水肿和纤维素性渗出为特征。

四、猪支原体肺炎

【临床诊断】 本病的潜伏期一般为11～16d，以X线检查发现肺炎病灶为标准，最短的潜伏期为3～5d，最长可达一个月以上。主要临诊症状为咳嗽和气喘，根据病程长短及表现不同，可分为急性、慢性和隐性3个类型。

急性型：主要见于新疫区和新感染的猪群，病猪初期精神不振，头下垂，站立一隅或趴伏在地，呼吸次数剧增，达60～120次/min。病猪呼吸困难，严重者张口喘气，发出哮鸣声，似拉风箱，有明显腹式呼吸，咳嗽次数少而低沉，有时也会发生痉挛性阵咳。体温一般正常，如有继发感染则可升到40℃以上。病程一般为1～2周，病死率较高。

慢性型：可由急性转变而来，也有部分病猪开始时就取慢性经过，常见于老疫区的架子猪、育肥猪和后备母猪。主要症状为咳嗽，清晨和剧烈运动时，咳嗽最为明显。常出现不同程度的呼吸困难，可见呼吸次数增加和腹式呼吸（喘气）。病期较长的小猪，身体消瘦而衰弱，生长发育停滞。病程长，可延拖2～3个月，甚至长达半年以上。

隐性型：可由急性或慢性转变而成。个别猪只在较好的饲养管理条件下，感染后不表现症状，但用X线检查或剖检时可发现肺炎病变，在老疫区的猪中本型占相当大比例。如加强饲养管理，则肺炎病变可逐渐吸收消退而康复。反之饲养管理恶劣，病情恶化而出现急性或慢性的症状，甚至引起死亡。

【病理学诊断】 主要病变只见于肺、肺门淋巴结和纵隔淋巴结。急性死亡时，剖检可见肺有不同程度的水肿和气肿。在心叶、尖叶及部分病例的膈叶出现融合性支气管肺炎，以心叶最为显著，尖叶次之，然后波及膈叶。早期病变发生在心叶，如粟粒大至绿豆大，逐渐扩展形成融合性支气管肺炎。病变部的颜色多为淡红色或灰红色，半透明状，病变部界限明显，像鲜嫩的肌肉样，俗称“肉变”。随着病程延长或病情加重，病变部颜色转为浅红色、灰白色或灰红色，半透明状态的程度减轻，俗称“胰变”或“虾肉样变”。肺门和纵隔淋巴结显著肿大，有时边缘轻度充血。继发细菌感染时，引起肺和胸膜的纤维素性、化脓性和坏死性病变，还可见其他脏器的病变。早期以间质性肺炎为主，以后演变为支气管性肺炎，支气管和细支气管上皮细胞纤毛数量减少，小支气管周围的肺泡扩大，肺泡腔充满多量炎性渗出物，肺泡间组织有淋巴样细胞增生。急性病例中，扩张的肺泡腔内充满浆液性渗出物，间有单核细胞、中性粒细胞、少量淋巴细胞和脱落的肺泡上皮细胞。慢性病例，其肺泡腔内的炎性渗出物中的液体成分减少，主要是淋巴细胞浸润。

五、猪瘟

【临床诊断】　本病自然感染后的潜伏期为5～7d，最长达21d，急性猪瘟的潜伏期一般为2～6d，早期症状为体温升高。其临床症状根据毒株和宿主不同有很大差异。根据临床症状和特征，猪瘟可分为急性、慢性和迟发性3种类型。

急性型：由猪瘟病毒（CSFV）强毒引起，开始时猪群仅几只出现临床症状，表现呆滞，蜷缩，被驱赶时站立一旁，呈弓背或怕冷状，或低头垂尾，同时食欲减少，进而停食。病猪体温升高至41℃上下，高的可达42℃以上，体温上升的同时白细胞数减少。病猪有结膜炎，双眼有多量黏液-脓性分泌物，严重时眼睑被完全封闭。体温升高初期病猪便秘，随后下痢，有的发生呕吐。少数病猪可发生惊厥，常在几小时内或几天内死亡。

随后，群内更多的猪发病，最初猪出现步态不稳等衰弱症状，随后通常发生后肢麻痹。病初皮肤充血到后期变为紫绀或出血，以腹下、鼻端、耳根和四肢内侧等部位为常见。急性型猪瘟大多数病猪在感染后10～20d死亡。症状较缓和的亚急性猪瘟病程一般在30d之内。

慢性型：病猪初期表现食欲缺乏，精神委顿、体温升高和白细胞减少等症状。几周后食欲和一般状况显著改善，体温降至正常或略高于正常，但仍有白细胞减少现象。后期病猪重现食欲缺乏、精神委顿等症状，体温再次升高直至濒死期下降。病猪生长迟缓，常有皮肤损害，慢性猪瘟病猪可存活100d以上。

迟发型：此型是先天性CSFV感染的结果。胚胎感染低毒CSFV后，如产下正常仔猪，则终生有高水平的病毒血症，而不能产生对CSFV的中和抗体，产生典型的免疫耐受现象。感染猪在出生后几个月表现正常，随后发生轻度食欲缺乏、精神沉郁、结膜炎、皮炎、下痢和运动失调。病猪体温正常，大多数可存活6个月以上，最终死亡。妊娠猪先天性CSFV感染可导致流产、胎儿木乃伊或畸形、死产、产出有颤抖症状的弱仔或外表健康的感染仔猪。子宫内感染的仔猪皮肤出血常见，且初生死亡率高。

【病理学诊断】　急性及亚急性猪瘟病初出现多处大小不同的败血性出血点，淋巴结和肾也常见出血，偶尔可见心脏、浆膜、膀胱、肠黏膜、咽喉、会厌、肌肉、皮肤和皮下组织出血。淋巴结肿大，外周出血。慢性和迟发性病理可见仔猪胸腺萎缩，肋软骨连接处外生骨疣。淋巴结包膜、小梁、透明区和毛细血管周围水肿，淋巴滤泡和生发中心体积增大，在透明区可见血管扩张，周围有淋巴细胞和组织细胞浸润。有的见到淋巴滤泡萎缩和淋巴结实质严重浸润及出血，红细胞充塞整个淋巴组织中。淋巴滤泡消失，淋巴组织萎缩，毛细血管、小血管壁呈均匀一致玻璃样变性，病程长的可见小血管内皮高度增生、管壁增厚、管腔狭窄或阻塞。

六、传染性胃肠炎

【临床诊断】　本病的潜伏期很短，一般为15～18h，有的可延长至2～3d。2周龄以内的仔猪感染后12～24h会出现呕吐，继而出现严重的水样和糊状腹泻，粪便呈黄色，常夹杂有未消化的凝乳块，恶臭，体重迅速下降，仔猪明显脱水，发病后2～7d死亡。断乳后的仔猪感染后2～4d发病，表现水泄。呈喷射状，粪便呈黑色或褐色，个别猪呕吐，可在5～8d后腹泻停止，极少死亡，但体重下降，发育不良，成为僵猪。有些母猪与患病仔猪密切接触反复感染，症状较重，表现体温升高、泌乳停止、呕吐、食欲缺乏和腹泻。

【病理学诊断】　本病的主要病理变化为急性肠炎的特征性变化，可见从胃到直肠程度不一的卡他性炎症。尸体脱水明显，胃内充满凝乳块，胃黏膜充血、出血，肠壁菲薄而缺乏弹性，肠管扩张成半透明状，肠系膜充血，淋巴结肿胀。肠内容物呈泡沫状、黄色、透明。肠上皮变性明显，小肠绒毛萎缩变短，甚至坏死。黏膜固有层内可见浆液渗出和细胞浸润，肾混浊和脂肪变性，并含有白色尿酸盐类。部分仔猪有并发性肺炎病变。

七、流行性腹泻

【临床诊断】　新生仔猪（1周龄内）发生腹泻后3～4d，呈现严重脱水而死亡，死亡率可达50%，最高的死亡率达100%，年龄较大的猪感染后出现食欲缺乏、呕吐、腹泻，而一些成年病猪可只表现沉郁、厌食和呕吐，一般经4～5d可好转。

【病理学诊断】　剖检可见小肠扩张，内充满黄色液体，肠系膜充血，肠系膜淋巴结水肿，小肠绒毛缩短。组织学变化可见空肠段上皮细胞的空泡形成和表皮脱落，肠绒毛显著萎缩。

八、水疱病

【临床诊断】　本病的潜伏期为2～7d。典型水疱病首先可观察到猪群中个别猪跛形，可在主趾和附趾的蹄冠上出现特征性水疱。早期症状为上皮苍白肿胀，蹄冠和蹄踵的角质与皮肤结合处首先见到，在36～48d，水疱明显凸出，充满水疱液，也很快破裂，但有时可维持数天。水疱破后形成溃疡，真皮暴露，颜色鲜红，常常环绕蹄冠皮肤与蹄壳之间裂开，病变严重时蹄壳脱落。部分猪的病变部可因继发细菌感染而造成化脓性溃疡。由于蹄部受到损害，蹄部有痛感出现跛行。部分猪呈犬坐式或躺卧地下，严重时用膝部爬行。水疱也见于鼻盘、舌、唇和母猪乳头上。仔猪多数病例在鼻盘发生水疱。体温升高（40～42℃），水疱破裂后体温下降至正常。病猪精神沉郁、食欲减退或停食，肥育猪掉膘明显。如无并发症不引起死亡，初生仔猪可造成死亡。病猪康复较快，病愈后2周，创面可痊愈，如蹄壳脱落，则相当长时间后才能恢复。

温和型（亚急性型），只见少数猪出现水疱，病的传播缓慢，症状轻微，往往不容易被察觉。

亚临床型（隐形感染），用不同量的病毒，经一次或多次饲喂猪，没有发生症状，但可产生高滴度的中和抗体，说明亚临床感染猪能排出病毒，对易感猪有很大的危险性。

水疱病发生后，约有2%的猪发生中枢神经系统紊乱，表现向前冲、做转圈运动、用鼻摩擦咬啮猪舍用具、眼球转动，有时出现强直性颈椎痉挛。

【病理学诊断】　本病的特征性病变为在蹄部、鼻盘、唇、舌面、乳房出现水疱。个别病例在心内膜有条状出血斑。水疱破裂，水疱皮脱落后，暴露出创面有出血和溃疡。其他内脏器官无可见病变。组织学变化为非化脓性脑膜炎和脑脊髓炎病变，大脑中部病变较背部严重。脑膜含有大量淋巴细胞，血管套明显，多数为网状组织细胞、淋巴细胞。脑灰质核和白质出现软化病灶。

蹄部水疱发生于一蹄或四蹄同时发生，常见部位是蹄冠，水疱常由此扩展到蹄叉、蹄踵。水疱大小不一，大者可环绕整个指（趾）节，破裂后能使蹄壳脱落。口腔的水疱限于唇、舌、腭、齿龈，水疱一般散在分布，很少融合，故破溃后形成的烂斑也很少是一大片。少数病猪的鼻镜也有水疱，一般比蹄部水疱出现迟，且多见于症状严重的猪。乳房发生水疱的病例少见，如是哺乳期母猪，则会因水疱病变而拒哺仔猪导致其死亡。此外，在怀孕母猪可引起流产。

九、猪萎缩性鼻炎

【临床诊断】　早期症状多见于6～8周龄仔猪，表现为鼻炎，出现喷嚏、流涕和吸气困难。流涕多为浆液-黏液性脓性渗出物，个别猪因强烈喷嚏而发生鼻出血。病猪常表现不安，如摇头、拱地、搔抓或摩擦鼻部。吸气时鼻孔开张，发生鼾声，严重的张口呼吸。由于鼻泪管阻塞，泪液流出眼外，在眼下皮肤形成弯月形的湿润区，被尘土玷污后黏结成黑色痕迹。

继鼻炎后出现鼻甲骨萎缩，致使鼻腔和面部变形。如两侧鼻甲骨病损相同时，外观鼻短缩，此时因皮肤和皮下组织正常发育，使鼻盘正后部皮肤形成较深的皱褶；若一侧鼻甲骨萎缩严重，则使鼻弯向同一侧，鼻甲骨萎缩，额窦不能正常发育，使两眼间宽度变小和头部轮廓变形。

【病理学诊断】　病理解剖是目前诊断本病最实用的方法。一般在鼻黏膜、鼻甲骨等处可发现典型的病理变化，沿两侧第一、二对前臼齿间的连线锯成横截面，观察鼻甲骨的形状和变化。正常的鼻甲骨明显地分为上下弯曲。上弯曲呈现两个完全的弯转，而下弯曲的弯转较少，仅有一个或1/4弯转，有点像钝的鱼钩，鼻中隔正直。当鼻甲骨萎缩时，弯曲变小而钝直，甚至消失。但应注意，如果横切面锯得太前，因下鼻甲骨弯曲的形状不同，可能导致误诊。也可以沿头部正中线纵锯，再用利剪刀把下鼻甲骨的侧连接剪断，取下鼻甲骨，从不同的水平作横断面，依据鼻甲骨变化，进行观察和比较做出诊断。这种方法较为费时，但采集病料时不易污染。

十、猪繁殖与呼吸综合征

【临床诊断】　本病发生后常继发感染，因此确定其临床症状非常困难。此外病的严重程度和病程不同，临床表现也不尽相同。本病在临床上可分为急性型、亚急性型和慢性型3种类型。

急性型持续时间一般为1～3周，典型症状为发热、厌食、嗜睡，部分病猪双耳、外阴、尾部、腹部及口部皮肤发绀，随后可出现流产、死产、死胎等，断奶前死亡率增高。急性型主要表现为猪的产仔数及仔猪存活率明显降低，容易发生继发感染，生长缓慢。亚急性型主要表现为血清学检查阳性，不表现明显的临床症状。

【病理学诊断】　主要病变为弥漫性间质性肺炎，并伴有卡他性肺炎区。腹膜、肾周围脂肪、肠系膜淋巴结、皮下脂肪和肌肉发生水肿，肺水肿。鼻黏膜上皮细胞变性，纤毛上皮消失。支气管上皮细胞变性。肺泡壁增厚，肺泡隔有巨噬细胞和淋巴细胞浸润。母猪可见脑内灶性血管炎，脑髓质可见单核淋巴细胞性血管套。动脉周围淋巴鞘的淋巴细胞减少，细胞核破裂和空泡化。接毒后 60h 可见单个肝细胞变性和坏死。

十一、非洲猪瘟

【临床诊断】 自然感染的潜伏期差异很大，短的 4～8d，最长的 15～19d。非洲猪瘟症状很难与猪瘟区别。根据病毒的毒力和感染途径不同，本病可表现为急性、亚急性和慢性等不同的类型。流行开始多为急性，以食欲废绝、高热（40～41℃）为特征，部分病猪、幼龄猪多为间歇热、白细胞减少、皮肤出血和死亡率高为特征。虽然目前仍可发现急性暴发，但在非洲之外经常流行本病的地区，更常见的是以呼吸道疾病、流产和低死亡率为特征的亚急性或慢性型暴发。

【病理学诊断】 最急性和急性型的病变以内脏器官的广泛出血为特征，而亚急性和慢性型则病变轻微。主要的眼观变化见于脾、淋巴结、肾和心脏。此外还有严重心包积水、胸水和腹水，其性质为浆液性出血性渗出物。如果剖检猪出现脾和淋巴结严重充血，形如血肿，则可怀疑为非洲猪瘟。

急性型的组织学变化主要在血管壁和淋巴网状细胞系统，以内皮细胞的出血、坏死和损害，以及淋巴结的滤泡周围、副皮质区、脾的滤泡周围红髓和肝的库普弗细胞坏死为特征。

慢性型以呼吸道、淋巴结、脾的眼观和组织学病变为主要特征，包括纤维素心包炎和胸膜炎、胸膜粘连、肺炎和淋巴网状组织增生肥大。

十二、猪圆环病毒感染

【临床诊断】 本病主要引起多系统进行性功能衰弱，临床上表现为生长发育不良和消瘦、皮肤苍白、肌肉衰弱无力、精神差、食欲缺乏、呼吸困难。有 20%的病例出现贫血和黄疸。但慢性病例难以察觉。在猪繁殖与呼吸障碍综合征（PRRS）阳性猪场中，由于继发感染，还可见有关节炎、肺炎等。

【病理学诊断】 典型病例死亡的猪尸体消瘦，有不同程度贫血和黄疸。淋巴结肿大 4～5 倍，在胃、肠系膜、气管等淋巴结尤为突出，切面呈均质苍白色。肺部有散在隆起的橡皮状硬块。严重病例肺泡出血。脾肿大，肾苍白有散在白色病灶，被膜易于剥落，肾盂周围组织水肿。盲肠和结肠黏膜有充血和出血点，少数病例见盲肠壁水肿而明显增厚。

肺有不同程度散在的间质性肺炎，早期有淋巴细胞和组织细胞浸润，气管有不同程度上皮细胞脱落，黏膜或黏膜下层也见有淋巴细胞浸润。较有特征的是在淋巴细胞和盲肠壁固有层，可见 T 细胞区域扩大，B 细胞滤泡消失，并为大量组织细胞和多核细胞取代，常可见嗜碱性细胞质包涵体。肝细胞单个细胞坏死，晚期见肝细胞从小叶上脱落。

第二节 猪常见寄生虫病病理诊断

一、姜片吸虫病

【临床诊断】 本病主要危害幼猪，以 5～8 月龄猪易感。主要表现为精神沉郁、食欲减退、消化不良、腹泻、腹痛、消瘦、贫血、水肿（眼部、腹部较为明显）、发育不良，初期体温正常，后期体温稍高，可因极度衰竭而亡。

【病理学诊断】　寄生部位肠黏膜发炎、水肿、充血或有点状出血，黏膜糜烂脱落，严重时形成溃疡或脓肿，虫体过多时可阻塞肠管。

二、猪囊尾蚴病

【临床诊断】　患猪一般无明显症状，严重感染可致营养不良、发育迟缓、贫血、水肿等；当虫体寄生于呼吸肌群、肺和喉头时，则出现呼吸困难、吞咽困难和声音嘶哑表现；寄生于眼时，出现视力障碍甚至失明；寄生于脑时，可致癫痫和急性脑炎，重者发生死亡。

【病理学诊断】　在全身各处肌肉组织、心、肝、肺、脾、脑、眼、肾及脂肪等处可见米粒大至黄豆大的白色半透明包囊，包囊内充满囊液，有一内陷的头结，头结上除4个吸盘外，还具顶突和小钩。

三、细颈囊尾蚴病

【临床诊断】　一般症状不明显。仔猪严重感染时少数呈急性出血性肝炎和腹膜炎，表现体温升高，精神抑郁，腹水增加，腹壁有压痛感，甚至急性死亡，耐过后则生长发育受阻；多数患猪仅表现虚弱，消瘦，偶见黄疸，腹部膨大或因囊体压迫肠道引起便秘。

【病理学诊断】　急性病例可见肺肿大，表面有许多小结节和出血点，实质中可见虫体移行的虫道，初期虫道内充满血液，而后逐渐变为灰黄色；有时腹腔内现大量混血的渗出物和幼虫。慢性病例，肝局部组织色泽变淡、萎缩，肝浆膜层发生纤维素性炎，肠系膜和肝表面有大小不等的包囊，是被结缔组织包裹的虫体，肝实质中或可找到虫体，有时可见腹腔脏器粘连。严重感染病例，在肺组织和胸腔等处亦可发现幼虫寄生。

四、猪蛔虫病

【临床诊断】　成年猪抵抗力较强，感染后一般症状不明显。如感染轻微无并发症，则不致引起肺炎。仔猪感染早期（约1周后）有轻度湿咳，体温可升高到40℃左右；幼虫移行期嗜酸性粒细胞增多，感染后14～18d最明显。继而逐渐出现精神沉郁，呼吸及心跳加快，食欲缺乏，异嗜，营养不良，消瘦，贫血，发育不良，生长缓慢，甚至变为僵猪。

严重感染时，可见呼吸困难，咳嗽急促而粗厉，口渴，呕吐，流涎，下痢，喜卧，可能经1～2周好转，或逐渐衰弱而致死亡。

虫体大量寄生阻塞肠管时，可出现严重腹痛，甚至可因肠管破裂而死亡。

如蛔虫进入胆道时，先出现下痢，体温升高，食欲废绝，以后体温下降，卧地不起，腹部剧疼，四肢乱蹬，多经6～8d死亡。

【病理学诊断】　幼虫移行所致的病变以肺最为显著，多呈肺炎病变，肺组织致密，表面有大量出血斑点或斑块，肝、肺和支气管处可分离出大量幼虫。成虫大量寄生可致肠黏膜卡他性炎症，出血或溃疡；肠剖检时可见腹膜炎和腹腔出血；肠道蛔虫症时，可见有蛔虫阻塞胆管，病程较长的可引起化脓性胆管炎或造成胆管破裂，肝黄染或硬变。

五、食管口线虫病

【临床诊断】 严重感染时，可致结节性大肠炎，表现腹痛、腹泻，粪中带有脱落的肠黏膜，食欲减退或废绝，渐进性贫血，消瘦，衰弱，严重者可引起死亡。

【病理学诊断】 病变主要见于结肠和盲肠，其肠壁有数量不等的粟粒大小的结节，内含幼虫；结节周围发生局限性炎症，破溃后形成溃疡。大量感染时，大肠壁增厚，出现卡他性炎症；继发细菌感染时，则引起弥漫性大肠炎。

六、毛首线虫病

【临床诊断】 轻度感染时症状不明显。严重感染时表现顽固性下痢，粪中带血和有脱落的黏膜，继而贫血，消瘦，甚至死亡。

【病理学诊断】 病变主要见于盲肠和结肠，轻症引起卡他性肠炎，肠壁有时有淤斑样出血。严重感染时可致肠黏膜发生出血性坏死，水肿，溃疡或形成结节；结节内有虫体或虫卵，并伴有显著的淋巴细胞、浆细胞和嗜伊红细胞浸润。结节继发细菌感染可致化脓。

七、疥螨病

【临床诊断】 疥螨病以剧痒和慢性皮肤炎症为特征，仔猪多发。患区从眼周、颊部和耳根开始，继而蔓延到背部、体侧和腹内侧。患猪因剧痒常以肢挠痒或到处摩擦患部以致皮肤发炎，使皮肤出现丘疹、水泡、脱毛，化脓菌感染时可形成化脓灶。水泡及脓疮破溃后，即结成痂皮，随着病程的发展，患部皮肤逐渐增厚、干燥，出现皱褶或龟裂。发病期间患猪食欲缺乏，逐渐消瘦，个别重症可因极度衰竭而死亡。

【病理学诊断】 诊断螨病时，自患部边缘区域刮取皮屑，且要求用蘸有水、煤油或 5%氢氧化钠的小刀刮至皮肤稍出血为止。皮屑内虫体可用肉眼或显微镜检查。肉眼检查时，可将病料置于培养皿或玻板上，经适当加温处理后，在深色背景下用肉眼或放大镜观察皮屑内有无爬动的虫体。显微镜检查时，是将病料皮屑置载玻片上滴加适量煤油制片后供检；如欲观察活螨，滴加液可换用 50%甘油水溶液或液体石蜡。为提高螨虫检出率，可在多量待检皮屑中加入 10%氢氧化钠，煮沸或浸泡过夜，使皮屑溶解后，其沉渣即可制片供检。镜检时，可见成螨呈圆形或龟形。

八、蠕形螨病

【临床诊断】 患区多见于细嫩皮肤处，一般先发生于眼周、鼻部和耳基部，继而逐渐向其他部位蔓延。发病痒感不明显，仅见患部出现针尖、米粒甚至核桃大小的结节或脓疱，有时可见皮肤增厚、不洁、凹凸不平覆有皮屑，并发生皲裂。严重感染时可致发育受阻。

【病理学诊断】 挤压患部皮肤的结节或脓疱，取其内容物涂片检查虫体。镜检时，可见虫体狭长如蠕虫状，呈乳白色，半透明；体分 3 部，颚体呈不规则四边形，由一对细针状的螯肢、一对分 3 节的须肢及一个膜状结构的口下板组成。足体部有 4 对粗短的足，足端有一对锚状叉形爪；末体部长，表面具明显的环形皮纹。

九、虱

【临床诊断】　患猪症状主要表现为不安、啃咬患部或蹭痒、皮肤损伤脱毛、消瘦和发育不良等，尤以仔猪表现更为严重。检查体表，患部常有出血点，在周围可发现各期病原。虱寄生常以耳根、颈下、体侧及后肢内侧更为多见。

十、球虫病

【临床诊断】　发病以腹泻为主要症状，粪便呈水样或糊状，黄色至白色，偶见潜血而成棕色，恶臭，可持续 4～8d。重症患猪可因严重脱水、失重或并发其他细菌病和病毒病而导致死亡；存活仔猪往往生长发育受阻。

【病理学诊断】　病变主要见于空肠和回肠，其肠黏膜上常有异物覆盖，肠上皮细胞坏死并脱落；组织切片上可见肠绒毛萎缩和脱落，存有不同发育阶段的虫体。

第七章　禽常见病病理鉴别诊断

第一节　禽常见传染病病理诊断

一、大肠杆菌病

【临床诊断】　大肠杆菌病的临床症状是非特异的，并随年龄、感染持续时间、受害器官和并发病的不同而变化，死于急性败血症的14～18周龄青年肉用仔鸡和火鸡雏，在死亡前出现短期厌食、委顿和嗜睡。

【病理学诊断】　尸检时发现除肝脾肿大、变黑及所有体腔积液外，其他病变罕见。耐过败血症的禽可发展成亚急性纤维蛋白性脓性气囊炎、心包炎、肝周炎，法氏囊、胸腺中淋巴细胞耗竭。大肠杆菌病的一种典型病变为气囊炎。其他病变如关节炎、骨髓炎、输卵管炎和肺炎则少见。

二、沙门氏菌病

【临床诊断】　雏白痢作为一种临床疾病，在雏鸡和成年鸡中所表现的症状和经过有显著的差异。雏鸡和雏火鸡两者的症状相似，潜伏期为4～5d，出壳后感染的雏鸡，多在孵出后几天才出现明显症状。7～10d后雏鸡群内病雏逐渐增多，在第2～3周到达高峰期。发病雏鸡呈最急性者，无症状迅速死亡。稍缓者表现精神委顿，绒毛松乱，两翼下垂，缩颈闭眼昏睡，不愿走动，拥挤在一起。病初食欲减少，而后停食，多数出现软嗉症状。腹泻排稀如糨糊状粪便，肛门周围绒毛被粪便污染，有时粪便干结封住肛门周围，影响排便。由于肛门周围炎症引起的疼痛，故常发出尖锐的叫声，最后因呼吸困难及心力衰竭而死。成年鸡感染常无临床症状，只能用血清学实验才能查出。极少数病鸡腹泻，产卵停止。有的因卵黄囊炎引起腹膜炎，腹膜增生而呈“垂腹”现象。

【病理学诊断】　组织病理学损伤包括纤维素性化脓性肝周炎和心包炎，灶性纤维素性坏死，淋巴细胞浸润，小肉芽肿，心包膜、胸腹膜、肠道浆膜和肠系膜的浆膜炎。

三、多杀性巴氏杆菌病

【临床诊断】　本病经常呈现为高发病率和高死亡率的败血性疾病。慢性禽霍乱可在败血性阶段之后发生，特别是低毒菌株感染时更是如此。发现死禽可能是禽霍乱的最早征兆，其他典型的症状有沉郁、腹泻、羽毛竖起、呼吸频率增加和发绀。

【病理学诊断】　死于急性禽霍乱的禽，一般可见损害为黏膜充血、出血，肝肿大、坏死，肝、脾有灶性坏死区和心包液、腹腔液增多。慢性禽霍乱的症状包括侵害的组织如关节和胸骨囊肿胀，以及结膜和鼻甲骨出现渗出液，病灶损害的特点一般是纤维蛋白化脓性渗出液与不同程度坏死和成纤维组织形成。

四、鸡巴氏杆菌感染

【临床诊断】　鸡巴氏杆菌感染引起的疾病通常影响到呼吸道并呈慢性经过。有报道鸡巴氏杆菌感染可引起肉垂肿胀和炎症。

【病理学诊断】　以慢性肺炎、慢性呼吸道炎和慢性肠胃炎较多见。

五、螺旋体病

【临床诊断】　鸡和火鸡受感染后，潜伏期为3～8d，体温升高至43～46℃或更高，临死前体温降至正常以下，病禽精神倦怠沉郁、头部发绀、羽毛蓬松，也可见卧地不起、双目紧闭。病程后期，病禽呈昏迷状态。感染禽停食、体重迅速下降，排泄淡绿色稀便，腿和翅膀无力或麻痹。病程可持续2周左右，但死亡出现于感染后第4天，幼禽死亡率较高。突然暴发时出现高的发病率和死亡率。

【病理学诊断】　该病引起贫血，主要表现为红细胞数、红细胞压积和血红蛋白浓度减少，红细胞沉降速度增快。病原从血液中消失后，红细胞减少最为明显，实验感染鸡出现轻度白细胞增多，伴有单核细胞增多，粒细胞数量减少。

六、丹毒

【临床诊断】　鸡、鸭、鹅、雏鸡和其他禽种均可发病，但最多受到感染的是18～20周龄的雄性火鸡。急性败血性丹毒的发病是突然发作，在死亡前仅有几小时的快速渐进性症状（沉郁、嗜睡、羽毛粗乱、衰竭）。

【病理学诊断】　除了被感染皮肤的不规则区域红斑和水肿病变外，其他为细菌性败血症变化（即实质器官广泛性地充血和肿胀，浆膜上带有散在的出血点）。在慢性丹毒可见化脓性关节炎和生长性瓣膜心内膜炎。在急性丹毒，显微镜下病变主要包括血管损伤，如广泛的充血、水肿、灶性出血、散在的败血性纤维素血栓和大量被网状内皮系统的细胞吞噬的细菌集落。在肝和脾可见从灶性到弥散性坏死变化。

七、李氏杆菌病

【临床诊断】　在禽类可引起败血性感染，伴有肝和心肌的灶性坏死、心周炎，以及偶尔出现的脑炎。

【病理学诊断】　在组织学上所观察到的病变包括小的灶性脓肿、神经胶质增生，以及脑髓质形成的血管周围淋巴细胞套。在败血症时，常常是肝的多发性脓肿和心肌变性。病变的特征是浆细胞、淋巴细胞和巨噬细胞浸润。

八、葡萄球菌病

【临床诊断】　临床症状常发生在饲养管理不良的禽，而且常常是在原发性病毒感染后出现。主要表现为急性败血症、关节炎和脐炎三种类型。感染灶通常发生在骨骼、腱鞘和腿部关节，跛行、不愿走动及关节肿大是常见症状。金黄色葡萄球菌也可引起小鸡和火鸡雏胸部水疱、坏疽性皮炎和与孵化有关的感染。

【病理学诊断】　败血症型在翼下皮下组织出现水肿进而扩展到胸、腹及股内，呈紫黑色泛发性水肿。内含血样渗出液，肝、脾肿大，有白色坏死灶，皮肤脱毛坏死，有时出现破溃，流出污秽血水，并带有恶臭味。关节炎型可见受害关节肿大，呈紫黑色，内含血样浆液或干酪样物。脐炎型为雏禽脐孔发炎肿大，内有暗红色或黄色液体，病程稍长则变成干涸的坏死物。

九、链球菌病

【临床诊断】　最严重的感染发生在胚胎和幼小的雏鸡。急性兽疫链球菌或肠球菌感染的症状，包括倦怠无力、头部周围羽毛和组织沾有血迹和黄色粪便、消瘦、鸡冠和肉垂苍白，有时仅发现禽死亡。亚急性、慢性链球菌病的症状包括体重下降、跛行发热，有时头震颤。

【病理学诊断】　脾、肝、肾肿大，皮下无血，胸部皮下和心包中有血样液体，以及纤维蛋白性关节炎、腱鞘炎、输卵管炎、纤维蛋白性心包炎和腹膜炎、坏死性心肌炎、瓣膜性心内膜炎，由瓣膜性心内膜炎引起的肝、脾和心梗死，脑膜炎、肾小球性肾炎及肺脉管血栓形成。由于形成败血性血栓，则可能引起其他各组织的灶性肉芽肿，以及门静脉血栓形成和坏死为特征的肝梗死等。在小鸡和火鸡雏中可见到脐炎。显微镜下见到肝窦状隙扩大，充满异嗜性白细胞。如果肝出现病灶，则可见血栓形成、梗死和多处坏死区，并有异嗜性白细胞堆积，具有充血和网状内皮增生为特征的脾肿大。

十、坏死性肠炎

【临床诊断】　临床症状是非特异性的，包括抑郁、食欲减退、不愿运动和羽毛竖起。常常是未出现临床症状即死亡。

【病理学诊断】　眼观病变几乎都发生在空肠和回肠，肠黏膜上黏附着黄色或绿色假膜。显微病变是肠黏膜严重坏死，坏死组织上裸露的固有层顶端常附着有大量病原菌。

十一、禽结核病

【临床诊断】　受感染的禽鸟出现贫血、消瘦、鸡冠萎缩、跛行以及产蛋减少或停止，体重逐渐减轻，外表呆滞、无力，病禽最终因衰竭或肝变性破裂而突然死亡。

【病理学诊断】　禽结核的眼观病变常见于肝、脾以及腹膜表面，呈形状不规则的浅灰黄色结节，从针尖大小到直径 1cm 左右。肺和肾中结节较少见到。结节切面均质或有干酪样坏死区。显微镜下可见从上皮样细胞的单个病灶到上皮样细胞、多核巨细胞、淋巴细胞和外周纤维样化包围的大片坏死区等病理变化。钙化病灶少见，可见到大量抗酸杆菌。

十二、支原体病

【临床诊断】　禽败血支原体感染在成年鸡群自然发病的特征症状是气管啰音、流鼻涕和咳嗽、食量减少、体重减轻。肉用仔鸡症状比成年鸡明显。火鸡可见严重的气囊炎、咳嗽。

火鸡支原体感染表现为小火鸡的气囊炎，骨骼异常如跗跖骨的弯曲、扭转和变短，跗关节肿大和颈椎变形等，身体矮小和发育不良也是其特点。

滑液支原体感染的症状是冠苍白、跛行、气囊炎及生长迟缓。随着疾病的进展，出现羽毛粗乱、冠缩小、关节肿胀和胸部的水疱，病禽表现不安、脱水和消瘦。

【病理学诊断】　单纯禽败血支原体感染，眼观变化为鼻道、气管、支气管和气囊内含有混浊的黏稠渗出物，气囊壁变厚和混浊，严重者有干酪样渗出物。自然感染的病例多为混合感染，可见呼吸道黏膜水肿、充血、肥厚，窦腔内充满黏液和干酪渗出物，气囊内有干酪渗出物附着，有时可见于腹腔内气囊。如有大肠杆菌混合感染时，可见纤维素性肝被膜炎和心包炎，火鸡常见到明显的窦炎。组织学变化为被侵害的组织由于单核细胞浸润和黏液腺的增生导致黏膜增厚，黏膜下层局灶性淋巴组织增生，在肺除肺炎和淋巴滤泡反应外，有时还出现肉芽肿。

火鸡支原体感染大体病变见于1日龄幼雏的气囊病变，通常局限于胸气囊，病变的特征是气囊壁增厚，囊壁组织上带有黄色渗出物，偶有大小不等的干酪样絮片游离于气囊腔中，若有骨骼病变时，常伴有胸骨黏液囊炎、滑液囊炎及腹水。组织学变化表现为病变气囊中含有以中性粒细胞为主兼有淋巴细胞,还有或多或少的纤维蛋白或细胞残片。在严重感染的气囊中见有上皮细胞坏死。肺部病变主要为单核细胞及纤维蛋白浸润。

滑液支原体感染，早期阶段表现为传染性滑膜炎，见有黏稠的乳酪色至灰白色渗出物存在于腱鞘和滑液囊膜，肝、脾肿大，肾肿大呈苍白色，斑驳状，随着病情的发展，在腱鞘、关节甚至肌肉和气囊中可发现干酪样渗出物，在该病的呼吸道型表现为气囊炎。火鸡关节肿胀不如鸡的常见，但切开跗关节常见有纤维性及脓性分泌物。病理组织学变化表现为趾关节、跗关节的关节腔和腱鞘中可见异嗜性粒细胞和纤维素浸润。滑液囊膜因绒毛形成、滑膜和下层淋巴细胞及巨噬细胞的结节性浸润而增生，软骨表面变色、变薄或变成凹痕样。气囊的轻度病变包括水肿、毛细血管扩张和表面的异嗜性粒细胞及坏死碎屑聚积；严重病变包括上皮细胞增生、单核细胞弥散性浸润和干酪样坏死。

十三、衣原体病

【临床诊断】　禽类感染后多呈隐性，尤其是家鸡、鹅、野鸡等，仅能发现有抗体存在。鹦鹉、鸽、鸭、火鸡等可呈显性感染。患病鹦鹉精神委顿、不食，眼、鼻有黏性分泌物，腹泻，后期脱水，消瘦。幼龄鹦鹉常归于死亡，成年则症状轻微，康复后长期带菌。病鸽精神不安，眼和鼻有分泌物，厌食，腹泻，成年鸽多数可康复成带菌者，雏鸽大多归于死亡。病鸭眼和鼻流出浆液性或脓性分泌物，不食，腹泻，排淡绿色水样便，病初震颤，步态不稳，后期明显消瘦，常发生惊厥而死亡，雏鸭死亡率一般较高，成年鸭多为隐性经过。火鸡患病后，精神委顿，不愿采食，下痢，粪便呈液状并带血，消瘦，症状严重时，病死率高。

【病理学诊断】　不同的血清变异型的衣原体可以引起不同种类禽的多种疾病，如心包炎、气囊炎、肺炎、横膈淋巴腺炎、腹膜炎、肝炎和脾炎。全身性感染则引起发热、厌食、嗜睡、下痢，偶见休克和死亡。

火鸡最常受到强毒力菌株感染。若不进行早期抗生素治疗，死亡率可达5%～40%。死后典型病变为脉管炎、心包炎、脾炎、肺横膈淋巴腺炎。实验感染强毒火鸡株几乎不引起鸡、鸽和麻雀发病；但澳大利亚亚玄凤和长尾小鹦鹉会因此病原感染迅速死亡。

鸽血清变异型能引起火鸡发病，死亡率一般低于 5%，尸体剖检可见肺炎、气囊炎和肝脾肿大。

衣原体病是鸽的一种常见的慢性感染。临床症状包括结膜炎、眼睑炎和鼻炎，存活者成为无症状带菌者。鸭感染出现颤抖、结膜炎、鼻炎和腹泻。死亡率可达 30%。

十四、曲霉菌病

【临床诊断】　急性曲霉菌病主要发生在育雏期的雏鸡或小火鸡，造成雏鸡摄食量减少，呼吸加快（呼吸困难），发热，腹泻和死亡。发病过程很快，常在 24～48h 死亡。慢性曲霉菌病的主要症状为张口快速呼吸、翅膀下垂、打喷嚏、咳嗽、精神沉郁、斜颈、云雾眼或在眼角膜表面形成干酪样病斑、消瘦和死亡。

【病理学诊断】　早期病变常出现在肺，有小白色干酪样结节，病程更长时，有较大病斑，黄色至灰色，支气管内充满渗出液。脑组织表面常有白色至黄色局灶性病变。

十五、真菌毒素中毒

真菌毒素常常污染谷物饲料。禽食入足够数量真菌毒素时产生的危害取决于真菌毒素食入量（慢性或急性发病）和毒素类型。通常真菌毒素中毒与其他中毒反应类似，产生的病变不具有病症学意义。中毒可造成增重率、产蛋率下降或干扰鸡体免疫应答等。

1．黄曲霉毒素中毒症

黄曲霉菌毒素是由黄曲霉、寄生曲霉等产生的真菌毒素，主要引起肝中毒。黄曲霉毒素还有致癌性。

鸡对黄曲霉毒素敏感性存在差别，受品系、种系、年龄、性别、营养状况和毒素摄入量等诸多因素的影响。给鸡投喂低浓度的黄曲霉毒素可导致体弱、体重增加缓慢、饲料转化率降低及产蛋率下降。主要受害靶器官是肝，肝变白和有杂色斑点，有点状出血斑，肝细胞肿大和空泡样变性，胆管增生，血清酶升高，表明肝受损害。黄曲霉毒素也可引起免疫抑制，造成鸡对疫苗接种后免疫应答不完全。

黄曲霉毒素对火鸡的影响与鸡的相似，但火鸡对黄曲霉毒素更为敏感。饲喂 1mg/kg 体重黄曲霉毒素可造成雏火鸡急性死亡，肝坏死和出血，中毒的火鸡雏免疫力受损。雏鸭对黄曲霉毒素最易感，2 日龄雏鸭常用于生物分析实验，能迅速地表现出黄曲霉毒素的影响，饲喂后 48～75h 即可发生胆管增生过盛。鸭急性黄曲霉毒素中毒症与火鸡和鸡病症相似。

2．赭曲霉毒素中毒症

赭曲霉素 A 和 B 具有肾毒，但毒素摄入过多，也可发生肝中毒，有几种曲霉菌和青霉菌能产生此种毒素，最值得注意的是鲜绿青霉和赭曲霉。

禽赭曲霉中毒症主要症状包括死亡率升高、增长率下降、饲料转化率降低、加工时淘汰率上升。某些火鸡群中毒后可发生断食，但鸡无此现象。肾可能肿大呈棕黄色，特别在中毒病慢性阶段更为明显。组织病理学检查后可看到肿大的和坏死的近曲小管。产蛋鸡产蛋率下降，蛋壳变薄，呈粗沙状。值得注意的是，由大肠杆菌引起的气囊炎仅出现于赭曲霉毒素中毒的鸡群中，而在更换污染的饲料前用抗生素治疗无效。

3．单端孢霉烯中毒症

单端孢霉烯类为一大群在化学上相关的化合物，主要由镰孢菌属成员产生。某些单端孢霉烯类主要能引起皮肤坏死。T-2 为该类毒素的代表物。日粮中 T-2 毒素对雏火鸡和鸡影响的比较研究表明，雏火鸡对 T-2 更为敏感，更早地出现局部坏死病变，淋巴细胞减少，饲料转化效率降低，体重下降。T-2 毒素对免疫系统也有影响。

给肉鸡投服 2mg/kg 体重的 T-2 毒素或另一种单端孢霉烯毒素二乙酸藨草镰孢菌烯醇可引起急性发病，发病鸡贫血。而脱氧雪腐镰孢菌烯醇给肉鸡投用后常表现嗜睡、翅膀下垂、平衡失调、下痢、周期性癫痫发作、呼吸不规则和死亡。

母鸡如饲喂 T-2 毒素浓度达 20mg/kg 饲料，会出现产蛋率和蛋质量下降。

单端孢霉烯类毒素中毒主要组织病理变化是淋巴细胞耗竭、胃肠坏死和出血。

十六、传染性喉气管炎

【临床诊断】　禽类发病后表现厌食、沉郁和严重的呼吸窘迫，伴有咳嗽、打喷嚏、发咯咯声、喘气和啰音等症状。因气管堵塞有努力吸气的表现，经常把颈伸长，并且在剧烈咳吐时可能咳出带血的黏液渗出物。在一些暴发鸡群可能发生结膜炎。

【病理学诊断】　本病的严重型表现为死亡率高，伴有明显的气管和喉管出血病变，气管内腔常常充满血块、黏液、干酪样淡黄色渗出物，或者因气管堵塞而引起窒息死亡。在本病的初期，通过感染气管的组织病理学检验可检测出核内包涵体。在一些病例中可见气囊炎和肺炎。

十七、马立克氏病

【临床诊断】　本病是一种肿瘤性疾病，潜伏期较长，种鸡和产蛋鸡常在 16～20 周龄出现临床症状。急性暴发时病情严重，开始时以极高比例的鸡精神委顿为特征，几天后出现共济失调，之后发生单侧性或双侧性肢体麻痹，随后发展为完全麻痹。因侵害的神经不同而表现出不同症状，翅受累以下垂为特征；控制颈肌的神经受害可导致头下垂或头颈歪斜；迷走神经受害可引起嗉囊扩张或喘息。步态不稳是早期可见症状，后完全麻痹，不能行走，蹲伏地上，或呈一腿伸向前方另一腿伸向后方的特征性劈叉姿势，这是坐骨神经受侵害的结果。有些病鸡虹膜受害，导致失明。一侧或两侧虹膜正常视力消失，呈同心环状或斑点状以至弥漫的灰白色，瞳孔开始时边缘变得不齐，后期则仅为一针尖大小孔。在病程长的病例，有体重减少、颜色苍白、食欲缺乏和下痢等非特异症状。死亡通常由饥饿、失水或同栏鸡的踩踏所致。

【病理学诊断】　本病一般特征是在多种组织器官，尤其是外周神经中淋巴细胞的增生，死亡率可达 10%～15%。急性型时实质淋巴肿瘤可在骨骼肌、皮肤及内脏器官，尤其性腺和脾中见到。最一致的特征是外周神经的肿胀，感染的神经出现水肿，呈浅灰色，交叉纹缺乏。显微镜下，镜检时病灶是由单核细胞浸润而构成的。

十八、禽痘

【临床诊断】　皮肤型是在各种无羽毛皮肤上形成结痂病变为特征。温和型通常在肉冠和肉垂上仅有小的灶性病变。严重型发病可能在身体的任何部位，如肉冠、肉垂、嘴角、眼皮周围、喙的折角处、翅膀的腹面及肛门处出现全身的病变。皮肤病变可表现为小而分散或者通过毗连的病变融合成大面积病变，病变形成初期表面湿润，不久变干、粗糙，不平整的表面变为黄褐色，最后形成黑褐色，病变在没有彻底干燥前揭掉会留下出血的湿创面，当痂干燥脱落后留下斑痕，白喉型痘在嘴、鼻孔、咽、喉、食管或气管，嘴部病变影响采食。气管病变引起呼吸困难。在产蛋鸡，该病引起产蛋量下降，而在雏鸡则抑制生长，该病全身感染或白喉型的病例通常会引起死亡。

【病理学诊断】　鸡痘表现为口腔、气管、食管有点状出血，肝、脾肿大，心肌有时呈现为实质变性。

火鸡痘与鸡痘的症状和病理基本相似，产蛋火鸡呈现产蛋少和受精率低的特点。

十九、禽流感

【临床诊断】　潜伏期很短，通常为3～5d，急性病例体温迅速升高（达41.5℃以上），拒食，病鸡很快陷入昏睡状态，冠与肉髯常有淡色的皮肤坏死区。鼻有黏液性分泌物。头、颈常出现水肿，腿部皮下水肿、出血、变色。病程往往很短，常于症状出现数小时内死亡，病死率有时接近100%。

【病理学诊断】　急性病例病变常不明显，主要表现为心表面、肌胃周围脂肪组织、体腔膜和腺胃黏膜有点状出血，主要气管可能有出血点和混浊肿胀，神经系统眼观正常，但镜检可见散发性脑炎，表现为血管套形成，神经细胞变性和坏死，坏死灶周围有神经胶质细胞增生，脾有细胞性淋巴结坏死。在产蛋高峰期可见母鸡卵黄腹膜炎。感染后立即死亡的幼禽，解剖时很少有可见的病变。

二十、新城疫

【临床诊断】　本病的临床症状与宿主和病毒毒株毒力强弱有关。在家禽中，不同毒株引起的疾病程度不同，有的突然死亡，死亡率为100%，有的仅为亚临床型。临床症状有呼吸困难、腹泻、产蛋停止、抑郁、头面部和肉垂水肿、神经症状和死亡。这些症状在有的病例中可全部出现，有的仅出现一部分，有的可能无任何症状。鸽感染时，其临床症状是腹泻和神经症状，还可诱发呼吸道症状。幼龄鹌鹑感染本病，表现神经症状，死亡率极高，成年鹌鹑多为隐性感染。火鸡和珠鸡感染后，一般与鸡的症状相似。

【病理学诊断】　本病的主要病变是全身黏膜和浆膜出血，淋巴系统肿胀、出血和坏死，尤其以消化道和呼吸道为明显。嗉囊充满酸臭味的稀薄液体和气体，腺胃黏膜水肿，其乳头或乳头间有鲜明的出血点，由小肠到盲肠和直肠黏膜有大小不等的出血点，肠黏膜上有纤维素性坏死性病变，有的形成假膜，假膜脱落后即成溃疡，盲肠扁桃体常见肿大、出血和坏死。气管出血或坏死，周围组织水肿，肺有时可见淤血或水肿。心冠脂肪有细小如针尖大的出血点。产蛋母鸡的卵泡和输卵管显著充血，卵泡膜极易破裂引起卵黄性腹膜炎。脑膜充血或出血，而脑的实质无眼观性变化，仅于组织学检查时表现为明显的非化脓性脑炎病变。

免疫鸡群发生新城疫时，其病变不很典型，仅见黏膜卡他性炎症，喉头和器官黏膜充血，腺胃乳头出血少见，直肠黏膜和盲肠扁桃体多见出血。

二十一、传染性支气管炎

【临床诊断】　该病潜伏期较短，只有24～72h，病鸡突然出现呼吸症状。4周龄以下的鸡常表现为伸颈、张口呼吸、咳嗽，病鸡全身衰弱，食欲减少，羽毛松乱，常挤在一起互相取暖，5 周龄以上鸡，突出症状是啰音、气喘和微喘，同时伴有减食、抑郁。成年鸡出现轻微的呼吸道症状，产蛋鸡产蛋量下降，并产软壳蛋、畸形蛋，蛋的质量变差，如蛋黄和蛋白分离，以及蛋白附着于蛋壳表面。

肾型毒株感染鸡，呼吸道症状轻微或不出现，呼吸道症状消失后，病鸡抑郁，持续的白色或水样下痢，迅速消瘦，饮水量增加，雏鸡死亡率为 10%～30%。6 周龄以上鸡死亡率为 0.5%～1%。

【病理学诊断】 主要病变是气管、支气管、鼻腔有卡他性或干酪样渗出物，气囊含有混浊或黄色渗出物。

肾型主要表现为肾肿大、出血、脱水，肾小管或输尿管因尿酸盐沉积而扩大，在严重病例，白色尿酸盐沉积可见于其他组织器官表面。组织学检查可见输卵管壁有表皮细胞变性和淋巴细胞浸润。

二十二、白血病

【临床诊断】 禽白血病的潜伏期长，自然病例多见于 14 周龄后，但通常以性成熟时发病率最高，本病无特殊症状，可见鸡冠苍白、皱缩、间或发绀、食欲缺乏，消瘦和衰弱也很常见，腹部常增大，可触摸到肿大的肝、法氏囊和脾，一旦显现临床症状，通常病情发展迅速。

【病理学诊断】 眼观肿瘤发生在肝、法氏囊和脾，法氏囊淋巴结肿大为特征性病变。本病一年四季均可发生，但主要在孵化季节。饲养管理不当、禽舍内温度过高、密度过大、卫生条件差、缺乏维生素和矿质类等都能促进本病的发生。

二十三、鸭病毒性肝炎

【临床诊断】 主要危害 6 周龄以下的雏鸭，临床发病以突然发作和迅速传播为特征，发病时表现为精神萎靡，缩颈，翅下垂，眼半闭，厌食，发病半日到一日即发生全身抽搐，病鸭多侧卧，两脚痉挛性反复踢蹬，有时在地上旋转，出现抽搐后，约十几分钟后死亡。

【病理学诊断】 主要病变在肝，肝肿大，质脆色暗或发黄，表面有大小不等的出血斑点。胆囊肿胀呈长卵圆形，充满胆汁，脾有时肿大呈斑驳状。许多病例出现肾肿大和出血。慢性病变表现为肝的广泛型胆管增生，不同程度的炎性细胞反应和出血，脾组织呈退行性变性和坏死。

二十四、传染性法氏囊炎

【临床诊断】 本病潜伏期为 2～3d，感染后初期有采食量增加现象。病初可看到部分鸡啄自身肛周羽毛，随即病鸡出现腹泻，排出米汤样白色稀粪或水样稀粪。发病 1～2d 后的病鸡精神萎靡，部分鸡身体轻微震颤，走路摇晃，步态不稳。随病情发展，在第 3～4 天开始出现死亡。食欲减退，翅膀下垂，羽毛逆立，严重发病时鸡头垂地，闭眼呈昏睡状态。中后期触摸鸡体有冷感，因过度下痢脱水严重，趾爪干燥，眼窝凹陷，最后极度衰竭而死，病程 6～7d，死亡高峰集中在发病后 5～6d，一般情况下感染后第 7 天进入恢复期，鸡群逐渐恢复健康。

【病理学诊断】　剖检时可见病死鸡严重脱水，腿肌及胸肌有大片刷状出血斑，法氏囊肿大、化脓，有时有出血。肾肿大，尿酸沉积。腺胃和肌胃交接处黏膜有带状出血。恢复健康鸡剖检时可见法氏囊肿大化脓，有时有出血，个别病例法氏囊萎缩。

第二节　禽病类症鉴别诊断

一、鸡呼吸系统疾病鉴别诊断要点

病名	临床症状	病理变化
鸡传染性鼻炎	潜伏期短，发病迅速，短期内可波及全群。病鸡精神不振，食欲降低。病初从鼻孔流出少量清水样浆液，以后流出黏液性分泌物，不断甩头，喷鼻，眼结膜潮红，流泪，眼睑肿胀，甚至眼裂闭合。一侧或两侧面部明显肿胀，部分病鸡颌下或肉髯肿胀。病鸡生长缓慢，产蛋率明显下降。死亡率较低	鼻腔、鼻窦、眶下窦、眼结膜发生急性卡他性炎症，眼结膜、鼻黏膜充血、潮红、肿胀，结膜囊、鼻窦、眶下窦中有浆液、黏液或脓性渗出物。部分病鸡颌下或肉髯肿胀，内脏器官一般没有明显病变
鸡传染性支气管炎	潜伏期短，雏鸡突然出现呼吸道症状，短时间内波及全群，病雏精神沉郁，不食，畏寒，喘气，打喷嚏，鼻孔流出稀薄鼻涕，呼吸困难，张口喘气，将病雏放在耳边细听可听见哔哔剥剥的气管啰音。发病后 2～3 周导致输卵管发育不全，致使部分鸡不能产蛋，因此，雏鸡阶段发生传染性支气管炎的鸡群始终达不到应有的产蛋高峰。 青年鸡发病后气管炎症状明显，出现呼吸道症状，因气管内有多量黏液，病鸡不断甩头，发出啰音，但是流鼻涕不明显，有些病鸡出现下痢，排出黄白或黄绿色稀粪，病程 7～14d，死亡率较低。 产蛋鸡发病后呼吸道症状可能不明显，因此常被忽略，多在呼吸道症状过后出现产蛋量明显下降，一般下降 20%～30%，有时可达 70%～80%，并出现薄蛋壳、无蛋壳、沙皮蛋、畸形蛋等，蛋的质量降低，蛋清稀薄如水。病后产蛋率的恢复比较困难，大约一个月后逐渐恢复，但很难恢复到发病前的水平。 目前肾型传染性支气管炎发病比较多，流行广泛，多发生于 20～30d 龄的青年鸡，40 日龄以上的发病较少，成年鸡更少。病鸡急剧下痢，排灰白色水样稀粪，其中混有大量尿酸盐，死亡突然增加，但呼吸道症状不明显，或呈一过性	鼻腔、鼻窦、喉头、气管、支气管内有浆液或黏液，病程长者支气管内有黄白色的干酪样渗出物，有时在气管下端形成黄白色栓子。大支气管周围可见小面积的肺炎，气囊不同程度的混浊、增厚，如继发大肠杆菌病或支原体病时气囊则明显混浊、增厚，囊腔内有数量不等的黄白色干酪样渗出物。 肾肿大，肾小管内充满尿酸盐，肾外观呈灰白色花纹状，严重的可见在心包腔、心外膜、肝、肠浆膜乃至肌肉内都有灰白色的尿酸盐沉着，这种病变与内脏型痛风难以区别，内脏型痛风是一种代谢性疾病，而本病是由病毒引起的，可以用病毒分离方法进行区分，传染性支气管炎可以在鸡胚内复制，导致鸡胚发育受阻，形成矮小的蜷曲胚
鸡传染性喉气管炎	潜伏期 6～12d，严重感染时发病率 90%～100%，死亡率 5%～70%，平均 10%～20%，典型的症状是出现严重的呼吸困难，病鸡举颈、张口呼吸，咳嗽，甩头，发出高亢的怪叫声，咳嗽甩头时甩出血或血样黏液，可在病鸡的颈部、食槽、笼具上见到甩出的血液或血块。病鸡的眼睛流泪，结膜发炎，鼻孔周围有黏性分泌物。冠髯暗红或发紫，最后多因窒息而死亡。最急性的病例突然死亡，一般病程为 10～14d，感染毒力较弱的毒株时，病情缓和，症状轻微，发病率和死亡率较低，仅表现为轻微的张口喘气，鼻黏膜和眼结膜轻度发炎。发病鸡的产蛋量迅速减少，有时可下降 35%左右，产蛋量的恢复则需要较长的时间	病初喉头和气管黏膜充血、肿胀、有黏液附着，继而黏液变性、坏死、出血，致使喉头和气管内含有血性黏液或血凝块，病程较长时喉头和气管内附有假膜。有些病鸡发生结膜炎、鼻炎和鼻窦炎，面部肿胀，眼睛流泪，鼻孔部附有褐色污垢。卵泡充血、出血、坏死，其他内脏器官病变不明显，感染早期可见气管上皮层内有多核巨细胞和核内包涵体

续表

病名	临床症状	病理变化
鸡毒支原体感染	潜伏期为3～5d，死亡率一般较低如继发感染死亡率可高达10%～30%。接种新城疫疫苗后3～5d常暴发本病。病鸡最常见的症状是呼吸道症状，表现为咳嗽、喷鼻、气管啰音和鼻炎。面部肿胀，从鼻孔流出浆液、黏液或脓性渗出物，阻塞鼻孔，呼吸困难，病鸡频频甩头。眼结膜发炎，眼睑肿胀，轻微时眼内流出浆液，眼角内有泡沫样液体，时间较久则流出灰白色黏稠液体，使眼睑黏合。由于鼻孔、鼻腔被渗出物阻塞，病鸡呼吸困难，而出现张口、伸颈呼吸，当合并滑液支气管感染时，患鸡发生跛行	病变主要发生在上呼吸道、气囊、眼结膜、眶下窦等部位。轻度感染时鼻腔、眼结膜、鼻窦发生浆液性炎，仅见鼻孔、眼结膜囊有较多的浆液性分泌物，有时眼角内有大小不等的气泡。气囊混浊、增厚，囊壁上可见粟米大、灰白色珠状结节。腹腔内有泡沫样液体。严重病例可见眼睑肿胀，眼内流出多量灰白色或灰黄色黏液或脓性分泌物。眶下窦内充满黄白色干酪样渗出物，鼻腔、腭裂、喉头、口腔黏膜等处有多量干酪样渗出物和溃疡性病灶，使头面部严重肿胀，面目丑陋。气囊囊腔内积有干酪样渗出物，多有严重的心包炎、腹膜炎、肝周炎
禽流感	高致病性禽流感：潜伏期短（几小时到几天，最长可达21d），发病急剧，发病率和死亡率高，有时可达90%以上。突然暴发，常无明显症状而死亡。病程长者，病禽体温升高，精神沉郁，食欲废绝。呼吸困难，咳嗽，有气管啰音。冠、髯暗红或发绀，结膜发炎，面部肿胀，眼、鼻流出浆液性、黏液性或脓性分泌物。排灰白色或黄绿色稀粪。腿部或趾部皮下出血。产蛋率明显下降，软蛋、破蛋增多。 低致病性禽流感：表现为呼吸困难、咳嗽、流鼻涕、明显的湿性啰音。排黄白色或绿色黏液样稀粪。产蛋量下降，下降幅度不一致。轻度感染时只表现为轻度的呼吸困难和小幅度的产蛋量下降（下降4%～5%），也有些鸡群无症状，仅少量减产或不减产。严重感染时，产蛋量下降50%～80%，也有的几乎停产。死亡率不等	高致病性毒株感染时，因死亡很快，可能看不到明显的病理变化。病程长时可见头、颈部肿胀，皮下呈胶冻样水肿，腿、趾部皮下出血。卡他性、纤维素性、浆液纤维素性、脓性或干酪性窦炎，气管黏膜明显出血，纤维素性及干酪性气囊炎。纤维素性及卵黄性腹膜炎，卵泡变性、出血、坏死。多数病禽发生输卵管发炎，管腔内含有数量不等的灰白色黏液或干酪样物。腺胃出血，肠道黏膜、泄殖腔黏膜有出血性炎症，心外膜出血
禽大肠杆菌病	急性败血型：鸡群的基本状况尚好，但经常有几只到几十只不等的死亡。表现为精神沉郁，羽毛松乱，食欲减少或不食，拉黄白色稀粪，呼吸困难，咳嗽，喷鼻，气管啰音等症状。 输卵管炎和卵黄性腹膜炎型：常使产蛋量减少，零星死亡，腹部膨大下垂，呈企鹅样姿势。 肠炎型：病鸡发生顽固性腹泻，排出黄白色黏液样稀粪，肛门下方羽毛污秽。 卵黄囊炎和脐炎：经蛋传递或出雏后经孵化器、出雏箱感染，表现为死胚增多，孵化率降低，多发生卵黄囊炎和脐炎，病雏腹部膨大、坚实，脐部周围红肿、湿润。 肉芽肿型：见于成年鸡，生前难以诊断，只有在剖检时才可发现。 此外，还可见全眼炎、中耳炎、大肠杆菌性脑炎、肿头综合征等	急性败血症：表现为纤维素性心包炎（绒毛心）、纤维素性肝周炎和纤维素性腹膜炎。 输卵管炎和卵黄性腹膜炎：腹腔内有大量卵黄液或灰黄色炎性渗出物使肠管互相粘连，或腹腔积有卵黄凝块，有时这种凝块可达拳头大或更大。输卵管黏膜充血、水肿或有灰白色炎性渗出物，有时输卵管内有卵黄凝块或畸形蛋。 卵黄囊炎和脐炎：卵黄吸收不良，卵黄呈黄绿色，脐孔周围红肿、湿润。 肉芽肿型：十二指肠浆膜、胰腺、盲肠等部位形成大小不等的灰白色结节

续表

病名	临床症状	病理变化
禽曲霉菌病	霉菌性肺炎：初期食欲缺乏，精神沉郁，两翅下垂，羽毛松乱，闭目嗜睡。接着出现呼吸困难，举颈、张口喘气、喷鼻、甩头。鼻孔和眼角有黏性分泌物，后期雏鸡头颈频繁地伸缩，呼吸极度困难，最后窒息死亡。 霉菌性皮炎：雏鸡的羽毛呈黄褐色黏集在一起，不易分开，干枯易断，外观污秽不洁，患部皮肤潮红。 霉菌性眼炎：一侧或两侧眼睑肿胀，羞明，流泪，结膜潮红，结膜囊内有黄白色干酪样凝块，挤压可出，如黄豆瓣大小。 霉菌性脑炎：病雏出现共济失调、向一侧转圈等神经症状。 青年鸡和成鸡感染时多为慢性经过，症状不明显，羽毛松乱，消瘦、贫血，严重时呼吸困难，冠髯暗红	肺：肺上的霉菌结节从米粒大到绿豆大，多个结节互相融合时可使病灶更大。结节初期呈灰白色、半透明、较坚硬有弹性。以后结节呈灰黄色，中心干酪样坏死。结节周围有暗红色的炎性浸润带。未受侵害的肺组织表现正常。 气囊和腹腔浆膜：气囊和腹腔浆膜上散在大小不等的灰白色和黄色霉菌结节。有时在气囊和腹腔浆膜上可见灰白色或灰绿色的霉菌斑块。 较大的鸡感染时多呈慢性经过，在气囊、胸腔、肺、肾、腺胃、皮下等部位形成较大的霉菌结节
禽结核病	常发生于老龄禽，病禽进行性消瘦，生长缓慢，初期无明显临床症状，随着病情发展可见病鸡精神沉郁，食欲缺乏或废食，羽毛松乱无光，不愿活动，缩颈呆立，嗜睡，冠髯萎缩、苍白，日渐消瘦，产蛋下降，甚至停产。种鸡受精率降低，孵化率降低。有时有顽固性腹泻或跛行。病程进展缓慢，持续2～3个月或1年以上，最终衰竭死亡	病禽消瘦、贫血。肝、脾、肺、肾、卵巢、肠壁等器官中形成大小不等的结核结节。结核结节的组织学变化与其他动物的相似，但结节中心无钙化现象，巨细胞多在干酪样坏死区外围排列成栅栏状

二、鸡消化系统疾病鉴别诊断要点

病名	临床症状	病理变化
念珠菌病	嗉囊膨胀、松软，挤压时流出酸臭气体。眼角、口角、口腔黏膜有灰白色假膜	口、咽、食管黏膜有干酪样假膜和溃疡。嗉囊内容物酸臭，嗉囊皱褶变粗，黏膜明显增厚，被覆灰白色假膜，容易剥离，假膜下可见坏死或溃疡。有时病变可波及腺胃，引起腺胃黏膜肿胀、出血和溃疡
沙门氏菌病	鸡白痢：雏鸡急性感染时无明显症状而死亡。拱背努责，排灰白色或绿色稀粪，排粪时发出尖叫声。肛周羽毛被粪便污染，甚至肛门被粪便堵塞不能排粪。肺部感染严重时表现为呼吸困难。 成年鸡通常可见产蛋量、受精率和孵化率下降。有时可见部分鸡下痢，不食，精神委顿，冠髯暗红、萎缩，数天内死亡。 禽伤寒：临床症状、病理变化等基本上与鸡白痢相同，有时甚至很难区分它们，常见于日龄较大的鸡，最急性的病例死亡很快，病程长的可见病鸡精神委顿，羽毛松乱，冠髯暗红或干缩，排灰白色或黄白色稀粪，肛门部污秽。 禽副伤寒：幼禽多发，成年禽和半成禽很少发生。成年禽一般不表现症状，各种幼禽的症状很相似，主要表现为，嗜眠呆立，垂头闭目，两翅下垂，羽毛松乱，恶寒怕冷，食欲减损，饮欲增加，水样下痢，雏鸡常见结膜炎和失明	鸡白痢：急性死亡的雏鸡病变不明显。病程长时可见卵黄吸收不良，呈污绿色或灰黄色奶油样或干酪样。肝有出血点和灰白色的坏死灶，心肌、肺、肌胃、盲肠有灰白色结节，盲肠中有灰白色干酪样栓子，肺有时发生淤血和出血。肾肿大，肾小管中充满灰白色的尿酸盐。 成年鸡主要表现为卵的变性、变形和坏死，卵泡呈不同的大小和形态，色泽也由原来的正黄色变为灰白、灰黄、暗红、污绿等色泽。 成年鸡的急性感染与急性鸡伤寒不易区分，主要表现为心肿大、变性，心肌中有较大的灰白色结节。肝和脾肿大，常有灰白色坏死灶。肾肿大、变性。 禽伤寒：幼龄病鸡可见肝、脾、肾肿大呈暗红色。亚急性和慢性病例肝呈棕绿色或古铜色。肝和心肌中有粟粒样灰白色结节，并有心包炎，卵黄性腹膜炎，卵出血、变形、变性，肠道有卡他性炎症。 禽副伤寒：幼禽最急性感染时可能完全没有病变，病程稍长时可见消瘦，脱水，卵黄凝固，肝和脾充血、出血或有点状坏死，肾充血，心包炎并常见心包粘连，但心和肺缺乏鸡白痢时那种较大的结节。 成年禽急性感染表现为肝和脾肿大、出血，心包炎，腹膜炎，出血性或坏死性肠炎。慢性病例表现为消瘦，出血性或坏死性肠炎、心包炎和腹膜炎

续表

病名	临床症状	病理变化
巴氏杆菌病	最急性型主要发生于营养良好的高产鸡群，表现为突然死亡，缺乏明显症状和病理变化。急性型表现为体温升高，精神沉郁，羽毛松乱，缩颈闭目，两翅下垂，冠髯暗红，口、鼻中流出黏液，呼吸困难，严重腹泻，拉黄绿色稀粪。鸡冠和肉髯发绀或黑紫色，常见肉髯肿胀。产蛋减少或停产，一般在发病后1～3d死亡。 慢性型表现为精神不振，食欲减退，鸡冠苍白、干缩，极度消瘦，长期下痢。鼻腔鼻窦发炎，鼻孔流出臭的分泌物。关节肿大、跛行。头、颈部皮下和肉髯有大小不等的脓肿。病程较长，可拖延几周，产蛋显著减少或不产蛋	最急性型病变不明显，冠髯呈暗红色。心包积有多量淡黄色液体，心外膜有细小的出血点。肝有针尖大小的灰白色或灰黄色坏死灶。 急性病例特征性病变表现在心和肝，心包积有大量黄红色液体，有时其中含有灰白色纤维，心冠脂肪、冠状沟有多量大小不等的出血点。肝肿大，质地脆弱，呈棕黄色或棕红色，表面有多量针尖到小米大小的灰白色或黄色坏死灶。肺淤血、水肿，有出血点或暗红色肝变区。有时可见卵黄膜充血、出血、变性、坏死和卵黄性腹膜炎。 慢性病例因感染的器官不同而有不同的病变，当以呼吸道感染为主时表现为鼻腔、气管的卡他性、黏液性炎症和肺的实变。当局限于头、颈部和肉髯时，表现为大小不等的结节，结节内为干酪样坏死物。当其侵害生殖系统时表现为卵巢出血、坏死和卵黄性腹膜炎
新城疫	急性型突然死亡。病程稍长者出现精神沉郁、食欲减损或废绝。呼吸困难出现呼噜呼噜的湿性啰音。拉黄白或黄绿色稀粪。冠髯暗红。后期出现神经症状，头和尾有节奏震颤，最后衰竭死亡。有的病鸡出现仰头观星、头扭向一侧或勾向腹下，有时外观正常当受到惊吓时在地上翻滚，安静后逐渐恢复正常。 非典型主要表现为产蛋量不同程度地下降，蛋壳褪色，蛋壳变薄、变脆，产软蛋和畸形蛋。有不同程度的呼吸道症状。拉黄绿色稀粪。死亡率一般较低。血清抗体水平高低不齐整	死于新城疫的病鸡冠、髯呈蓝紫色，肛门下方羽毛污染粪便。典型新城疫的病理变化主要表现为消化道和呼吸道黏膜的出血、坏死性炎症。口腔、喉头和气管中有较多的黏液，气管黏膜潮红或出血。特征性的病变是腺胃乳头出血，轻微时乳头潮红，呈环状出血，严重时呈暗红色点状或者斑状出血。小肠黏膜发生卡他性或出血性炎症，肠黏膜上散在黄绿色、形状不一、大小不等的溃疡灶，盲肠扁桃体出血、坏死。卵泡充血、出血，常有卵黄性腹膜炎。肾肿大，肾小管和输尿管中沉积大量尿酸盐，外观呈灰白色花纹状。 非典型新城疫病变不明显，偶见腺胃乳头轻度充血、出血。卵泡变性、变形，有卵黄性腹膜炎
传染性腺胃炎	常继发于眼型鸡痘或接种带毒的疫苗之后。病鸡表现为精神沉郁，缩头垂尾，翅下垂，羽毛发育不良，蓬乱不整，主羽断裂，采食及饮水减少，鸡只生长迟缓或停滞，增重停止或体重逐渐减轻；后期鸡体苍白，极度消瘦，饲料转化率降低，粪便中有未消化的饲料。部分鸡有流泪、肿眼及呼吸道症状。排白色或绿色稀粪。体重比正常下降40%～70%，最后衰竭死亡。康复鸡体型瘦小，鸡群鸡只大小参差不齐	体型明显小于健康鸡或极度消瘦，腺胃显著肿大如乒乓球状，为正常鸡的2～5倍，腺胃壁增厚，腺胃黏膜增厚、水肿、出血、坏死、溃疡，指压可流出浆液性液体，黏膜上有胶冻样渗出物或灰白色糊状物，乳头水肿发亮、充血、出血。后期乳头凹陷。周边出血溃疡，挤压乳头有脓性分泌物，有的腺胃与食管交界处有带状出血，肌胃萎缩，肌肉松软，胰腺、胸腺、法氏囊明显萎缩，病鸡肠道内充满液体，肠壁菲薄，肠黏膜有不同程度的肿胀、充血、出血、坏死，盲肠扁桃体肿胀、出血，有的肝呈古铜色
禽弯曲杆菌性肝炎	急性型缺乏明显症状而突然死亡。病程较久的病鸡可见精神委顿，鸡冠干缩，排黄褐色黏液样稀粪，产蛋率明显下降	病变主要表现在肝，突然死亡的病鸡多发生肝破裂而大出血，腹腔积聚大量血性腹水，多数情况下腹腔有暗红色的凝血块，肝由于出血而呈土黄色，被膜下有出血点，质地脆弱，肝表面有灰黄色小的坏死灶。急性大出血死亡的病鸡脾和肾苍白、贫血。卵泡多发生充血、出血、变性、坏死，其他器官变化不明显。病程更长的病例，肝体积变小，质地变硬，肝表面有灰白色不规则的坏死灶
包涵体肝炎	本病潜伏期较短，一般为1～2d，发病率不高，死亡率可达10%。发病后几小时死亡，常无明显症状，仅见病鸡精神、食欲不佳，羽毛松乱，嗜睡，有些病鸡可出现颜面苍白等贫血症状，生长不良，有时出现坏疽性皮炎。轻症者多在发病后3～5d恢复	腿肌出血。肝肿大，脂肪变性，色泽变淡，肝实质中有大量出血点。法氏囊萎缩，脾、肾肿大。骨髓脂肪变性，红骨髓减少，黄骨髓增多。症状性变化是肝细胞核内包涵体形成，包涵体有嗜酸性和嗜碱性两种，嗜酸性包涵体不含病毒粒子，嗜碱性包涵体含有腺病毒粒子，一般先形成嗜碱性包涵体，而后形成嗜酸性包涵体，此外，核内还有棒状的结晶包涵体。肝出血，肝细胞脂肪变性，还见有坏死灶

续表

病名	临床症状	病理变化
坏死性肠炎	常突然发病、死亡。病程稍长的病鸡可见精神沉郁，食欲减退或废绝，排出黑色或混有血液的粪便。一般情况下发病较少，死亡率为 2%～3%，如管理不当或并发感染则死亡率增加	剖检时打开腹腔可闻到一种腐臭气味。肠管显著肿胀，充满气体，呈黑绿色充满腹腔。特别是小肠后段表现明显，肠黏膜出血，有大小不等的糠麸样坏死灶，严重时可形成一层伪膜，易于剥离。其他器官除淤血外无特殊变化
鸡球虫病	盲肠球虫病多为急性型，病鸡精神沉郁，食欲减退或不食，羽毛松乱，两翅下垂，闭目缩颈，排出带血的粪便或血液，当出现血便 1～2d 后发生死亡，死亡率达 50%，严重时可达 100%。小肠球虫病多见于 2 月以上的鸡，呈慢性经过，主要表现为食欲减退，消瘦贫血，羽毛松乱，下痢，但血便不明显。蛋鸡产蛋率下降，死亡率较低	盲肠球虫病时两侧盲肠高度肿大，呈暗红色或黑红色，切开盲肠可见盲肠内有大量的鲜红色或暗红色的血液或血凝块。肠黏膜坏死脱落与血液混合形成暗红色干酪样肠芯。小肠球虫病时，因寄生的球虫种类不同，在小肠不同部位的肠浆膜上可见大小不等的出血点和灰白色斑点（球虫的虫落）。肠毒血症时肠管肿胀，肠浆膜有出血点和灰白色小点，肠内容物呈灰红色烂肉样，其中混有大量小的气泡，有酸臭味，肠黏膜出血、坏死
组织滴虫病	鸡的易感年龄是 2 周到 4 月龄。病鸡精神沉郁，食欲减退，羽毛松乱，两翅下垂，闭目嗜睡，下痢，拉淡黄或淡绿色稀粪，严重者粪便带血，甚至排出大量血液。后期由于血液循环障碍，冠髯暗红，而被称为“黑头病”。这些症状并无特征性，所以生前不易诊断，死后剖检很容易确诊	本病的特征性病变局限在盲肠和肝，其他脏器无明显病变。肝稍肿大，表面有灰红色或淡黄色圆形或不规则的坏死灶，坏死灶中央凹陷，周边稍隆起，病灶的直径有时可达 1cm。一侧或两侧盲肠肿大、增粗，肠腔内充满干燥坚硬的干酪样坏死物，坏死物的横断面呈轮层状，中心是红黑色的凝血块，外包灰白色的干酪样坏死物。黏膜发生坏死性炎症，有时坏死灶可波及肌层和浆膜，甚至引起穿孔，发生腹膜炎和肠管粘连
鸡蛔虫	寄生部位主要在肠道，偶见食管、嗉囊、肌胃、输卵管和体腔	幼虫侵入肠黏膜，造成出血和炎症，并可导致病原菌感染。严重时大量蛔虫阻塞肠管造成死亡。多数情况下，由于虫体夺取营养使患鸡消瘦、贫血，生长受阻
鸡脂肪肝综合征	多发生于产蛋高峰期的笼养鸡，体格过度肥胖，产蛋量显著减少，腹部膨大、下垂，冠髯苍白，突然死亡	腹腔、肠系膜、皮下等处沉积大量脂肪。肝肿大，边缘钝圆，灰黄色或有出血点及坏死灶，质地脆弱如泥。肝细胞严重脂肪变性
肌胃糜烂	病鸡厌食，羽毛松乱，精神沉郁，消瘦贫血，倒提鸡时可从口中流出黑色液体。排黑褐色稀粪。从饲喂劣质饲料到发病 5～10d，停喂劣质饲料后 5d 左右停止。发病率 10%～20%，死亡率低，为 2%～3%	病鸡嗉囊膨胀、松软，充满黑色液体，腺胃体积增大、松软，腺胃黏膜出血、糜烂或有溃疡。肌胃角质膜褪色、龟裂，角质膜下有出血或溃疡，严重时可导致腺胃或肌胃穿孔。其他脏器变化不大

三、鸡泌尿、生殖系统疾病鉴别诊断要点

病名	临床症状	病理变化
痛风	食欲减退、日渐消瘦、贫血、拉白色黏液样稀粪，粪便中含有多量尿酸盐。产蛋减少或停止。有些病鸡关节肿大、变形，行走困难	内脏型：可见心包、肝、肾、输尿管、胸膜、腹膜、肠浆膜等处有白色尿酸盐沉着。有时也可见肌肉组织中有尿酸盐沉着。关节型：关节肿大，关节囊内和关节周围组织中有灰白色的黏液样物质，其中含有大量尿酸盐。 可见多数组织中有肉芽肿（痛风石）形成
鸡减蛋综合征	产蛋高峰期突然发生产蛋量大幅度下降，可能比正常下降 20%～30%，甚至下降 50%以上。产薄壳蛋、软壳单、无壳蛋、畸形蛋、砂皮蛋，褐壳蛋鸡的蛋壳褪色，破蛋增多。产蛋下降可持续 4～10 周	在自然病例中内脏器官没有明显的病例变化，仅见个别患鸡在发病期间输卵管水肿，时间较久则见输卵管和卵巢萎缩

续表

病名	临床症状	病理变化
卵巢与输卵管囊肿	多发生于产蛋鸡，鸡冠大而鲜红、挺立，模仿公鸡鸣叫。腹部显著膨大、下垂，呈企鹅状	卵巢囊肿时，腹腔有大小不等的囊肿，与卵巢相连，囊肿内含清亮的液体。输卵管囊肿时，囊肿存在于输卵管内，可使输卵管极度膨大，管壁变薄，管腔内会有灰白色渗出物或干酪样凝块

四、鸡神经系统疾病鉴别要点

病名	临床症状	病理变化
鸡传染性脑脊髓炎	发病初期雏鸡精神沉郁，不愿走动，常以跗关节着地，继而出现共济失调，步态不稳，驱赶时常借助翅膀拍动行走，发病3d后出现肢体麻痹，侧卧于地。部分雏鸡发生头颈震颤，最后病鸡饥渴衰竭死亡	部分病鸡脑膜充血、出血，偶见病雏肌胃肌层有散在的灰白色区，其他内脏器官无特征性眼观病变。组织学检查可见神经元变性、胶质细胞增生、血管套形成等病毒性脑炎病变。腺胃黏膜和肌层、胰腺、肌胃、肾等器官组织中可见淋巴细胞呈灶性增生
维生素E-硒缺乏症	雏鸡脑软化症通常在15～30日龄发病，最早在7日龄发病，迟的在50日龄发病，雏鸡出现共济失调，步态蹒跚，常坐于胫跖关节上，或两腿后伸倒向一侧，最后衰竭而亡。 渗出素质的雏鸡腹部皮下明显水肿，水肿部位呈淡蓝绿色。 成年鸡缺乏时一般不显示明显症状，但种蛋受精率、孵化率下降，孵化早期的死胚率升高	发生脑软化的雏鸡可见脑膜血管充血，小脑轻度出血和水肿，有时可见黄绿色的软化坏死灶。 渗出素质时可见腹部皮下有蓝绿色黏液样水肿，体腔和心包积有水肿液。 部分病鸡可见肌胃、骨骼肌和心肌苍白贫血，并有灰白色条纹
维生素B_1缺乏症	出现多发性神经炎症状，雏鸡突然发病，出现仰头“观星”姿势。腿肌和翅肌麻痹，不能行走，站立不稳，以跗关节和尾部着地或倒向一侧，严重的衰竭死亡。 产蛋鸡发病较少，一般在缺乏3周以后才出现症状。发病鸡食欲减退，羽毛松乱，两腿无力，行走不稳，鸡冠蓝紫色，或贫血、下痢，严重时腿、翅、颈部肌肉麻痹，体温下降，呼吸减慢，衰竭而亡	雏鸡皮肤出现广泛水肿，心肌萎缩，心壁变薄，心脏扩张，肾上腺肥大，性腺萎缩。其他脏器无明显病变
维生素B_2缺乏症	雏鸡表现为腿麻痹与“蜷趾”，严重时呈“劈叉”姿势，生长缓慢，皮炎等	坐骨神经、臂神经肿大、变软。外周神经干施万细胞肿大、脱髓鞘、轴突变性崩解

五、鸡血液和循环系统疾病鉴别诊断要点

病名	临床症状	病理变化
鸡传染性贫血	本病多发生于青年鸡，一般在感染后10d左右发病，14～16d达到高峰。发病后精神委顿，羽毛松乱，消瘦贫血，发育受阻，鸡冠、皮肤苍白，生长缓慢，体重降低。临死前出现腹泻。无并发症的鸡死亡率较低，如有继发感染，可使病情严重，死亡增加。感染20～28d存活的鸡，可以逐渐恢复。成年鸡呈亚临床感染，产蛋率、受精率和孵化率不受影响	病鸡消瘦、贫血、冠髯苍白，肌肉和内脏器官苍白，皮下、肌肉间出血。有时可见腺胃黏膜出血、食管黏膜下出血。血液稀薄，红细胞、白细胞和血小板均减少，凝血时间延长。脾、胸腺萎缩、出血，肾肿大苍白，骨髓萎缩，红骨髓减少，黄骨髓增多。根据症状和病理变化可以初步做出诊断，确诊必须进行病原分离和血清学检验

续表

病名	临床症状	病理变化
禽白血病	禽白血病一般发生在16周龄以上的鸡，即性成熟或即将性成熟的鸡群。一般没有特征性的临床症状，有的鸡可能完全没有症状。患淋巴细胞性白血病的病鸡，日渐消瘦，冠髯苍白，精神沉郁，食欲减损，产蛋停止，腹部膨大，行走时呈企鹅状。 血管瘤多发生于120～135日龄的鸡群，临床上主要表现为出血或贫血。多为散发。病鸡沉郁，食欲减退，鸡冠苍白，张口喘气，排绿色稀粪，产蛋率降低。皮下、肌肉、内脏器官等处形成大小不等的血管瘤，其直径为1～10mm。趾部的血管瘤最容易发现，呈绿豆或黄豆大小，暗红色，血管瘤可自行破溃，破溃后出血不止	淋巴白血病病鸡最明显的变化是肝、脾和肾显著肿大，在肝、脾和肾中有大小不等的灰白色肿瘤结节，有时看不到肿瘤结节，而是弥漫性肿大，色泽变淡，其他器官如卵巢、法氏囊、心、肺、胸腺、胰腺、肠道等也可发生肿瘤。肿瘤组织是由形态、大小几乎一致的成淋巴细胞组成的。 血管瘤病鸡以皮下、肝、肾、肺、输卵管、肠管等部位形成大小不等的血管瘤为特征

六、皮肤、羽毛、骨、关节疾病的鉴别诊断要点

病名	临床症状	病理变化
禽痘	皮肤型禽痘：主要发生在禽体的无毛和少毛处，形成特征性痘疹。黏膜型禽痘：主要在眼结膜、鼻黏膜、口腔黏膜、食管黏膜、喉头、气管等处发生窦斑	禽痘的病理变化容易识别，皮肤型典型病变主要是形成痘疹和痂皮，黏膜型容易和传染性鼻炎、传染性喉气管炎等混淆，应注意区别
维生素D-钙磷缺乏症	雏禽维生素D-钙磷缺乏可导致骨软症或佝偻症，病鸡生长缓慢，行走吃力，躯体向两侧摇摆，不愿走动，常蹲卧。长骨、喙、爪等变得柔软，肋骨与胸椎连接处呈球状膨大，龙骨弯曲。产蛋鸡维生素D-钙磷缺乏时可引发笼养疲劳症，多发生在产蛋高峰期，病鸡不能站立，出现暂时不能走动，瘫卧，有时产出蛋后恢复。产蛋量下降，蛋壳变薄、变脆，破蛋增多。龙骨呈“S”状弯曲，股骨容易骨折	病禽肋骨弯曲与胸椎连接处呈球状膨大形成佝偻病，龙骨弯曲，全身骨骼都有不同程度的肿胀，骨密质变薄，骨髓腔变大，骨质疏松变脆，容易折断。长骨骺生长板增生带的增生细胞极向紊乱。海绵骨类骨组织大量增生包绕骨小梁。中央管内面类骨组织增生致使中央管骨板断裂、消失
滑液支原体感染	患鸡跛行，严重时关节肿大、发热，关节囊内充满灰白色脓性渗出物，腿部或翅部的腱鞘发炎、肿大。患鸡精神沉郁，生长缓慢，冠髯苍白，不能站立和行走	滑液囊、关节囊、腱鞘等处发生浆液性或化脓性炎症
锰缺乏症	种鸡锰缺乏时产蛋量下降，种蛋的孵化率降低，部分胚胎在即将出壳时死亡，胚体矮小，骨骼发育不良，翅、腿短粗，头呈圆球状，喙短而弯曲呈“鹦鹉嘴”样。 幼禽缺锰时生长停滞，出现骨短粗症，胫跗关节增大。一腿抬起向外侧或向前弯曲，呈现异常姿势。严重时家禽不能站立，无法采食而致饥饿死亡或被同类践踏死亡	病雏一侧或两侧腓肠肌腱从跗关节骨槽中向外或内侧滑脱。严重时管状骨短粗、弯曲，骨骺肥厚，骨板变薄
病毒性关节炎	急性感染时，病鸡不愿走动，强行驱赶时步态拘紧，或以翅膀着地辅助行走。或卧地不起，趾爪蜷曲，采食减少，生长缓慢，消瘦。产蛋量降低	主要侵害胫跖关节（飞节），病变部位红肿，积有血液或淡黄色炎性渗出液，腓肠肌腱坏死、断裂，慢性病例可见腓肠肌腱增生硬化。有时可见心肌炎和肝坏死

续表

病名	临床症状	病理变化
葡萄球菌病	雏鸡出雏后多由脐带感染，引起脐炎。表现为雏鸡腹部膨大、坚硬，脐孔肿胀、发炎，呈紫红色或紫黑色，湿润或有浆液性渗出物，俗称“大肚脐”。脐炎病雏多于2～5d死亡。 急性败血型多见于青年鸡，40～60日龄鸡多发，发病急、病程短、死亡率高、危害大。病鸡表现为精神沉郁，常呆立或蹲卧，闭目嗜睡，羽毛松乱，饮欲、食欲减退或废绝，部分鸡出现下痢，排出灰白色或黄绿色稀粪。特征性症状是在颈部、胸腹下部、两翅下部发生湿性坏疽。病变部位肿胀，紫红色或紫黑色，羽毛极易脱落，手触之即掉，自然破溃后流出褐红色或茶色液体，与周围羽毛粘连，局部污秽。有些病鸡则颈部、背部、腿部、翅背侧羽毛脱落，翅尖、趾部等处有暗红色出血性干痂。 关节炎型可见于青年鸡和成年鸡，多呈慢性经过。多发生于趾关节和跖关节，发病关节肿大呈紫红色或黑紫色，有的可见破溃，流出褐色渗出液或结痂。体型较大的鸡，特别是肉种鸡多发生趾瘤病或胸部囊肿，病鸡脚底部溃烂、增生，和粪便凝结在一起呈黑褐色污秽的痂皮或溃疡。 眼型葡萄球菌病是一种新的病型，多发生于败血型的后期，也可单独发生，表现为眼睑肿胀，眼睑被脓性渗出物黏合而闭眼，眼结膜囊内有多量脓性渗出物，结膜红肿，时久眼球下陷，眼睛失明。 此外，还有肺型葡萄球菌病，主要变现为全身症状和呼吸障碍	急性败血型葡萄球菌病特征性的症状是腹下、大腿内侧、翅下、颈部等处发生出血性湿性坏疽，外观呈紫红色或紫褐色，羽毛极易脱落，手触即掉。多数病灶自行破溃，流出茶色或红褐色液体。有时背部、腿部、翅背侧、翅尖、趾部等处羽毛脱落，有暗红色出血性干痂。病灶内渗出物涂片染色，可见呈葡萄串状排列的球状细菌。 关节炎型和趾瘤型可见多处关节肿大，特别是趾、跖关节肿大呈紫红色或紫黑色。趾瘤主要表现为足底部出现肿瘤样增生，有时破溃形成溃疡。 脐炎型主要是脐部肿胀、湿润，脐周围呈紫红色，病雏卵黄吸收不良，呈黄色或绿色，或呈红色，稀薄。肝有出血点

七、鸡免疫抑制和肿瘤性疾病的鉴别诊断要点

病名	临床症状	病理变化
鸡马立克氏病	神经型：表现为步态不稳，肢体麻痹，出现一腿向前一腿后的“劈叉”姿势。当臂神经受侵害时，出现翅膀下垂，有时还可见嗉囊扩张、头颈歪斜等症状。 内脏型：主要表现为精神萎靡不振，消瘦，突然死亡。 眼型：表现为一侧或两侧眼睛视力减退或失明，虹膜褪色，呈灰白色，瞳孔缩小，边缘不整。 皮肤型：表现为皮肤上形成大小不等的肿瘤结节	神经型：可见受害的神经呈弥漫性或局灶性增粗，失去洁白光泽。由于肿瘤细胞大量增生，神经纤维受到压迫萎缩消失。 内脏型：病变表现为各内脏器官中有大小不等的肿瘤形成，肿瘤多呈结节状，灰白色，质地细腻，无坏死现象。也有不形成结节的，而是表现为器官的弥漫性肿大色泽变淡。肿瘤常发生于肝、脾、心、卵巢、肺、腺胃、肠管和肠系膜、肌肉等器官组织。 肿瘤组织是由大中小淋巴细胞、成淋巴细胞、MD细胞（变性的成淋巴细胞）等细胞组成的
鸡传染性法氏囊病	本病的潜伏期为2～3d，病程7～8d，死亡曲线呈尖峰状，一般在不明原因的少数死亡后的第3～4天死亡达到高峰，第5天死亡显著减少，如无继发感染7～8d后死亡停止，鸡群恢复健康。发病初期病鸡发生严重的水样下痢，粪便呈灰白色石灰浆样，以后病鸡精神严重委顿，垂头嗜睡，迅速衰竭死亡。如有继发感染可使病情复杂，病程延长，死亡加重	病鸡因严重的腹泻造成脱水，剖检可见肌肉干燥无光。胸肌、腿肌、翅肌等肌肉发生条纹状或板块状出血。腺胃乳头呈环状或点状出血。超强毒株感染时法氏囊肿大、出血，呈紫红色葡萄状，黏膜肿胀、出血、坏死。囊腔内有灰白色或灰红色糊状物，或灰白色干酪样坏死物。有时法氏囊肿大呈柠檬黄色，浆膜呈淡黄色胶冻样水肿。在疾病的后期法氏囊发生萎缩，囊壁变薄，甚至消失。肾肿大，肾小管内充满尿酸盐，外观呈灰白色纹状
网状内皮组织增殖病	急性型只表现为死前嗜睡。慢性型表现为矮小综合征，生长发育停滞，羽毛生长不良，冠髯苍白。运动失调，肢体麻痹。确诊必须靠血清学实验和病毒分离	肝、脾肿大，肝、肌肉、肠道等组织器官中有大小不等的肿瘤结节、腺胃肿胀，出血、坏死，胸腺、法氏囊萎缩。组织学检查可见各器官中大量网状内皮细胞瘤样增生

八、鸡中毒性疾病的鉴别诊断要点

病名	临床症状	病理变化
磺胺类药物中毒	磺胺类药物急性中毒时的主要症状为初期厌食或废食，精神沉郁，随后出现兴奋，惊厥，肌肉震颤，共济失调，呼吸困难，喘气，短期内死亡。慢性中毒时表现为厌食，冠髯苍白，羽毛松乱，消瘦，排出灰白色稀粪，产蛋量下降，有破蛋和软蛋，蛋壳粗糙褪色	皮下、肌间、心包、心外膜、鼻窦黏膜、眼结膜出血。胸肌、腿肌有弥漫性出血斑点或呈涂刷状出血。肌肉苍白或呈半透明淡黄色。血液稀薄，凝固不良。骨髓变黄。肝肿大、淤血，呈紫红色或土黄色，有少量出血斑点。或有中央凹陷深红色坏死灶，坏死灶周围呈灰白色。肾肿大，呈灰白色，肾小管和输尿管内充满尿酸盐，使肾呈花纹状（花斑肾）。腺胃、肌胃交接处有陈旧出血条纹，腺胃黏膜和肌胃角质膜下有出血斑点
呋喃类药物中毒	如用量过大可在十几分钟到几小时内发病，急性发病雏鸡表现兴奋不安，狂奔乱跑，焦躁鸣叫。很快出现神经症状，步态不稳，共济失调，痉挛抽搐，角弓反张，很快死亡或拖延十几小时后死亡，很少能耐过。慢性中毒时食欲减损，体质衰弱，生长发育迟滞	本病由于死亡很快，缺乏明显眼观病理变化，仅见胃肠内容物严重黄染，肠黏膜、心外膜有出血点，肝肿大、淤血。心肌变性
喹乙醇中毒	急性中毒时病鸡表现为突然出现严重的精神沉郁，动作迟缓，流涎，排稀粪。有时出现神经症状，兴奋不安，乱跑，呼吸急促，鸣叫，最后抽搐死亡。慢性中毒时表现为排稀粪，脚软无力，零星死亡	病鸡冠髯暗红或黑紫色，喙和趾呈紫色。口腔黏膜、肌胃角质膜下有出血斑点，十二指肠黏膜有弥漫性出血，腺胃和肠黏膜糜烂。心外膜有出血点。肝、脾、肾肿大，质地脆弱。腿肌、胸肌有出血斑点
链霉素中毒	雏鸡容易发生，注射后数分钟即可发生，雏鸡出现站立不稳，鸣叫，阵发性痉挛，抽搐，共济失调，昏厥，迅速倒地死亡。耐过的鸡大约半天后恢复正常	剖检可见肺淤血、水肿，舌尖发绀。其他脏器未见明显病理变化
庆大霉素、卡那霉素中毒	中毒时鸡出现突发性昏厥，共济失调，抽搐，瘫痪，猝死	病死鸡肾肿大，色泽苍白，质地脆弱，肾小管和输尿管内有大量尿酸盐，外观呈花斑肾
食盐中毒	急性食盐中毒时鸡出现尖叫，不安，暴饮，致使嗉囊积水，流涎，腹泻，共济失调，痉挛，抽搐，迅速死亡。慢性中毒时，表现为持续性腹泻，厌食，生长发育迟缓	尸僵不全，血液凝固不良，血液黏稠，嗉囊严重积液，腺胃、肠道黏膜充血、出血，皮下水肿，肺水肿，肠系膜水肿，颅骨和脑膜充血、出血，脑水肿。肝肿大，肾变硬
铜中毒	病鸡表现为食欲减损或废绝，精神沉郁，生长发育受阻，病鸡缩头，全身震颤，卧地不起，排出黑褐色稀粪，常常突然死亡	肌胃角质层增厚、龟裂，淡绿色；肠腔充有蓝绿色或（和）铜绿色、黑褐色内容物，黏膜肿胀、潮红或出血；肝肿大，黄褐色或淡黄色

九、鸡杂症的鉴别诊断要点

病名	临床症状	病理变化
鸡多病因呼吸道病	一般先是打喷嚏、甩鼻、咳嗽，接着气喘，并伴有呼吸啰音，随着病情发展，可出现流泪、眼睑一侧或双侧肿胀，严重时有咳血现象。排绿色或黄白色及白色稀便，生长停滞。产蛋鸡产蛋率下降，蛋壳质量下降	喉气管内有黏液，喉头有出血点，气管黏膜明显或严重出血，鼻腔和气管有黄色干酪样物，气管还会出现假膜或血痰，肺水肿并有积液，气囊混浊，囊壁增厚，囊腔内有干酪样渗出物，多有心包炎、肝周炎、腹膜炎。卵巢变性或卵泡坏死，输卵管有炎症

续表

病名	临床症状	病理变化
肉鸡低血糖-尖峰死亡综合征	该病潜伏期为9～14d，患鸡食欲减退。一般发病后3～5h死亡，病程长的约26h内死亡。发育良好的鸡突然发病，表现为严重的精神症状，出现共济失调（站立不稳、侧卧、走路姿势异常）、尖叫、头部震颤、瘫痪、昏迷。早期下痢明显，粪便呈米汤样。晚期常因排粪不畅使米汤样粪便滞留于泄殖腔。部分病鸡未出现明显的苍白色下痢，但解剖时可见泄殖腔内滞留大量米汤样粪便	无特异性肉眼病变，肝见出血和坏死点。胸腺萎缩，肾偶有肿大或色淡，并且表面有尿酸盐沉积形成的白色斑点。轻微肠炎，直肠和盲肠内也有白色尿酸盐。法氏囊略肿大，严重的呈现紫黑色。部分肉鸡呈现佝偻、矮小及脱水病变。取病死鸡的心、肝、脾、血液分别涂片，发现红细胞数量极少
鸡附红细胞体病	病鸡表现为食欲缺乏，精神委顿，鸡冠有的红紫，有的苍白；后期发冷，排灰绿色稀粪，少数严重者排黄绿色稀粪，又偶有神经症状（抽颈）。白天偶尔听见怪叫声，晚上尤为明显，似青蛙叫。出现神经症状后很快死亡	主要表现为肝、脾肿大；坏死性肝炎、心包炎；肺水肿并有出血点；胆汁浓稠；卵泡萎缩坏死、出血，严重者卵泡破裂形成卵黄性腹膜炎。输卵管充血，内有干酪样物。嗉囊黏膜坏死、脱落，喉头黏膜和气管黏膜有出血点，肠黏膜充血、出血，溃疡性肠炎。腺胃外脂肪、心冠脂肪、胸骨内膜和腹部脂肪等都有大量针尖大小的出血点。血液稀薄并凝固不良，严重的呈粉红色
腹水综合征	病鸡食欲减损，腹部膨大，行走困难，状似企鹅。呼吸困难，冠髯暗红，皮肤发绀。触摸腹部有波动感。突然死亡	表现为全身淤血，腹腔内充满淡黄色或无色液体。肝体积缩小，质地变硬。心脏扩张。脾和肠道显著淤血。肺部淤血、水肿，气管黏膜充血或淤血
热应激病	初期病鸡停食，饮水增多，排水样稀粪。呼吸急促，张口喘气，两翅抬起外展，卧地不起。后期精神沉郁，昏迷，呼吸缓慢，最后死亡	刚死不久的鸡体温很高，触摸烫手。病死鸡颅骨有出血斑点，肺部严重淤血，胸腔心脏周围组织呈灰红色出血性浸润，腺胃黏膜自溶，胃壁变薄，腺胃内可挤出灰红色糊状物，多见腺胃穿孔
特异性坏死性炎	发病率不等，低的10%左右，高的可达80%以上。一般在注射接种后10d左右发病，病鸡出现食欲减退，精神不振，生长缓慢，甚至死亡。接种部位肿胀、坏死，腿部接种时则出现跛行，头颈部弥漫性或局限性肿胀。15～20d后全身反应消失，局部病变则可保留很长时间	接种部位出现肿胀和坏死，如颈部皮下接种时可在头颈部皮下形成黄豆大、大枣大或更大结节，结节硬如肿瘤，有时整个头部显著肿大。如在胸部注射可引起一侧胸部肌显著肿胀。如在腿部注射则引起腿肌肿胀、坏死。局部组织呈急性坏死性炎症或组织增生形成肿瘤样病变。在坏死或瘤样组织中可见残留疫苗。组织病理变化主要是坏死和异物性肉芽肿

第八章 伴侣动物及特种动物常见传染病及寄生虫病的病理鉴别诊断

第一节 伴侣动物及特种动物常见传染病病理诊断

一、犬瘟热

【临床诊断】 感染后病毒主要从鼻、咽和呼吸道散布到支气管淋巴结和扁桃体进行原发性增殖，引起病毒血症，病毒分布到全身淋巴器官、骨髓和上皮结构的固有膜。有些犬于感染后迅速产生抗体，因此不出现临床症状。有些感染犬体内病毒继续增殖，广泛侵害多个系统的上皮细胞，并通过脑膜巨噬细胞扩散到脑。典型症状为眼、鼻流出浆液性分泌物，体温呈双相热型。病情恶化后，眼睑肿胀，呕吐，下痢，精神萎靡，神经型有神经症状，癫痫样阵发性发作；肺炎型咳嗽声嘶，呼吸困难，有大量黏液性、脓性鼻漏，听诊肺部有显著湿啰音。瘫痪型后肢麻痹瘫痪，幼犬发病时下腹部、股内侧有丘疹、脓疮，有的鼻翼、足垫角质化。

水貂的犬瘟热呈慢性或急性经过，主要表现为皮肤病变，脚爪肿胀，脚垫变硬，鼻、唇和脚爪部出现水疱状疹、化脓和结痂。急性可出现浆液性、黏液-脓性结膜炎和鼻炎，体温上升至40℃以上，并发生下痢和肺炎。最急性型者表现突然死亡。有神经症状，发出刺耳叫声、口吐白沫、抽搐而亡。豹、虎、狮等野生大型猫科动物发生犬瘟热时最初症状为食欲丧失，并发生胃肠和呼吸道症状。

【病理学诊断】 本病是一种泛嗜性感染，病变分布广泛，有些病例皮肤出现水疱性化脓性皮疹；有些病例鼻和脚底表皮角质层增生而呈角化病；上呼吸道、眼结膜呈卡他性或化脓性炎症；肺呈现卡他性或化脓性支气管肺炎，支气管或肺泡中充满渗出液；在消化道中可见胃黏膜潮红，卡他性或出血性肠炎，大肠常有多量黏液，直肠黏膜皱裂出血；脾肿大，胸腺常明显缩小，多呈胶冻状，肾上腺皮质变性，轻度间质性附睾炎和睾丸炎。

组织学检查可在病犬的很多组织细胞中发现嗜酸性的核内和细胞质内包涵体，呈圆形或椭圆形，细胞质内包涵体主要见于泌尿道、膀胱、呼吸系统、胆管、大小肠黏膜上皮细胞内，以及肾上腺髓质、淋巴结、扁桃体和脾的某些细胞中；核内包涵体主要发现于膀胱细胞。表现神经症状的病犬可见有脑血管管套现象，非化脓性软脑膜炎及白质出现空泡。

二、犬传染性肝炎

【临床诊断】 犬患传染性肝炎后，病犬食欲缺乏，渴欲增加。常见呕吐、腹泻和眼、鼻流浆液性黏性分泌物。常有腹痛和呻吟。病犬体温升高到40～41℃，呈所谓马鞍形体温曲线。面色苍白，有时牙龈有出血斑。扁桃体常急性发炎肿大，心搏增强，呼吸加速，很多病例出现蛋白尿，血液不易凝结。

脑炎主要发生于狐狸和黑熊等野生动物。常突然发生，呈急性经过。病狐初发热、流涕、丧失食欲，轻度腹泻，眼球震颤。继而出现中枢神经系统症状，如过度兴奋、肌肉痉挛、共济失调。阵发性痉挛的间隙精神萎靡、迟钝，随后麻痹和昏迷而死。有的病例有截瘫和偏瘫。几乎所有出现症状的病狐2～3d后死亡。

【病理学诊断】 剖检常见皮下水肿，腹腔积液，暴露空气常可凝固。肠系膜有纤维蛋白渗出物。肝略肿大，包膜紧张，肝小叶清楚。胆囊呈黑红色，壁水肿、增厚、出血，有纤维蛋白沉着。脾肿大。胸腺点状出血。体表淋巴结、颈淋巴结和肠系膜淋巴结出血。病理组织变化为肝实质呈不同程度的变性、坏死，窦状隙内有严重的局限性淤血和血液淤滞。肝细胞及窦状隙内皮细胞内有核内包涵体，呈圆形或椭圆形，一个核内具有一个。此外，脾、淋巴结、肾、脑血管等处的内皮细胞内有核内包涵体。在体温上升的早期血液学检查可见白细胞减数（常在25 000以下），红细胞沉降率加快，血凝时间延长。当肝损害严重时，血清中丙氨酸氨基转移酶（ALT）、天冬氨基酸氨基转移酶（AST）、碱性磷酸酶（AKP）、鸟氨酸氨基甲酰转移酶（OCT）和乳酸脱氢酶（LD）的活性升高及血清β-球蛋白含量增加。

狐脑炎剖检可见各脏器组织尤其心内膜、脑膜、脑脊髓膜、唾液腺、胰腺和肺点状出血。组织学检查可见脑脊髓和软脑膜血管呈管套现象。各器官的内皮细胞和肝上皮细胞中，可见有与犬肝炎同样的核内包涵体。

三、犬细小病毒感染

【临床诊断】 本病在临床上分肠炎型和心肌炎型。肠炎型多见于青年犬，突然发生呕吐、腹泻。粪便先黄色或灰黄色，覆以多量黏液和假膜，接着排红色带有恶臭味的稀粪，呈番茄汁样。病犬精神沉郁，食欲废绝，体温升高到40℃以上，迅速脱水，急性衰竭而死。心肌炎型多见于8周龄以下的幼犬，突然发病，数小时内死亡。感染犬精神、食欲正常，偶见呕吐，或有轻微腹泻和体温升高。或有严重呼吸困难，听诊心律不齐。心电图R波降低，S－T波升高。病死率达60%～100%。

【病理学诊断】 肠炎型剖检可见病死犬脱水，可视黏膜苍白、腹腔积液。病变主要见于空肠、回肠。浆膜暗红色，浆膜下充血出血，黏膜坏死、脱落、绒毛萎缩。肠腔扩张，内容物水样，混有血液和黏液。肠系膜淋巴结充血、出血、肿胀。组织学变化为后段空肠、回肠黏膜上皮变性、坏死、脱落，有些变性或完整的上皮细胞内含有核内包涵体。绒毛萎缩、隐窝肿大、充满炎性渗出物。肠腺消失，残存腺体扩张，内含坏死的细胞碎片。白细胞数减少具有特征性。心肌炎型剖检病变主要限于肺和心脏，肺水肿，局灶性充血、出血，致使肺表面色彩斑驳。心脏扩张，心房和心室内有淤血块。心肌和心内膜有非化脓性坏死灶。受损的心肌细胞中常有核内包涵体。

四、犬冠状病毒病

【临床诊断】 临床症状轻重不一，主要表现为呕吐和腹泻，严重病犬精神不振，食欲减少或废绝，多数无体温变化。口渴、鼻镜干燥，呕吐，持续数天后出现腹泻。粪呈粥样或水样，呈红色、暗褐色或黄绿色，恶臭，混有黏液或少量血液。

【病理学诊断】 剖检病变主要是胃肠炎，肠壁菲薄、肠管内充满白色或黄绿色、紫红色血样液，胃肠黏膜充血、出血和脱落，胃内有黏液。组织学检查主要为小肠绒毛变短、融合、隐窝变深，绒毛长度与隐窝深度之比发生明显变化。上皮细胞变性，细胞质出现空泡，黏膜固有层水肿，炎性细胞浸润，上皮细胞变平，杯状细胞的内容物排空。

五、犬疱疹病毒感染

【临床诊断】 2周龄以内犬常呈急性型，病初表现粪便变软，随后1～2d出现病毒血症，病犬体温升高，精神沉郁，不吃，呼吸困难，呕吐，腹痛，粪便呈黄绿色，嘶叫，常于1d内死亡。2～5周龄仔犬常呈轻度鼻炎和咽炎症状，主要表现打喷嚏、干咳、鼻分泌物增多，经2周左右自愈。母犬出现繁殖障碍，如流产、死胎、弱仔或屡配不孕，公犬可见阴茎炎和包皮炎。

【病理学诊断】 死亡仔犬的典型剖检变化为实质脏器表面散在多量芝麻大小的灰白色坏死灶和小出血点，尤其以肾和肺的变化更为显著。胸腔内常有带血的浆液性液体积留，脾常肿大，肠黏膜呈点状出血，全身淋巴结水肿和出血，鼻、气管和支气管有卡他性炎症。组织学变化主要为肝、肾、脾、小肠和脑组织内有轻度细胞浸润，血管周围有散在坏死灶，上皮组织损伤、变性。在肝和肾坏死区邻近的细胞内可见嗜酸性核内包涵体。

六、犬诺卡氏菌病

【临床诊断】 患犬四肢、耳下或颈部发生蜂窝织炎，并伴有相应淋巴结的肿胀，以后逐渐形成脓肿，切开后流出混浊的灰色或棕红色黏稠浓汁，其中含有肉眼可见的大头针头大的菌落，在出现体表病变后，患犬常继发渗出性胸膜炎及腹膜炎，通过穿刺液的显微镜检查可以确定其病性。有的病例可发生支气管肺炎，并常因胸腔淋巴结肿大而导致吞咽困难。

【病理学诊断】 剖检胸腔中有灰红色脓性渗出液，胸膜覆有软绒毛。肺中有多量粟粒大至豌豆大灰黄色或灰红、坚韧或部分化脓的小结节，有的还有斑状实变病灶。其他脏器（胸腔淋巴结、脾、肝、肾）中可能有坚韧的及软化的结节。在个别关节、阴道壁或骨盆浆膜下结缔组织中有脓汁积聚。

七、莱姆病

【临床诊断】 病犬发热，厌食，嗜睡。关节肿胀，跛行和四肢僵硬，手压患部关节有柔软感，运动时疼痛。局部淋巴肿胀。有的病犬出现神经症状和眼病。有的还表现肾功能紊乱、氮血症、蛋白尿、圆柱尿、脓尿和血尿。猫主要表现厌食、疲劳、跛行或关节异常等。

【病理学诊断】 动物通常在蜱叮咬的四肢部位出现脱毛和皮肤脱落现象。犬的病理变化主要是心肌炎、肾小球肾炎及间质性肾炎等。

八、猫白血病

【临床诊断】 病猫通常呈现贫血、嗜眠、食欲减少和消瘦等症状，可分为消化器官型、胸型、多中心型和白血病型4个类型。消化器官型多见，表现呕吐或下痢，肠阻塞，尿毒症，黄疸，贫血，黏膜苍白，食欲减退，消瘦，在腹部可能摸到肿瘤块。胸型以青年猫多发，病猫吞咽和呼吸困难，恶心，虚脱，胸腔积水和无气肺，在腹前两侧可能摸到肿块。多中心型病猫精神沉郁，日渐消瘦，可触摸到体表淋巴结肿大，肝部可能摸到肿块。白血病型病猫黏膜苍白，黏膜和皮肤上有出血点。体温呈间歇热，食欲缺乏，日渐消瘦，血检白细胞大量增多。

【病理学诊断】 剖检病变为肝、脾和淋巴结肿大；肠系膜淋巴结、淋巴集结、胃肠道壁及肝、脾和肾有淋巴结浸润；肿瘤组织代替胸腺，甚至在整个胸腔充满肿瘤。组织学检查发现多中心型和胸型淋巴瘤的细胞主要为T细胞，消化器官型淋巴瘤的细胞主要为B细胞。淋巴结肿瘤中有大量含核仁的淋巴细胞。胸腺受害时，在胸水中出现大量未成熟的淋巴细胞。骨髓外周血液受害时，能见到大量成淋巴细胞浸润。

九、毛皮动物沙门氏菌病

【临床诊断】 本病的潜伏期为3～20d，平均14d。一般分为急性、亚急性和慢性3种。急性型体温升高到41～42℃，病初期精神兴奋，继而沉郁、拒食、爱躺卧于室内，流泪、下痢，有时呕吐，行走缓慢，拱背，常在昏迷状态死亡。亚急性型主要症状表现胃肠机能紊乱，体温40～41℃，精神沉郁，食欲丧失，有的病例有黏液性化脓性鼻液和咳嗽，病兽腹泻，排出水样便，并混有黏液和血液。很快消瘦，行走时四肢无力，常卧，在重度衰弱下死亡。北极狐和黑狐皮肤、黏膜有黄疸，麝鼠多发生败血症。慢性型病兽食欲缺乏、腹泻、粪便有黏膜。呈进行性衰弱，贫血，眼结膜常化脓，被毛松乱，失去光泽，病兽卧于小室内，较少运动，行走时不稳，缓慢，最后衰弱而死亡。另外，妊娠母兽往往空怀和流产，病母兽精神沉郁、拒食，在哺乳期仔兽染病时，表现虚弱，不活动，吸乳无力，有的发生昏迷及抽搐，四肢呈游泳状态，有的发生呻吟或鸣叫，病程2～3d。

【病理学诊断】 银黑狐、北极狐黏膜明显黄染，尤其在皮下组织、骨骼肌、浆膜和胸腔器官较常见，貂类和麝鼠黄疸轻微。胃空虚或含少量混有黏膜的液体，黏膜肿胀，变厚，有时充血，少数病例有点状出血。肝肿大，土黄色，胆囊肿大充满浓稠胆汁。脾肿大，可达正常大小的6～8倍，呈暗红色或灰黄色。肠系膜及肝淋巴结肿大超过2倍，呈灰色或灰红色。肾稍肿大，呈暗红色或灰黄色。心包下有密集的点状出血，膀胱黏膜有散在点状出血，心肌变性，呈煮肉状。脑实质水肿，侧室内积液。

十、毛皮动物布鲁氏菌病

【临床诊断】 鹿感染布鲁氏菌后，多呈慢性经过，初起无明显症状，日久可见食欲减退，身体衰弱，皮下淋巴结肿大；有的病鹿呈波状发热，母鹿发生流产，在产前、产后，从子宫内流出污褐色或乳白色的脓性分泌物，有时带恶臭，流产胎儿多为死胎，母鹿产后常发生乳腺炎、胎衣不下、不孕等，公鹿多发生睾丸炎和附睾炎，一侧或两侧肿大；

4～5 月龄的仔鹿对本病有一定的抵抗力，但也出现临床症状，后肢麻痹，行走、起卧困难；部分成年鹿出现关节炎及黏液囊肿或脓肿。麝鹿、驼鹿和驯鹿主要发生流产，产出弱仔，腱部出现水囊瘤和滑膜炎。一般病程较长，多达数年。狐多呈隐性感染，母狐主要是流产、死胎和产后不孕。患狐食欲减退，有的病例出现化脓性结膜炎，经 1～2 周可自愈。水貂一般无明显症状，但在产仔期常空怀，孕貂常发生流产或死胎，新生仔生后衰弱，病死率较高。

【病理学诊断】　鹿流产的胎衣变化明显，多呈黄色胶样浸润，有些部位覆盖灰色或黄绿色纤维蛋白或脓性絮片及脂肪状渗出物，胎儿胃有淡黄色或黄绿色絮状物，胃肠和膀胱黏膜有点状出血，淋巴结、脾和肝有程度不同的肿胀，有的散在炎性坏死，公鹿的生殖器官、精囊内有出血点和坏死灶，睾丸和附睾有炎性坏死和化脓灶。狐的内脏器官无特征性变化，有的出现脾肿、肝充血、肾出血、淋巴结肿大，有时出血。貂的病理变化较显著，脾肿大，呈暗樱桃红色，淋巴结肿大，切面多汁。组织学检查见肝、脾发生布鲁氏菌性肉芽肿，在上皮呈现淋巴样浆细胞和个别巨细胞聚集，淋巴结内见有网状内皮细胞增生。

第二节　伴侣动物及特种动物常见寄生虫病病理诊断

一、绦虫病

1. 带状绦虫病

轻度感染时症状不明显。严重感染时，食欲缺乏，消化不良，被毛粗乱，无光泽或脱毛。精神萎靡。腹泻，渐进性消瘦，贫血，后期衰竭而死。生前在粪便中检查孕卵节片或虫卵，死后在肠道检查成虫并作鉴定可以确诊本病。

2. 棘球绦虫病

棘球绦虫病的诊断比较困难，大多在尸体剖检时才能发现。但可采用皮内变态反应法进行诊断。轻度感染一般无临床症状。严重感染者，被毛粗乱，无光泽，喜卧，呕吐，腹泻或便秘，粪便中混有白色点状的孕卵节片。肛门常瘙痒。消瘦，贫血。生前粪便检查孕卵节片，动物死后剖检，在小肠内发现成虫后，进行鉴定可确定诊断。

二、线虫病

1. 犬、猫蛔虫病

成年动物一般症状不明显，仅表现渐进性消瘦，常排出虫体。仔兽或幼兽感染时，早期表现咳嗽，体温升高；后逐渐消瘦，食欲缺乏或异嗜，可视黏膜苍白，腹部膨胀，严重者虚弱而死。猫和犬的症状有一定的差别。

猫感染后幼虫移行时引起腹膜炎、寄生虫性肺炎、脑脊髓炎等症状；成虫导致肠卡他，出血，呕吐，腹泻，消瘦，腹部膨胀。有时出现神经症状和过敏反应。

犬在感染早期表现为咳嗽，体温升高，精神沉郁，呼吸、心跳加快。严重者呼吸困难，呕吐，食欲缺乏或出现异嗜，腹部膨胀。便秘、腹泻交替进行，有时排出虫体或吐出虫体。

2. 钩虫病

食欲缺乏，呕吐，异嗜。前期便秘，后期腹泻，粪中带血，毛粗乱，无光泽，易脱落。渐进性消瘦。个别咳嗽，呼吸迫促。严重者四肢和腹下水肿。

猫发病后皮肤瘙痒、皮炎；消化不良，下痢与腹泻交替进行，粪便呈黑油状。有时呕吐、异嗜，消瘦，贫血，严重者可致死。

犬发病后表现皮肤瘙痒、皮炎，趾间常继发细菌感染，大量幼虫移行至肺时，出现咳嗽、呼吸加快、体温升高。成虫寄生于肠道，引起消化不良，食欲缺乏，粪便黑色，混有血液和黏液。进行性消瘦。

3. 旋毛虫病

轻度感染一般无明显症状，严重感染时体温升高，呕吐，腹泻，厌食，消瘦；呼吸困难，眼睑及下颌水肿，肌肉僵硬、肿胀、紧张、疼痛。

猫严重感染时，消化机能紊乱。腹痛，下痢，粪便带血。厌食，体温升高。肌肉僵硬、肿胀、紧张、疼痛，呼吸迫促，行走困难。嗜酸性粒细胞增多。

犬一般无明显症状。严重感染者，腹泻、下痢，有的粪便中带有血液。个别吞咽障碍，行动不便。

三、原虫病

1. 弓形虫病

轻度感染一般无明显的临床症状，重度感染者很快致死，慢性病例成带虫者。

犬：体温升高、食欲缺乏或废绝，腹泻或便秘。可视黏膜苍白或黄染，结膜发炎。流浆液性鼻液，呼吸迫促，咳嗽。有时呕吐，运动失调，严重者后肢麻痹。易流产。

猫：可分为急性型和慢性型。急性型表现为体温高（40℃以上），嗜睡，厌食，呼吸困难，有时呕吐、腹泻。死胎或流产。慢性型表现为消瘦和贫血，食欲缺乏，有时出现神经症状。孕猫亦可发生流产和死胎。

2. 犬、猫球虫病

临床症状主要表现为食欲减退或废绝，被毛粗乱。精神沉郁，反应迟钝，可视黏膜苍白或黄染，体温升高。粪便混有黏液、脱落的黏膜和血液，或水样，或腹泻与便秘交替进行，腹围增大。肝区触诊有疼痛感，严重者呼吸困难、抽搐、惊厥、尖叫。

剖检时小肠黏膜充血、出血及糜烂。肠内容物稀薄。肝淤血，有紫色和黄褐色交织的纹理，呈典型的槟榔肝。胆囊增大，充满胆汁，胆囊壁增厚，心肌色淡、松软。肺和脾均有不同程度的充血、出血。

3. 住肉孢子虫病

轻度感染无临床症状。严重感染时，表现不安，无力，肌肉僵硬，食欲缺乏，贫血，淋巴结肿大，发育不良。个别发生跛行，后肢瘫痪或共济失调。

实验室诊断时生前可进行粪便检查、活体肌肉取样检查或间接血细胞凝集实验；死后在肌肉中发现包囊即可确诊。

4. 锥虫病

患病动物主要表现发热，随着充血的出现而食欲减退，精神不振，被毛干燥，黏膜出血、黄疸，体温升高，腹下水肿。后期心力衰竭，个别有神经症状。

四、蜘蛛昆虫病

1．疥螨病

发病季节多在秋末、冬季和初春。毛皮动物表现为病初在指（趾）掌部皮肤出现炎性浸润，逐渐蔓延至飞节和肘部，进而扩散到头部、颈部、尾部、胸腹部，严重者可扩散至全身。病变部形成结节和水疱，水疱破裂后流出渗出液，与被毛、污物形成结痂。病兽烦躁不安，食欲减少。逐渐消瘦。猫表现为剧烈瘙痒，脱毛，皮肤发红有疹状小结，表面有黄色痂皮，严重者皮肤增厚、龟裂。犬则通常由耳、眼、鼻等周围开始，以后蔓延至头、颈、胸、四肢或全身。表皮发红，有针尖状小结节，皮肤增厚。病犬表现奇痒、搔抓、摩擦、掉毛。

2．耳痒螨病

本病多发于春秋季节，环境潮湿时易发生。初期表现为局部皮肤发炎，摇头，有痒觉，用爪抓搔耳部或将耳壳在其他物体上摩擦。以后耳部皮肤发红、肿胀，形成炎性水疱，干痂后形成痂，堵塞耳道，头部偏向病耳一侧。食欲下降。严重者还可出现神经症状。

实验室诊断时，可刮取耳壳内皮肤进行检查。

3．蠕形螨病

轻症多发于眼眶、口唇周围，以及肘部、脚趾间或体躯其他部位。患部脱毛，逐渐形成与周围界限明显的圆形秃斑。皮肤轻度潮红，覆有银白色黏性皮屑，痒感不明显或仅有轻度瘙痒。重症时，病变蔓延至全身，特别是下腹部和肢体内侧，患部出现蓝红色、绿豆大至豌豆大结节，可挤压出微红色脓液或黏稠的皮脂，脓疱破溃后形成溃疡，常覆盖淡棕色痂皮或麸皮样鳞屑，并有难闻的臭味。皮肤龟裂，脱毛，逐渐呈紫铜色。食欲减退，体温升高，精神沉郁，消瘦，最终因衰竭中毒或脓毒症死亡。

4．虱病

在动物体表发现虱或虱卵即可确诊。动物感染后有痒觉，表现不安，啃咬或在其他物体上摩擦，有时皮肤上出现小结节和小出血点，或发生小坏死灶。严重感染时，引起化脓性皮炎，被毛脱落，消瘦，发育不良。从被毛上找到虱卵，或在皮肤上发现虱即可确诊。

5．蚤病

动物表现不安，瘙痒，经常啃咬或搔抓被毛、皮肤。感染主要发生在耳壳下、肩胛间、臀、腿、背、会阴等部位，常常导致过敏性皮炎、消瘦、贫血、脱毛。在被毛间可发现蚤或蚤卵。

第九章　中毒和营养代谢病病理鉴别诊断

第一节　中毒病病理诊断

（一）含氰苷类植物中毒

【临床诊断】　发病突然且病程进展迅速，黏膜和静脉血鲜红，呼吸极度困难，神经肌肉症状明显，体温正常或偏低时，即可做出初步诊断。

家畜中毒严重者在数分钟至2h内死亡，人食入过量的苦杏仁后多数在1～2h内出现症状，而动物大量食入木薯后一般0.5h即出现症状。

中毒病畜开始表现兴奋不安、站立不稳、全身肌肉震颤、呼吸急促、可视黏膜鲜红，静脉血液亦呈鲜红色，继而呼吸极度困难，流涎、流泪和排粪、排尿，后肢麻痹而卧地不起，出现前弓反张和角弓反张。最后全身极度衰弱，体温下降，眼球颤动，瞳孔散大，张口呼吸，终至呼吸麻痹症死亡。

【病理学诊断】　病理剖检可见，早期血液鲜红色，凝固不良，尸体亦为鲜红色，尸僵缓慢，不易腐败。延迟死亡的病例其血液则变为暗红色，血凝缓慢。胃内容物有苦杏仁味，胃与小肠有充血、出血，心内外膜下出血，气管内有泡沫状液体，肺充血水肿，实质器官变性。

（二）酒糟中毒

【临床诊断】　临床表现神经兴奋、共济失调或卧地不起，发生胃肠炎、呼吸困难、皮肤湿疹等症状。

急性中毒开始时病畜兴奋不安，随后呈现胃肠炎症状，如食欲减退或废绝，腹痛、腹泻，心动过速、脉弱，呼吸困难，步态不稳，至卧地不起，最后四肢麻痹，可因呼吸中枢麻痹而死亡。慢性中毒一般呈现消化不良，黏膜黄染，会发生皮疹和皮炎，病程延长。由于进入机体大量酸性产物导致矿物质供给不足，可因缺钙出现骨质软化现象。母畜不孕或孕畜发生流产。

马中毒时可发生特殊性皮肤湿疹（四肢屈曲部的皮肤表面）和后肢皮肤麻痹。也有时出现疝痛和肠臌气。

牛中毒时则发生顽固的前胃弛缓，有时发生支气管炎、下痢和后肢湿疹（酒糟性皮炎）。后肢系部皮肤表面发生肿胀并见皮肤潮红，后形成疱疹，水疱极易破裂而残留湿性溃疡面，其上覆以痂皮。当患部被细菌感染时，则形成化脓或坏死过程。动物跛行，横卧。重度中毒病例皮肤变化可扩散于全身。最后由于衰竭、败血症或其他并发病而死亡。

猪中毒时结膜潮红充血，体温升高（39～41℃），高度兴奋、狂躁不安，心悸，运步不灵，步态不稳，严重者倒地失去知觉，最后体温下降，肌肉震颤，大小便失禁，有时出现血尿，虚脱死亡。

【病理学诊断】　咽喉黏膜轻度发炎，胃肠黏膜充血和出血，胃黏膜表层易剥离，幽门部有明显的炎症，肠系膜淋巴结充血。小肠黏膜有轻度出血，直肠黏膜水肿、出血，肺充血和水肿。肝、肾肿胀、质脆。心脏有出血斑，脑及软脑膜血管内充血，脑实质轻度出血。

（三）甜菜渣中毒

【临床诊断】　患病动物消化机能紊乱，严重时表现为胃肠炎症状，反刍动物多表现前胃弛缓症状，病猪则表现上吐下泻，各种动物腹泻严重时均倒地不起，后期出现肌肉震颤、抽搐等症状，可死于运动麻痹。

【病理学诊断】

死亡尸体病理解剖学变化主要是胃肠道广泛性炎症，可作为确诊依据。

（四）菜籽饼中毒

【临床诊断】　菜籽饼与油菜中毒综合征一般表现有 4 种类型，即以精神委顿，食欲减退或废绝，反刍动物反刍停止、瘤胃蠕动减弱或停止及明显便秘为特征的消化型；以血红蛋白尿、泡沫尿和贫血等溶血性贫血为特征的泌尿型；以肺水肿和肺气肿等出现呼吸困难为特征的呼吸型；以及以失明、狂躁不安等神经症状为特征的神经型。

各种动物多表现中毒后拒食，不安，流涎，腹痛，便秘或腹泻，血便，痉挛性咳嗽，呼吸困难，鼻中流出粉红色泡沫状液体；尿频，尿液呈红褐色或酱油色，尿液落地时可溅起多量泡沫；可视黏膜发绀，耳尖及肢端发凉，体温降低，脉搏细弱全身衰弱，最后虚脱而死。

猪急性中毒除有上述症状外，常伴有视觉障碍、狂躁等神经症状。

牛急性中毒时，表现兴奋不安、狂奔乱撞，继而四肢痉挛、麻痹，站立不稳而倒卧，此时体温升高，脉搏快而弱，很快衰竭而亡。牛的亚急性与慢性中毒病例，可有不同程度的肺水肿和肺气肿，表现为呼吸极度困难，呼吸加快、张口呼吸，有的出现皮下气肿，体温升高不定，难以痊愈。

其他症状包括幼龄动物生长缓慢、甲状腺肿大，孕畜妊娠期延长伴有新生仔畜死亡率增高。患畜由于感光过敏而表现出背部、面部和体侧皮肤红斑、渗出及类湿疹样损害，家畜因皮肤发痒摩擦，会进一步导致感染和损伤。有些病例还可能伴有亚硝酸盐中毒症状，抑或氢氰酸中毒症状。

【病理学诊断】　胃肠黏膜斑状充血、出血性炎症，内容物有菜籽饼残渣；心内外膜出血，血液稀薄，暗褐色，凝固不良；肺水肿和肺气肿；肝实质变性、斑状坏死；肾点状出血，色变黑。肝细胞广泛性坏死。

（五）硝酸盐与亚硝酸盐中毒

【临床诊断】　急性硝酸盐中毒多为一次食入大量的硝酸盐而引起，是其直接刺激作用所致急性胃肠炎的表现，主要症状有流涎、呕吐、腹泻及腹痛。

亚硝酸盐中毒有其特定的发病规律，即潜伏期为0.5～1h，3h达到畜群发病高峰，之后迅速减少，并不再有新病例出现。临床表现可视黏膜发绀、呼吸困难、血液褐色或酱油色、抽搐、痉挛等特征性临床症状。

猪急性中毒时，初期表现沉郁、呆立不动、不食，肌肉轻度颤动，呕吐、流涎，呼吸、心跳加快；继而不安，转圈，张口伸舌，呼吸困难，口吐白沫，体温低于正常，末梢发凉，黏膜发绀。严重中毒者皮肤苍白，瞳孔散大，肌肉震颤，衰弱，卧地不起，有时呈阵发性抽搐、惊厥，窒息而死。

牛急性中毒时，表现精神沉郁、头下垂，步态蹒跚，呼吸迫促，心跳加快，尿频，体温低于正常，可视黏膜发绀，流涎；瘤胃高度弛缓、臌气，腹痛及腹泻；四肢无力、行走摇摆，至后肢麻痹，卧地不起，肌肉颤动，最后全身痉挛、虚脱而死亡。

鸡表现不安或精神沉郁，食欲减少以至废绝，嗉囊膨大；站立不稳、两翅下垂，口黏膜与冠、髯发绀，口内黏液增多；呼吸困难，体温正常，最后死于窒息。

慢性中毒时，表现的损害与症状多样。牛的"低地流产"综合征就是因摄入高硝酸盐的杂草所致，其他动物也表现有流产、分娩无力、受胎率低等综合征；较低或中等量的硝酸盐还可引起维生素A缺乏症和甲状腺肿等；而畜禽虚弱、发育不良。增重缓慢、泌乳量少、慢性腹泻、步态强拘等则是多种动物常见的症状。

【病理学诊断】　亚硝酸盐中毒的特征性病理变化是血液呈咖啡色、黑红色或酱油色、凝固不良；其他表现有皮肤苍白、发绀，胃肠道黏膜有充血，全身血管扩张，肺充血、水肿，肝、肾淤血，心外膜和心肌有出血斑点等。

一次性过量硝酸盐中毒主要为胃肠炎变化，胃肠黏膜充血、出血，胃黏膜容易脱落或有溃疡变化，肠管充气，肠系膜充血。

（六）黄曲霉菌毒素中毒

【临床诊断】　黄曲霉毒素中毒分急性和慢性中毒两种。猪常在吃食发霉饲料后5～15d出现症状。羊对黄曲霉毒素的抵抗力较强，一般表现为慢性病例。

猪的急性病例可在运动中发生死亡，或发病后2d内死亡。病猪表现精神委顿，厌食，消瘦，后躯衰弱，走路蹒跚，黏膜苍白，体温正常，呼吸急促，心音不齐，心力衰竭，粪便干燥，直肠出血，严重时全身出现红斑，有时站立一隅或头抵墙壁。慢性中毒病猪表现精神委顿，走路僵硬。出现异嗜癖者，喜吃稀食和生青饲料，甚至啃食泥土、瓦砾，常离群独处，头低垂，拱背，卷腹，粪便干燥。有时也表现兴奋不安，冲跳，狂躁。体温正常，黏膜黄染而出现"黄膘病"，有的病猪鼻发红，后变蓝。早期红细胞数量明显减少，后期可减少到30%～45%，凝血时间延长，白细胞总数增多。肝功能试验，在急性病例可发现谷草转氨酶、凝血酶原活性升高，慢性病例可见碱性磷酸酶、谷草转氨酶和异柠檬酸脱氢酶活性升高。血清白蛋白和α-球蛋白及β-球蛋白水平降低，γ-球蛋白水平正常或升高。

牛的中毒多见于乳牛慢性中毒，表现厌食，消瘦，精神委顿，一侧或两侧角膜混浊，尤其是在犊牛更为明显。任何年龄的牛中毒时都可出现腹水及间歇性腹泻。奶牛产乳量下降或停止，有时发生流产。少数病例呈现中枢神经兴奋症状，突然转圈运动，最后昏厥、死亡。

雏鸡、雏鸭一般表现为急性中毒。雏鸡多发生于2～6周龄，症状为食欲缺乏，生长不良，衰弱，贫血，鸡冠苍白，排血色粪便。雏鸭症状为厌食，脱毛，步态强拘，严重跛行，死亡时角弓反张，死亡率极高。成年鸭的耐受性比雏鸭强，急性中毒时与雏鸭相似；慢性中毒时症状不明显，主要表现为食欲减退，消瘦衰弱，贫血，恶病质。中毒病程长久者，可发生肝癌。

犬急性中毒时，表现为严重的胃肠功能紊乱，厌食或拒不吃食，消瘦，有时出现腹水，器官内出血，浆膜和肠系膜出血。慢性中毒病例，表现精神委顿，食欲减退，偶尔下痢。随着病程的发展，肝损伤加重，黏膜和皮下组织出现明显黄疸。

绵羊对黄曲霉毒素的抵抗力较强。自然病例少见，实验条件下，长期饲喂含黄曲霉毒素 1.7mg/kg 的花生饼粉，会出现与猪慢性中毒相似的症状，并出现肝病和鼻癌。

兔、小鼠、猫、雪貂、仓鼠都对黄曲霉毒素比较敏感，症状和其他动物中毒时肝病的症状相似，严重时会导致死亡。

【病理学诊断】　猪急性病例主要是贫血和出血。胸、腹腔大出血，浆膜表面有淤血斑点，大腿前和肩胛下肌肉发生出血，其他部位也常可见到肌肉出血。肝有时在其邻近浆膜部分有针尖状或淤斑样出血。脾通常无变化，但有时表面毛细血管扩张或出血性梗塞。心外膜和心内膜常有明显出血。慢性病例主要是肝硬化、脂肪变性及胸腹腔积液，有时结肠浆膜呈胶样浸润。肾苍白、肿胀，淋巴结充血、水肿。

组织学变化，急性病例呈急性中毒性肝炎和脂肪变性，肝小叶的胆管增生，肝细胞内往往可见透明样颗粒变性，结缔组织增生。在肝小叶中央的肝细胞往往呈现再生及肥大。肾变性、萎缩，肾小管扩张。

病牛消瘦，可视黏膜苍白，肠炎，肝苍白、坚硬，表面有灰白色区，胆囊扩张，多数病例有腹水。组织学变化主要为肝中央静脉周围的肝细胞严重变性，被增生的结缔组织所代替。结缔组织将肝实质分开，同时小叶间结缔组织亦增生，并伸入到小叶内，将肝细胞分隔成小岛状，形成假小叶。更严重的病例，细胞周围可见到纤维样病变。

家禽的肝有特征性损害，急性中毒时肝肿大，色淡至苍白，有出血斑；病程在一年以上者，可发现肝癌结节。

（七）镰刀菌毒素中毒

1．马霉玉米中毒

【临床诊断】　临床以明显的神经症状为主要特征，根据表现通常又分为狂暴型和沉郁型两种。少数病例上述两种类型交替出现。

（1）狂暴型　多为急性，是由于早期脑灰质软化所产生的综合征。多突然发生神经兴奋，两眼视力相继减弱，甚至失明。当病畜系于饲槽时，则以头猛撞饲槽或围栏，有的挣断缰绳，盲目走动，步态不稳，或猛向前冲，直至遇上障碍物被迫停止；或将头抵撞墙壁，致皮破血流，眶伤唇肿，遍体伤痕；或就地转圈或顺墙行走，摔倒后起立困难。病畜肌肉震颤，角弓反张，眼球震动，粪尿失禁，公畜阴茎常常勃起。多数病例经过数天便陷于衰竭而死亡，耐过的病例可转为慢性。

（2）沉郁型　属于慢性病例，是由于脑白质软化所产生的综合征。病畜高度沉郁、萎靡不振，饮食欲减退或废绝，头低耳耷，两眼无神，唇舌麻痹，松弛下垂，流涎，视力减退或失明，吞咽困难，不能咀嚼，长时间垂头呆立，采取某种异常姿势达几小时不变；全身或部分肌肉战栗，不听驾驭，步态踉跄，遇障碍不知躲避。肠蠕动音减弱或消失，排粪排尿次数减少。动物或经数日后死亡，或陷于昏睡后逐渐好转，最终恢复常态。

【病理学诊断】 主要病变集中于中枢神经系统，其特征性病变是大脑白质区出现大小不等的软（液）化坏死灶。

整个大脑皮层变软、水肿，脑回平坦。剖开脑组织，可见大脑半球、丘脑、四叠体及延脑的白质有高粱米至鸡蛋大小的软（液）化坏死灶，坏死灶内含有灰黄色、凝固性、胶质样的半透明坏死组织。坏死区及其周围出血。软化坏死灶多见于大脑半球一侧或双侧，大坏死灶多为单侧性的，从脑的表面触之有波动感。坏死灶表面的脑膜呈明显水肿或点状出血。硬脑膜下腔常蓄积淡黄或红色透明液体，甚至有凝血块。软脑膜充血，散布斑点状出血。蛛网膜下腔、脑室和脊髓中央管内的脑脊液增多。脊髓的灰质部可见小的凝固性或液化性坏死灶。非特征性变化主要是胃肠炎、实质器官肿大、出血、变性。

软脑膜和脑实质的血管扩张充血，内皮细胞肿胀、增生，神经纤维之间的间隙增宽，蓄积水肿液和红细胞，形成环状出血。水肿液还常浸润到周围脑组织，使之呈浅色多孔蜂窝状。液化坏死灶内为大量水肿液所浸润，组织疏松并崩解为颗粒状物质。其邻近脑组织显示高度水肿，并可见泡沫细胞浸润和大量胶质细胞增生，少数则形成胶质细胞结节。

其他组织学变化包括肠黏膜上皮细胞变性脱落，固有层充血，固有层和黏膜下层有较多的淋巴细胞和嗜酸性粒细胞浸润。肝淤血，肝小叶周边的细胞脂肪变性与颗粒变性。肾小管上皮细胞颗粒变性和水泡变性。心内外膜出血，心肌纤维颗粒变性。脾白髓萎缩和红髓内红细胞淤积。

2．牛霉稻草中毒

【临床诊断】 本病的主要症状为耳尖、尾端干性坏疽，蹄腿肿胀、溃烂，蹄匣和趾骨腐脱，肢端尾尖坏死为其特征症状。本病发生突然，常在早晨发现步态僵硬，部分病牛在前 1～2d 表现患肢间歇性提举。

病初，蹄冠微肿低热，系凹部皮肤有横行裂隙，敏感疼痛。数日后，肿胀蔓延至腕关节或跗关节，明显跛行。随后皮肤变凉，表面有淡黄色透明液体渗出，患部被毛易脱落。如病变继续发展，肿胀部位皮肤破溃、出血、化脓、坏死。病变多发生在蹄冠及系凹部，疮面久不愈合，腥臭难闻。最后蹄匣或指（趾）关节部脱落。少数病例肿胀可蔓延至前肢的肩胛部和后肢的股部。消肿后，皮肤局部硬痂呈龟板样。有些病牛肢端肿消后发生干性坏疽，在跗关节以下，病部与健部的皮肤呈明显的环形分界线，远端的坏死部分皮肤紧箍于骨骼上，干硬如木棒。大部分病牛多伴发不同程度的耳尖和尾尖坏死，耳尖坏死可长达 5cm，尾尖可达 30cm，病部与健部分界明显，病部干硬呈暗褐色，患部最后脱落。

病牛精神委顿、拱背，被毛粗乱，皮肤干燥，可视黏膜微红。个别牛鼻黏膜有蚕豆大的烂斑。部分病牛发生鼻出血，呈鲜红色，多为一侧性。有的公牛阴囊皮肤干硬皱缩。除个别病牛外，一般体温、脉搏、呼吸、食欲、瘤胃蠕动及粪尿均无明显变化。

黄牛患病较轻，肿胀不如水牛明显，病程短，3～5d 至 1 周，治愈率较高；水牛病程长，可达月余，甚至数月，卧地不起，体表多形成褥疮，终因极度衰竭而死亡，或淘汰处理。

【病理学诊断】　血栓闭塞性脉管炎是病牛的特征性病理变化。大部分病牛尸体消瘦，体表多褥疮。患肢肿胀部位切面流出多量黄色透明液体，皮下组织因水肿液积聚而疏松。蹄冠与系部血管显著扩张充血，有的血管内形成栓塞，壁内充填灰色或暗红色物质。局部肌肉致密，呈灰红或苍白色。病久而皮肤破溃的牛，疮面附着脓血，肌肉污红色。病程较长的病例血管周围及肌纤维细胞增生，淋巴细胞浸润，毛细血管增生，血栓机化与再通。神经纤维变性呈空泡状。镜检可发现皮肤坏死脱落，皮下有大量崩解的白细胞积聚，血管扩张充血与大片出血，红细胞溶解呈均质片状。有的小动脉壁增厚，形成血栓。肌肉玻璃样变。心脏冠状沟脂肪呈胶样萎缩（早期病例无异常），心内膜下多发生点状或灶状出血，心肌淡红色，质稍柔软。心肌变性。肺除少部分肺泡淤血、出血及尖叶气肿外，一般无明显变化。肝稍肿胀，表面褐红色与灰黄色相间。少数初发病牛肝包膜下呈点状出血。镜检可发现肝细胞颗粒变性，脂肪变性，部分肝小叶出血、坏死，窦状隙扩张淤血。汇管区结缔组织增生，淋巴细胞浸润。脾质地柔软，被膜增厚，切面滤泡与小梁清晰可见。镜检可见中央动脉管壁增厚，血管内皮细胞肿胀。肾包膜易剥离，皮质部呈淡黄红色。肾小球充血，血管内皮细胞肿胀，核增数。部分肾小球包曼氏囊腔扩张，小球血管萎缩呈瓣状。真胃黏膜微增厚，黏膜面呈颗粒状突起，有散在的黄豆大小的溃烂。小肠黏膜充血，部分肠段有出血斑点，绒毛上皮坏死脱落，炎性细胞浸润。大肠多无眼观变化。患肢淋巴结明显肿大，切面湿润呈灰黄色，结缔组织增生，淋巴细胞浸润，髓窦内淋巴细胞和单核细胞增生，并有散在的含吞噬颗粒的巨细胞。

3．赤霉菌毒素中毒

（1）玉米赤霉烯酮（F-2毒素）中毒

【临床诊断】　临床上最常见的是雌激素综合征，引起假发情、不育和流产。

猪一般多发生于2～5月龄，母猪和去势母猪病初出现类似发情现象，精神沉郁，约经24h后会出现阴部潮红、水肿、分泌物增加，随病程发展可引起阴道脱出，乳房增大，逐渐丧失受孕能力，表现假性妊娠和求偶狂，体增重相对加快。由于阴道、阴门炎症，常有努责。发情周期紊乱，怀孕母猪常可见流产、死胎。小公猪可见有睾丸炎，精液的数量和品质降低，包皮及乳腺水肿。

牛F-2毒素中毒时，呈现雌激素亢进症，表现出狂躁不安、敏感及假发情等。

鸡F-2毒素中毒时表现生殖道扩张、泄殖腔外翻和输卵管扩张等症状。

【病理学诊断】　F-2毒素中毒的主要病理变化有阴道和子宫间质性水肿，阴道、子宫颈黏膜上皮细胞变成鳞状细胞的组织增生及变形，阴门、阴道、子宫颈壁和子宫肌层因水肿而增厚，同时有细胞成分的增生和肥大。

小母猪卵巢发育不全，卵泡发育不良，乳腺和乳头明显增大。在组织学上出现乳管上皮细胞核分裂指数增高，导致上皮增生及鳞状上皮组织变性。

（2）单端孢霉毒素中毒

【临床诊断】　临床症状主要包括食欲下降，生长停滞，消瘦，体温降低，腹泻，凝血障碍，凝血时间延长，粪中有潜血或血粪、血尿。由于动物种类、年龄及毒素摄入剂量等不同，动物的临床症状也有所差异。

猪主要表现为呕吐，腹泻，精神沉郁，步态不稳。口、鼻部周围皮肤及口腔黏膜出现炎症，黏膜有脱落。体增重停止。

鸡表现为食欲减退，鸡冠及肉垂色淡或青紫。口腔黏膜坏死性损伤，白细胞数量下降，产蛋量减少。

由于反刍动物特殊的解剖学结构，牛、羊对 F-2 毒素有一定的抵抗力，长期接触毒素或一次大量摄入毒素会引起肠黏膜炎症、瘤胃黏膜乳头脱落。动物精神沉郁，反应迟钝，食欲、反刍减弱或废止。

猫中毒时表现恶心、呕吐，后腿运动失调，白细胞数减少，出血性体质。病程多以死亡结束。

妊娠小鼠流产或死亡，胎鼠畸形，包括尾和四肢畸形、露脑及腭部发育迟缓。

【病理学诊断】 动物大、小肠黏膜广泛坏死，胸腺、骨髓发育不良，脾和淋巴结的淋巴滤泡生发中心呈明显的核破裂，肾小管弥漫性空泡变性，脑膜明显出血、肺部广泛出血。

（八）其他真菌毒素中毒

1. 霉烂甘薯中毒

【临床诊断】 临床症状以呼吸困难为主要特征，伴以反刍和嗳气障碍、黏膜发绀、流泪、流泡沫样鼻液，以及前胃弛缓、臌气和出血性胃肠炎等。临床症状的出现快慢和程度，与病牛采食黑斑病甘薯的量、毒性大小和个体耐受性等有关，通常在采食后 24h 左右发病，除病初表现精神萎靡、食欲缺乏和反刍减退外，其他症状多不明显而易被忽略。急性中毒时，食欲、反刍立即废绝，全身肌肉震颤，体温多在 38～39℃，最高不超过 40℃。本病的突出症状是呼吸困难，呼吸次数增加到 80～90 次/min，甚至 100 次/min 以上，随病势的发展，呼吸运动加深而次数减少。由于吸气用力和呼吸音增强，在较远距离就可以听到如拉风箱声响。初期多由于支气管和肺泡充血及渗出液蓄积，不时咳嗽，听诊表现为湿性啰音，继而由于肺泡弹性减弱，导致明显的呼气性呼吸困难。并由于肺泡内剩余气体相对增多，加之腹肌收缩，最终导致肺泡壁破裂，气体窜入肺间质中，造成间质性肺气肿。因此，所呈现的病理性呼吸音（破裂音或摩擦音）往往被气管和喉头形成的支气管呼吸音所掩盖，不易听到。后期于肩胛、背腰部皮下（即于脊椎两侧）发生气肿，触诊有捻发音。病牛鼻翼扇动，张口伸舌，头颈伸展，并以长期站立姿势等来提高呼吸量，但仍处于严重缺氧状态。此时，眼结膜发绀，眼球突出，流泪，瞳孔散大和全身性痉挛，陷入窒息状态。

呼吸困难的同时，病牛鼻孔流出大量混有血丝的鼻液，口腔流出泡沫样液体，伴发前胃弛缓，间或瘤胃臌胀和出血性胃肠炎，粪便干硬，常积存于肛门内无力排出，排出的多为混有大量血液和黏液状软粪，散发臭味。心脏机能衰弱，脉搏增数，最多可达 100 次/min 以上。颈静脉怒张，四肢末梢冷凉。

乳牛发生中毒后，其泌乳量大为减少，妊娠母牛往往发生早产或流产。

羊发生中毒时，主要症状是精神沉郁，结膜充血或发绀，食欲、反刍减退或停止，蠕动减弱或废绝，脉搏增数达 90～150 次/min，心脏机能衰弱，心音增强或减弱，节律不齐，呼吸困难，重症的山羊还排血便，最终陷于衰竭，窒息而死亡。

猪发生中毒时，精神萎靡，食欲废绝，口流白沫，呼吸困难，张口伸舌，可视黏膜发绀，心脏机能亢进，脉搏节律不齐，肠蠕动音减弱或废绝，肚胀，便秘，粪便干硬色黑。后期下痢，排带血软粪，多呈阵发性强直性痉挛，运动失调，步态不稳。大约经 1 周后，部分病畜食欲逐渐增多而康复。但重剧病例伴发明显神经症状，如头顶墙壁不动，或盲目向前冲撞，或发生瘫痪，最终横卧地上搐搦不止而死亡。

【病理学诊断】　牛患本病时特征性变化为肺显著肿胀，可比正常大 1～3 倍。轻型病例肺脏出现肺水肿，多数伴发间质性肺泡肿，肺间质增宽，肺膜变薄，呈灰白色透明状，有时肺间质内形成鸭蛋大的空泡，在肺膜下可聚集 3～5 个成群的气泡。严重病例肺表面胸膜层透明发亮，呈现类似白色塑料薄膜浸水后的外观。有时在胸膜壁层见有小气泡，肺切面有大量混有泡沫的血样液体流出，肺小叶间隙及支气管腔常有黄色透明的胶样渗出物。胸腔纵隔发生气肿，呈气球状。在肩、背部两侧的皮下组织及肌膜中有绿豆到豌豆大的气泡聚积。心脏冠状沟脂肪点状出血，心内膜灶状出血。胃肠黏膜弥漫性充血、出血或坏死，尤其盲肠出血最为严重。肝肿大，边缘较钝圆，实质有散在性点状出血，切面似槟榔肝。胆囊肿大 1～2 倍，充满稀薄而澄清的深绿色胆汁。胰腺有充血、出血点和急性坏死。

瘤胃臌大，其中可见大量的黑斑病甘薯块渣，瓣胃内容物干固、硬结，如马粪纸。在猪中毒病例中，眼观除肺变化有特征性外，在胃黏膜上呈现广泛性充血、出血点，黏膜易剥脱，胃底部发生溃疡。

2．葡萄状穗霉毒素中毒

本病主要发生在晚秋和冬季舍饲家畜，有采食霉败草料的病史，并表现有马属动物口炎、黏膜和皮肤的坏死性溃疡，牛、羊出血性素质与肠炎，以及各种动物均表现血液白细胞减少为特征症状时，应考虑可能是葡萄状穗霉毒素中毒。

【临床诊断】　马的中毒症状可分为典型与非典型两种类型。典型病例多属于慢性中毒，在临床上通常分为 3 期。初期主要表现为口膜炎的症状，如黏膜充血、肿胀、疼痛敏感、流涎，有时炎症波及口角、唇部、颊乃至下颌部，该部淋巴结（即颌下淋巴结）肿胀、疼痛。此期体温一般无明显变化，但也有升高 1～1.5℃。胃肠蠕动机能增强或减弱。病程 8～12d 或更长。中期主要为血液学变化，白细胞总数减少，尤其以中性粒细胞的减少最为明显，而淋巴细胞相对增多，血小板减少，凝血时间延长，并出现出血性素质。口腔黏膜及唇部皮肤坏死，可视黏膜出血，食欲减退，精神沉郁等。末期主要表现为黏膜及皮肤的进行性坏死和溃疡。口腔、口角、唇部、鼻翼、颊及下颌部由初期的肿胀，发展到流出渗出液，最后出现坏死。渗出液及坏死组织逐渐干燥、皲裂，血液流出。皮肤的坏死部分痂皮脱落后形成瘢痕。鼻黏膜充血，有时见有坏死和溃疡灶，且有大量鼻液。眼结膜潮红充血，眼睑肿胀，流泪，也有发生结膜炎和坏死者。此期体温升高 1.5～2℃、心跳加快（60～120 次/min），节律不齐。食欲废绝，有时呈现腹痛现象。出血性素质表现为可视黏膜有大量出血点。白细胞数极度减少，淋巴细胞增高可达 80%～100%，血小板显著减少。病马极度衰弱，多卧地不起，最后导致败血症而死亡。非典型病例又称休克型，是采食了含有大量葡萄状穗霉毒素的饲料后，经 5～10h 发生急性中毒。临床上表现出明显的神经机能障碍综合征，病畜反射机能减弱或消失，精神极度沉郁，或发生感觉过敏，过度兴奋或狂暴，听力减退，视力消失，有时发生阵发性痉挛。体温升高达 40～41℃，脉搏疾速（80～100 次/min）且微弱、呼吸迫促，可视黏膜发绀。

牛的中毒症状，可分为前驱（隐蔽期）和临床阶段。在前驱期，病牛不见有明显的全身症状，但血液及骨髓细胞相却呈现明显变化，主要为白细胞数减少，嗜酸性粒细胞及淋巴细胞缺乏，骨髓穿刺见有成髓细胞及淋巴样细胞明显增多，成红细胞则减少。随着病情发展，进入临床阶段。此时，病畜体温增高2～3℃，呈稽留热。病牛精神萎靡，喜卧，肌肉震颤，口腔、鼻腔及阴道黏膜呈局限性充血。泌乳量下降，严重时泌乳停止。发病后4～5d时具有流涎症状、鼻液初呈浆液，后变为黏液性或出血性。有时口腔黏膜发红，并有小的坏死灶。肩部肿胀、口腔有难闻的腐败气味。前胃消化不良，腹泻，有时粪便中混有血液，凝血块或脱落的肠黏膜。脉搏疾速，呼吸加快。病程中白细胞总数呈一时性增高，随后即转为进行性白细胞减少症和淋巴细胞明显增多。血小板减少，血凝缓慢。妊娠母牛可发生流产。

猪中毒后病初可见有食欲减退，精神沉郁。典型症状是鼻面部的损害，其特征为表皮脱落、鼻面横沟有坏死灶且发生小皲裂。唇部肿胀，其内侧缘见有坏死灶。无毛或少毛部位、耳根、腹下部、肛门区见有出血点，有时出现溃疡。也有的发生乳房部及乳头皮肤发生损伤。

绵羊中毒时表现精神沉郁、鼻出血和出血性肠炎等。白细胞总数减少，血小板减少。如继发感染，则体温多升高。

【病理学诊断】　典型病例主要见有坏死性溃疡、出血性素质及实质器官的变性等病理变化。坏死性变化主要在口腔、齿龈、软腭和咽黏膜上有单个或多数坏死灶，鼻腔和食管有大小不等的溃疡，有时也见于胃肠道，特别是大肠部分。黏膜的坏死可波及黏膜下层乃至肌层。坏死病灶周围没有明显界限。在许多器官，如胸、腹膜、心内外膜、淋巴结、脾及骨骼肌等可见点状、斑状或弥漫性出血。淋巴结，特别是下颌、咽后和颈淋巴结肿大、淤血和出血。心肌脆弱，呈煮肉样，肝外观呈泥土色，肝实质呈脂肪及蛋白变性，并有坏死灶。此外，病畜真胃壁、网胃、小肠、肝和脾等器官含有菌丝体。

急性病例，病变不明显，仅见黏膜及浆膜出血。

3．草酸盐中毒

【临床诊断】　大多在采食含草酸盐植物后2～6h出现中毒症状，首先表现程度不同的腹痛不安和精神不振，四肢肌肉无力，步态蹒跚，阵发性抽搐、痉挛，甚至发生肌肉麻痹等低血钙综合征。最后卧地不起，头弯于一侧。有的病例心跳加快，鼻孔流出大量细泡沫状分泌物，呼吸困难，口角流出泡沫性唾液，猪只病例还会表现呕吐，瞳孔散大，频频有排尿姿势，偶尔排出血尿。重症病例出现渐进性虚弱，很快虚脱死亡。病程通常为9～11h。

【病理学诊断】　病理剖检变化的特征是间质性肾炎和肾硬变。主要病变在泌尿器官，如肾色淡，肿大，切面多汁，肾皮质呈黄色条纹。皮质与髓质交界处尤为明显。各脏器浆膜面有弥漫性出血，瘤胃黏膜严重出血，胃肠道淋巴结肿大。胸腔和腹腔积液。口腔和食管内有大量血样泡沫液体。肺充血、水肿，支气管内蓄有血样泡沫。病理组织学检查，除肾小管、肾盂、输尿管和尿道内积聚草酸钙结晶外，瘤胃和脑等的血管壁上也有草酸钙结晶沉积所致的病理变化。

4．麦角中毒

【临床诊断】　本病按临床症状可分为中枢神经系统兴奋型和末梢组织坏疽型两种。按病程又可分为急性和慢性两种。急性中毒多属兴奋型，慢性中毒则多属坏疽型。但临床上急性型较为少见。

急性兴奋型主要病征为无规则的阵发性惊厥，当发作前呈现暂时性抑制症状，即精神沉郁、嗜睡等。病畜步态蹒跚，运动失调，站立不稳。有的出现间歇性瞳孔散大、失明，皮肤感觉减弱，肌肉颤抖等。严重病例上述症状多为全身性，即导致全身性强直性痉挛，随之陷于呼吸中枢麻痹且一般常伴发心跳缓慢，节律不齐，有些病畜则发生中毒性胃肠炎症状，如流涎、呕吐、腹痛和下痢等，口腔多发生水疱性口炎，黏膜充血并脱落，少数妊娠家畜在发生阵痛的同时，出现流产，甚至子宫和直肠脱垂。

慢性坏疽型病变部位多在末梢组织，特别是后肢的下部，如飞节、球节、尾部等。起初局部发生红肿、变冷和知觉消失，继而萎缩变黑紫色，皮肤干燥，并与健康组织分离剥脱，病理性损伤处无疼痛。病牛见有跛行等早期症状，长时间被迫横卧。严重病畜常发生腹泻。鸡麦角中毒时多见冠和肉垂发绀、变冷，最后变成干性坏死。

母猪发生的慢性麦角中毒，则表现为乳房停止发育和无乳等症状。

【病理学诊断】　主要是末梢组织坏疽。在损害部位附近可见小动脉痉挛性收缩和毛细血管内皮变性。绵羊在口腔、咽、瘤胃和肠黏膜充血、出血，甚至有溃疡和坏死。

（九）农药中毒

1. 有机磷杀虫剂中毒

【临床诊断】　有机磷杀虫剂中毒后，由于有机磷的化学性质、家畜种类及中毒原因等不同，其所呈现的症状及程度也差异较大，但本病最主要的症状是由于乙酰胆碱过量蓄积，刺激胆碱能神经纤维，引起相应的组织器官生理功能的改变，出现烟碱样症状、中枢神经系统等症状。依程度不同可表现为食欲欠佳，流涎，易出汗，疝痛，呕吐，腹泻，尿失禁，瞳孔缩小，可视黏膜苍白，支气管腺分泌增加，导致呼吸迫促以至呼吸困难，严重的可伴发肺水肿。在引起支配骨骼肌的运动神经末梢和交感神经的节前纤维（包括支配肾上腺髓质的）等胆碱能神经发生兴奋时，乙酰胆碱的作用又和烟碱相似（即小剂量具有兴奋作用，大剂量则发生抑制作用），故常以烟碱样作用形容乙酰胆碱对交感神经节前纤维、肾上腺髓质、骨骼肌的作用。其表现为肌肉震颤，血压上升，肌肉松弛无力，脉搏加快等。有机磷杀虫剂可通过血脑屏障抑制脑内胆碱酯酶，致使脑内乙酰胆碱含量增高。其主要表现为先兴奋后抑制，如病畜兴奋不安，体温升高，搐搦，后呈现昏睡状态，重者发生昏迷。

此外，依家畜种类不同，其主要表现也有一定差别。病牛不安，流涎，鼻液增多，反刍停止。粪便往往带血，并逐渐变为稀粪，甚至水样腹泻。表现痉挛，眼球震颤，结膜发绀，瞳孔缩小。病牛不时呻吟、磨牙，呼吸困难或呼吸迫促。肢端发凉，易出冷汗。心跳加快，脉搏频速。严重者陷于麻痹，尤其是呼吸肌麻痹可导致窒息死亡。羊的症状基本和牛一样，但病初兴奋症状较为突出，如跳跃、狂暴不安等。饮食欲废绝，流涎，出汗。站立不稳，出现后退动作。呼吸浅表、困难，甚至出现窒息状态。心音增强，肠蠕动音也增强，有疝痛症状，腹围变大，排软粪。结膜充血，有的出现视力障碍。在康复的马匹中，有的可能遗留后躯麻痹症。猪发病后明显流涎，肌肉颤抖，眼球震颤，重者走路不稳，后躯摇摆，随后多发展到不能站立的程度，伏卧或侧卧，呼吸变为迫促或困难。鸡对硫磷中毒时表现不安静，流泪，流涎。继而不吃，下痢，血便，往往发生嗉囊积食。发病伊始出现痉挛症状，逐渐加重，不能行走，多卧地不起。最后麻痹、昏迷而死亡。

2. 有机氯杀虫剂中毒

【临床诊断】　临床出现以中枢神经系统机能紊乱为主的症状，常以一次采食大量毒物造成的急性中毒和多次少量接触引起的慢性中毒为主，且不同家畜的临床表现也有所不同。

急性中毒症状的出现是在食入有机氯后数分钟到24h以内，一旦发生，其症状则越来越严重，或呈暴发性。各种动物的症状相似，以神经肌肉效应占优势。

慢性中毒表现多为头部和颈部肌肉震颤症状。震颤逐渐扩大到全身的大部分肌肉，且强度增加，运动失调；常伴有胃肠卡他症状。随着病情的发展，肌肉震颤更为频繁，并为更严重的惊厥所取代，最后出现抑郁、麻痹，终因呼吸衰竭而死亡。

牛急性中毒时，表现大声哞叫、呻吟、反刍停止和腹泻，多死于呼吸困难。慢性病例表现为食欲减退、进行性消瘦、产乳量下降。

猪急性中毒的表现较其他动物轻，多可自然耐过，主要表现为精神沉郁、厌食、吐泡沫、呕吐、流涎，心悸亢进、呼吸加快、瞳孔散大，中枢神经兴奋而引起肌肉震颤，走路摇摆，易惊恐，眼睑痉挛，重者眼睑麻痹，昏迷而死。慢性中毒显现消瘦、弓腰、皮肤粗糙、发红，腹下、四肢内侧、颈下等部位有多量红色疹块，发痒，后躯无力，站立不稳，行走时两后肢摇晃，病猪反应敏感，轻度中毒时仅发出尖叫声，体温不高。

【病理学诊断】　急性病例仅有内脏器官混浊肿胀、全身小点出血，心外膜淤血斑，心肌与肠管出现苍白变化。慢性中毒主要表现为皮下组织和全身各器官组织黄染，体表淋巴结水肿、色黑紫；肝肿大、中心叶坏死、胆囊胀大，脾肿大2～3倍，呈暗红色；肾肿大，被膜难以剥离，皮质部出血；肺气肿。

（十）化学物质中毒

1. 尿素中毒

【临床诊断】　中毒的反刍动物有用尿素补饲的生活史，在添加尿素时如没有经过一个逐渐增量的过程，而按定量突然饲喂，抑或在饲喂尿素过程中，不按规定控制用量或添加的尿素同饲料混合不匀，或将尿素溶于水而大量饲喂而发病。

【病理学诊断】　常无特征病变，有的只表现轻微的肺水肿、充血和淤斑，瘤胃内容物有氨臭，口、鼻内充满泡沫样液体。有的可见到全身静脉淤血，器官充血，严重肺水肿，胸腔积液，心包积水，肝、肾脂肪变性。有的在气管内有瘤胃内容物，心内膜和心外膜下出血。硬脑膜、侧脑室及脉络丛充血，血液黏稠。

2. 氨中毒

【临床诊断】　中毒动物多表现有消化、呼吸系统炎症和神经症状。食入氨肥或饮入氨水时，首先出现严重的口炎，口腔黏膜红肿，甚至发生水疱，口流大量泡沫状唾液。病畜吞咽困难，声音嘶哑，剧烈咳嗽。其后口腔黏膜充血、水肿加剧，舌头严重肿胀，有时伸出口外，不能闭口，大量流涎，以至口腔黏膜糜烂、出血。牛中毒时，精神委顿，食欲多废绝；瘤胃臌气，腹痛，胃肠蠕动减缓或近乎停止；呻吟，肌肉震颤，呼吸困难，步态蹒跚；听诊肺部有明显的湿性啰音，心跳加快，心律不齐。病畜逐渐衰弱无力，颤抖、易跌倒，体温下降，昏睡，常突然死亡。有的在濒死期狂暴不安、大声吼叫。

吸入氨气往往表现为急性中毒。吸入量少、时间短时仅引起轻度中毒，表现为流泪，鼻液初稀后浓，吞咽困难，结膜充血、水肿，肺部可听到少量干性啰音。大量吸入可致重度中毒，出现反射性的喉头痉挛或呼吸停止而迅速死亡。肺水肿可很快发生，表现剧咳、呼吸困难。听诊可闻两侧肺部湿性啰音，并可因窒息而死。小猪吸入氨气中毒时，除咳嗽、呼吸困难外，还表现为厌食、精神沉郁、喜卧、便干、尿少而黄、流涎、被毛干燥；结膜充血、发绀，皮肤充血、发红。

皮肤和眼接触性损伤时，皮肤可发生红、肿、充血，甚至红斑、水疱和坏死。眼内溅入氨水或高浓度氨气刺激后，可发生眼睑水肿，结膜充血、水肿，角膜混浊，甚至溃疡、穿孔而失明。

【病理学诊断】　皮肤及整个尸体浆膜下均布满出血斑，血液稀薄色淡。口腔黏膜充血、出血、肿胀及糜烂；胃肠黏膜也水肿、出血和坏死，胃肠内容物有氨味；瘤胃膨胀。肝肿大、质脆、有出血点；脾也肿大、有出血点；肾有出血、坏死灶，肾小管混浊肿胀。鼻、气管、支气管黏膜充血、出血，管腔内有炎性渗出液；肺充血、出血和水肿。心包和心外膜点状出血、心肌色淡。

3．一氧化碳中毒

【临床诊断】　急性中毒病畜临床表现昏迷，可视黏膜鲜桃红色，血呈樱桃红色等可做出初步诊断。轻度中毒时，体内如含有30%碳氧血红蛋白就能发生中毒。动物表现羞明，流泪，呕吐，咳嗽，心动疾速，呼吸困难。此时如能及时脱离中毒环境，让其呼吸新鲜空气，经过治疗或不经治疗就能很快恢复健康。重度中毒时，体内的碳氧血红蛋白达50%，迅速出现昏迷，知觉障碍，反射消失，步行不稳，后躯麻痹，四肢厥冷，可视黏膜呈樱桃红色，也有呈苍白或发绀的。全身大汗淋漓，体温升高，以后下降，呼吸急促，脉细弱，四肢瘫痪或出现阵发性肌肉强直及抽搐，瞳孔缩小或散大，视网膜水肿。随着缺氧血症的发展和中枢神经系统的损害，病畜极度昏迷，意识丧失，粪尿失禁，呼吸困难，至呼吸麻痹。如不能及时抢救，则很快导致心脏停搏，窒息而死亡。

【病理学诊断】　急性中毒者，尸体剖检可见血管和各脏器内的血液呈鲜红色，脏器表面有小出血点。慢性中毒者，可见心、肝、脾等器官体积增大，有时可发现心肌纤维坏死，大脑皮质部和白质、苍白球和脑干等均有组织学改变。

（十一）灭鼠药中毒

1．磷化锌中毒

【临床诊断】　临床主要表现为流涎、呕吐、腹痛和腹泻，呕吐物有大蒜臭味，在暗处呈现磷光。一般多于误食毒饵后15min到数小时出现症状，病畜表现厌食和昏睡，随即发生呕吐和腹痛，牛、羊还可出现瘤胃臌气。有的病畜发生腹泻，粪便混有血液，也具有磷光。呼吸困难，脉数减少，节律不齐。黏膜黄染，尿黄，尿中出现蛋白质、红细胞和管型。疾病后期患病动物感觉过敏。甚至痉挛发作，呼吸极度困难，张口伸舌，昏迷而死。

马中毒后发展很快，从出现临床症状到死亡最快约2h。先有短期的兴奋症状，惊恐不安，口含白色黏液，剧烈腹痛，全身出汗，黏膜苍白，心跳无力，以后全身肌肉颤抖、痉挛，呼吸极度困难，严重者最后倒地窒息而死。

牛、羊表现食欲废绝，兴奋，痉挛，呼吸困难，卧地不起，有时流泪，个别口流白色泡沫，偶见瘤胃臌气，最后窒息而死。

猪的口腔流有泡沫状唾液，呕吐，间歇性腹痛，呼吸困难而急促。眼结膜潮红，心跳加快，节律不齐，体温初升高到40℃以上，末期下降，最后全身痉挛而死。

鸡呈现呼吸紧张，轻度流涎，抽搐，头常向后仰。发生阵发性痉挛，间歇期越来越短，症状也越来越重。

猫初不安，后嗜眠。全身发抖尖叫。四肢痉挛，卧地不起。流涎呕吐，下痢，呕吐物和粪便均有蒜臭味，有的粪便失禁，呼吸困难。

【病理学诊断】　剖检变化多为肺充血、水肿，尸僵，口腔和咽部黏膜潮红、肿胀、出血，伴发糜烂，胃或嗉囊内容物带有大蒜或电石样特异臭味，在暗处呈现磷光，胃肠道黏膜充血、肿胀、出血，严重时形成糜烂或溃疡，脱落。肝肿大，质地脆弱，呈黄褐色；肾肿胀、柔软、脆弱；心扩张，心肌实质变性；肺淤血、水肿与灶状出血，气管内充满泡沫状液体；脑组织水肿、充血，伴发出血。有些病例还可见到皮下组织水肿、浆膜点状出血及胸腔积液。最急性死亡病例主要表现为休克性血液循环障碍。有时可在猫、狗及反刍兽瘤胃内发现鼠尸残骸。

镜检可见肝窦状隙扩张、充血，肝小叶周边部肝细胞脂肪变性，毛细胆管内积有胆汁；严重中毒的肝细胞则出现脂肪变性、坏死，伴有出血，并有少量中性粒细胞和淋巴细胞浸润。肾小管上皮细胞显著颗粒变性与脂肪变性，部分细胞质内见有透明滴状物，严重时可见肾小管上皮细胞坏死。心肌颗粒变性和脂肪变性，肌束间血管充血，间质轻度水肿和出血。

2．安妥中毒

【临床诊断】　安妥毒品或毒饵保管使用不当，使畜禽误食毒饵或被安妥污染的饲料，则可引起中毒。犬、猫有捕食中毒鼠或鼠尸的病史；肉食动物和猪误食死于安妥中毒的鼠尸，皆可发生二次中毒。

安妥中毒有以呼吸困难、流血样泡沫状鼻液及肺水肿为主的临床特征。误食毒饵后15min 到数小时出现症状，表现为呼吸迫促，体温偏低，犬和猪多数伴有呕吐，流涎，肠蠕动增强，发生水泻。很快由于肺水肿和渗出性胸膜炎，呼吸困难，流出带血色的泡沫状鼻液，咳嗽，听诊肺部有明显湿性啰音。当有胸腔积液时，可出现水平啰音和心音不清，心音混浊，脉搏增数，同时家畜兴奋不安，肌肉痉挛，伴有怪声嚎叫，常因窒息和循环衰竭而死亡。

【病理学诊断】　常见各组织器官的淤血和出血病变。肺部病变最为突出，表现显著增大，水肿，呈暗红色，有出血斑，切开后流出大量暗红色带泡沫液体，气管和支气管内充满血色泡沫样液体，气管黏膜充血。胸腔内积有多量水样透明液体。肝、脾、肾充血，表面有出血淤点或淤斑。心脏冠状沟血管扩张，心包膜轻度水肿，有出血淤点或淤斑。胃肠道和膀胱有卡他性炎症。

3．灭鼠灵中毒

【临床诊断】　灭鼠灵中毒临床特征是全身各组织器官大面积自发性大块出血和创伤后流血不止。急性中毒可因发生脑、心包腔、纵隔或胸腔内出血，无前驱症状即很快死亡。亚急性中毒者主要症状是吐血、便血和鼻出血，心房和皮下广泛血肿；有时可见巩膜、结膜和眼内出血；偶尔可见四肢关节内出血而外观肿胀和僵直；可视黏膜苍白，心律失常，呼吸困难，步态蹒跚，卧地不起；脑脊髓及硬膜下腔或蛛网膜下腔出血时，则出现痉挛、轻瘫、共济失调而很快死亡。反刍兽对灭鼠灵耐受性较大，但可引起流产。

4. 敌鼠中毒

【临床诊断】　敌鼠中毒以口鼻流血、粪便染血、血尿等症状为主要临床特征。家畜误食毒饵后一般在3d左右出现症状，中毒的共同特征是鼻出血、血尿、粪便带血。注射及手术部位肿胀，出血不止，凝血时间延迟。

牛病初精神沉郁，食欲减退或废绝。脉搏、呼吸增数，唇、齿龈及舌背黏膜有出血斑点。瘤胃臌气，肠蠕动增强，不断排出少量带血粪便，血尿。后期站立不稳，或卧地不起全身肌肉震颤，全身出汗，呼吸极度困难，突然倒地，呻吟死亡。

马精神不振，舌背部黏膜有出血点，结膜黄染，瞳孔散大，视力减退。呼吸增数。肺部听诊有湿啰音，脉搏增加到100次/min，心音混浊，心律不齐。肠蠕动增强，粪便染血或排紫黑色粪便，血尿。后期全身肌肉震颤，拱背，磨牙，全身出汗，呼吸困难，多突然倒地而亡。

猪食欲减退或废绝，呕吐，后肢无力，行走摇晃，喜钻窝内，腹痛拱背，下痢，有的有血便。呼吸迫促，结膜和唇部有出血斑点，皮肤上有大块青紫斑，鼻孔不断流血，粪便呈酱油色，严重者出现头歪向一侧、转圈等神经症状，不久即死亡。

犬病初兴奋不安，前肢抓地，乱跑，哀鸣，继而站立不稳。精神高度沉郁，食欲废绝，恶心，呕吐。结膜苍白，结膜和黏膜有出血点。呼吸迫促，心律不齐。从嘴角流出血样液体，尿液呈酱油色，排带血粪便。

猫流涎，呕吐，腹泻，粪便带血，行走摇晃无力，四肢刨地，嚎叫不安，有阵发性痉挛。

兔突然发病，精神沉郁，食欲废绝，常蹲伏于兔笼一隅，肌肉轻度震颤，鼻流血样液体，粪便染血，排血尿。

鸡食欲减退，粪便先干后稀，有恶臭。嗉囊常空虚，腹痛，后期腹部臌胀，精神沉郁，孤立一隅。皮肤和可视黏膜黄染。产蛋停止，后期站立呈蹲坐样。

【病理学诊断】　死后血液凝固不良和内脏器官出血为主要病理变化。天然孔流血，结膜苍白，血液凝固不良或不凝固。全身皮下和肌肉间有出血斑。心包、心耳和心内膜有出血点，心腔内充满未凝固的稀薄血液，呈鲜红色或煤焦油色。肝、肾、脾、肺均有不同程度出血，气管和支气管内充满血样泡沫状液体。胃肠黏膜脱落，弥漫性出血或有染血内容物，腹腔有大量血样液体。个别病例全身淋巴结、膀胱、尿道出血。

（十二）金属类矿物质中毒

1. 食盐中毒

【临床诊断】　主要表现明显的脑神经症状和口渴流涎等消化道症状。各种动物急性食盐中毒的症状虽基本一致，但神经损害、消化紊乱等表现各有侧重和不同。

牛表现比较明显的消化紊乱症状，病牛烦渴，食欲废绝，流涎，呕吐，下泻，腹痛，粪便中混有血色黏液；有时痉挛发作，牙关紧闭，目盲，步态不稳，球关节屈曲无力，肢体麻痹，衰弱及卧地不起；体温正常或低于正常。孕牛可能发生流产、子宫脱出。

猪主要表现神经系统症状，而消化紊乱症状常不明显。病猪口腔黏膜潮红，磨牙，呼吸加快，流涎，从最初的过敏或兴奋很快转为对刺激反应迟钝，视觉和听觉障碍，盲目徘徊，不避障碍，转圈，体温正常；继而全身衰弱、肌肉震颤，严重时呈间歇性癫痫样痉挛发作，出现后弓反张、侧弓反张或角弓反张，有时呈强迫性犬坐姿势，直至仰翻倒地不能起立、四肢侧向划动；最后在阵发性惊厥、昏迷中死于呼吸衰竭。

禽口渴频饮，精神萎靡，垂羽蹲立，下痢，痉挛，头颈扭曲，严重时腿、翅麻痹；小公鸡睾丸囊肿。

犬运动失调，失明，惊厥或死亡。

马口燥红，流涎，呼吸迫促，步态蹒跚，后躯麻痹。

慢性食盐中毒主要发生于猪，多是长时间缺水的情况下慢性钠潴留后突然暴饮，引起的继便秘、口渴和皮肤瘙痒等前驱症状后，脑组织和全身组织急性水肿的神经症状，其表现与急性中毒的神经症状雷同，又称“水中毒”。牛和绵羊饮用咸水引起的慢性中毒，主要表现食欲减退，体重减轻，体温低下，衰弱，时有腹泻，多死于衰竭。

【病理学诊断】　病理组织学检查有特征性的脑与脑膜血管嗜伊红白细胞浸润。急性食盐中毒的肉眼可见变化不典型，一般为消化道黏膜的充血、炎症，牛的这种变化主要在瘤胃和真胃，猪仅限于小肠部位；病程稍长的死亡牛病例可见骨骼肌水肿和心包积水；鸡的剖检变化不定或仅有消化道出血性炎症。猪食盐中毒的特征性病理变化是嗜伊红细胞性脑膜炎，即脑及脑膜血管周围出现嗜伊红细胞；在存活3～4d的病例中，则嗜伊红细胞返回血管，看不到所谓嗜伊红细胞管套现象，但仍可观察到大脑皮层和白质间区形成的空泡及破裂空泡。

2．汞制剂中毒

【临床诊断】　中毒动物表现出胃肠、肾、脑损害的综合征。急性汞中毒多因误食大量无机汞而突然起病，呈重剧胃肠炎症状。病畜呕吐，呕吐物带血色，并有剧烈的腹泻，粪便内混有黏液、血液及伪膜。

亚急性汞中毒发生多因误食有机汞农药或吸入高浓度汞蒸气，起病较急。因误食而发生的，主要表现流涎、腹痛、腹泻等胃肠炎症状；因吸入汞蒸气而发生的，则主要表现咳嗽、流泪、流鼻液、呼出恶臭气体、呼吸促迫或困难，肺部听诊可闻广泛的捻发音、干性和湿性啰音。几天后开始出现肾病症状和神经症状。病畜背腰拱起，排尿减少，尿中含大量蛋白质，有的排血尿。尿沉渣镜检有肾上皮细胞和颗粒管型。同时还表现肌肉震颤、共济失调和头部肌肉阵挛，有的发生后躯麻痹，最后多在全身抽搐状态下死亡，病程1周左右。

慢性汞中毒多因长期少量吸入汞蒸气或采食含有机汞残毒的饲料而发生，是汞中毒最常见的一种病型。病畜精神沉郁，食欲减损，腹泻经久不愈，逐渐衰弱消瘦，皮肤瘙痒，渗出黄红色液体，被毛纠集，结痂，脱落，状同湿疹。口唇黏膜红肿溃烂，触压齿龈有明显疼痛，严重的牙齿松动以至脱落。神经症状最为突出，病畜低头垂颈，闪动眼睑，肌肉震颤，口角流涎，有的发生咽麻痹而不能吞咽。轻症病例运步笨拙而强拘，重症病例则步态蹒跚，共济失调，甚至后躯轻瘫，不能站立，最后多陷于全身抽搐。病程常拖延数周。如能彻底除去病因，坚持驱汞治疗，约有半数病畜可望康复，预后判断必须慎重。

【病理学诊断】　经消化道中毒者常表现严重的胃肠炎，胃肠黏膜潮红、肿胀、出血，黏膜上皮发生凝固性坏死和溃疡。汞蒸气中毒则发生腐蚀性气管炎、支气管炎、间质性肺炎和肺水肿，有时还有肺出血和坏死，同时发生胸膜炎、胸腔和心包积液、心外膜出血、脑软膜下水肿；体表接触汞制剂可使局部皮肤潮红肿胀、出血、溃烂、坏死，皮下出血或胶样浸润。此外，肝肿大、色暗，肝小叶中心区和心肌脂肪变性，肾肿大。慢性中毒除上述变化外，更为突出的是口膜炎、齿龈炎和神经系统的变化；大脑和小脑神经细胞变性、坏死，小胶质细胞弥漫性增多；脑组织小灶状出血，血管周围小胶质细胞和淋巴细胞形成管套，神经纤维脱髓鞘。

3．钼中毒

【临床诊断】　患畜持续性腹泻、消瘦、贫血、被毛褪色、皮肤发红等为本病的特征症状。动物采食高钼饲草料 1～2 周即可出现中毒症状。牛钼中毒的特征是严重持续的腹泻，排出粥样或水样的粪便，并且混有气泡。同时表现生长发育不良，贫血，消瘦，关节痛（跛腿），骨质疏松，被毛和皮肤褪色，在黑色皮毛动物，特别是眼睛周围褪色最为明显，外观似戴了白框眼镜。

绵羊，尤其是幼龄羔羊中毒时，表现出背部和腿部僵硬，不愿抬腿。被毛弯曲度减少，变成直线状，抗拉力减弱，容易折断。有的羊毛褪色，有的大片脱毛。

4．镉中毒

【临床诊断】　动物一次摄入大量镉主要刺激胃肠道，出现呕吐、腹痛、腹泻等症状，严重时血压下降，虚脱而死。慢性中毒一般无特征性的临床表现，并且因动物品种不同而有一定差异。绵羊主要表现精神沉郁，被毛粗乱无光泽，食欲下降，黏膜苍白，极度消瘦，体重减轻，走路摇摆，严重者下颌间隙及颈部水肿，血液稀薄。随着中毒时间的延长，上述症状呈渐进性发展。猪主要表现为生长缓慢，皮肤及黏膜苍白，其他症状不明显。水牛镉中毒时，表现贫血，消瘦，皮肤发红。另外，镉中毒动物出现繁殖功能障碍，公畜睾丸缩小，精子生成受损，母畜不孕或出现死胎。

X 线检查发现骨质普遍稀疏，骨皮质变薄，骨密度降低，骨髓腔增宽，骨内膜与骨外膜有增生性反应，有的呈葱皮样改变。

【病理学诊断】　动物镉中毒的主要组织学变化为全身多器官小血管壁变厚，细胞变性甚至玻璃样变，肺表现严重的支气管和血管周围炎，弥漫性肺泡隔炎和片状纤维结缔组织增生。肝细胞变性、坏死，肝细胞中细胞器崩解呈细网状，严重时完全崩解，窦内皮细胞变性、肿胀。肾为典型的中毒性肾病，并有亚急性肾小球肾炎和间质性肾炎。小脑浦肯野细胞和大脑神经细胞变性。心肌细胞轻度变性。有时出现局灶性坏死。

5．铜中毒

【临床诊断】　急性铜中毒主要表现严重的胃肠炎，以腹痛、腹泻、食欲下降或废绝、脱水和休克为特征。如果动物未死于胃肠炎，3d 后则发生溶血和血红蛋白尿。

慢性铜中毒可突然发生血红蛋白尿、黄疸、休克，但缺乏胃肠炎的症状。在出现溶血前临床症状不明显，血液谷丙转氨酶、谷草转氨酶等酶活性升高，发生溶血后突然出现精神沉郁、虚弱、食欲下降、口渴、血红蛋白尿和黄疸等症状。中毒动物常在发病后 1～2d 因贫血和肝功能不全死亡。存活的动物随后死于尿毒症。

种鸡日粮铜含量 1190mg/kg 饲喂 4d，可出现精神萎靡，羽毛粗乱，翅膀下垂，闭眼呆立，口流黄灰色黏液，鸡冠发紫，排淡红色或墨绿色稀粪等中毒症状，产蛋率降至33.15%～71.42%，死亡率达25.75%，种蛋孵化率仅为48.4%。雏鸡生长缓慢，发育不良，1月龄时死亡率为66.47%。

【病理学诊断】　反刍动物急性铜中毒主要变化为急性胃肠炎、皱胃糜烂和溃疡、组织黄染。肾肿大呈青铜色，尿呈红葡萄酒样。脾肿大，实质呈棕黑色。肝肿大易碎。组织学变化为肝小叶中央区和肾小管坏死。

6．铅中毒

【临床诊断】　以消化和神经机能障碍和贫血等症状作为初步诊断依据。动物铅中毒主要表现为兴奋不安、肌肉震颤、失明、运动障碍、麻痹、胃肠炎及贫血等，因动物品种不同，临床症状有一定差异。

牛急性铅中毒主要发生于犊牛，表现明显的兴奋甚至狂躁不安或惊恐吼叫，行为不可遏制，不避障碍物，有的头抵障碍物不动，视力下降或失明。肌肉震颤，头部的肌肉尤为明显，有时出现阵发性痉挛。磨牙，流涎，口吐白沫，有的角弓反张。触觉、听觉过敏。步态蹒跚或僵硬，呼吸、心跳加快。病程较短，一般为12～36h，多因呼吸衰竭而死亡。亚急性和慢性中毒主要见于成年牛，精神沉郁，共济失调，前胃弛缓，腹痛，便秘或腹泻，进行性消瘦。症状出现后3～5d可死亡。

羊亚急性铅中毒与牛相似，神经症状较轻。慢性中毒主要表现为精神沉郁，逐渐消瘦，视力下降，贫血。运动障碍，后肢轻瘫或麻痹，可能与铅引起的骨质疏松，脊椎变形压迫脊髓有关。

马铅中毒表现为肌肉无力，关节僵硬，精神沉郁，消瘦。因喉返神经麻痹而发生吸气性呼吸困难和"喘鸣"，严重者因呼吸衰竭而死亡。同时伴有咽麻痹而发生周期性食管阻塞，有的食物通过麻痹的喉吸入气管而发生肺坏疽。

猪对铅有较强的耐受性，铅中毒不常见。大量摄入后出现尖叫、腹泻、流涎、磨牙、肌肉震颤、共济失调、惊厥、失明等。

犬和猫铅中毒表现厌食、呕吐、腹痛、腹泻或便秘、咬肌麻痹。有的流涎、狂叫，呈癫痫样惊厥、共济失调等神经症状。

家禽表现食欲下降，体重减轻，运动失调，随后兴奋，心动过速，衰弱，腹泻，产蛋和孵化率均下降。

【病理学诊断】　铅中毒的表现主要在神经系统、肝、肾等。脑脊液增多，脑软膜充血、出血，脑沟回变平、水肿，脑实质毛细血管充血，血管周围扩张，血管内皮细胞肿胀、增生；脑皮质神经细胞层状坏死，胶质细胞增生。外周神经节段性脱髓鞘、肿胀、断裂或溶解，施万氏细胞轻度增生；肾肿大，脆软，黄褐色。肾上皮细胞有核内包涵体，肾小管上皮细胞表现明显的颗粒变性和坏死变化，坏死脱落的上皮细胞进入管腔将其堵塞；肝脂肪变性，偶尔有核内包涵体；骨骼X线检查发现骨膜增生，骨皮质变薄，骨密度降低，骨质稀疏，有的动物在骨骺端发现有致密的铅线。

（十三）非金属矿物质中毒

1．氟中毒

【临床诊断】　氟中毒在临床上主要表现为急性中毒和慢性中毒两种，常见的是慢性中毒。急性氟中毒一般在食入0.5h左右出现症状，一般表现胃肠炎症状，猪常表现流涎、呕吐、腹痛、腹泻、呼吸困难、肌肉震颤、瞳孔散大；多数家畜感觉过敏，出现不断咀嚼动作，严重时搐搦和虚脱，在数小时内死亡。有时动物粪便中带有血液和黏液。

慢性氟中毒常呈地方流行性，特别是当地出生的放牧家畜发病率最高。各种家畜的症状基本相同，主要表现为牙齿的损伤、骨骼变形及跛行等特征症状。

幼畜在哺乳期内一般不表现症状，断奶后放牧3～6个月即可出现生长发育缓慢或停止，被毛粗乱，出现牙齿和骨骼损伤，随年龄的增长日趋严重，呈现未老先衰。牙齿的损伤是本病的早期特征之一，动物在恒牙长出之前大量摄入氟化物，随着血浆氟水平的升高，牙齿在形态、大小、颜色和结构等方面都发生改变。切齿的釉质失去正常光泽，出现黄褐色条纹，并形成凹痕，甚至于牙龈磨平；臼齿普遍有牙垢，并且过度磨损、破裂，可能导致髓腔暴露；有些动物齿冠破坏，形成两侧对称的波状齿和阶状齿，下前臼齿往往异常突起，甚至刺破上腭黏膜形成口黏膜溃烂，咀嚼困难，不愿采食；有些动物因饲料塞入齿缝中而继发齿槽炎或齿槽脓肿，恒齿完全形成并长出后，其结构受高氟摄入的影响较轻。

骨骼的变化随着动物体内氟蓄积程度而逐渐明显，颌骨、掌骨、跖骨和肋骨呈对称性肥厚，外生骨疣，形成可见的骨变形；关节周围软组织发生钙化，导致关节强直，动物行走困难，特别是体重较大的动物出现明显的跛行；严重的病例脊柱和四肢僵硬，腰椎及骨盆变形。

【病理学诊断】　骨骼的变化是本病的主要特征。受损骨呈白垩状，粗糙，多孔，肋骨易骨折，常有数量不等的膨大，形成骨赘。腕关节骨质增生，母畜骨盆及腰椎变形。骨磨片可见骨质增生，成骨细胞集聚，骨单位形状不规则，甚至模糊不成形，中央管扩张，骨细胞分布紊乱，骨膜增厚。心、肝、肾、肾上腺等有变性变化。

2. 硒中毒

【临床诊断】　兽医临床将硒中毒分为急性、亚急性和慢性3型。

急性主要发生于牛和绵羊，表现为精神沉郁，运动失调，脉搏快而弱，呼吸困难，发绀，腹痛，臌气，多尿，常因呼吸衰竭死亡；猪也常发生呕吐。

亚急性主要见于在高硒土地上短期放牧的牛、羊，病畜消瘦，被毛粗乱竖立，视力减弱，离群盲目乱走，步态蹒跚。进而转圈，因视力更差或盲目而不能回避障碍物。流涎流泪，严重腹痛，不能吞咽。最后因完全麻痹，虚脱或呼吸衰竭而死。动物在未出现症状之前可能经过数周至几个月，一旦发作则可于数日内死亡。

慢性的临床症状为马的长鬃毛和尾毛，牛的尾根部长毛脱落，被毛粗乱，呆滞和缺乏活力，消瘦，食欲下降。天气寒冷时，四肢末端血液循环扰乱，导致四肢下部、蹄和尾尖冻伤。蹄冠下部出现环状坏死，严重者裂口很深。马可能蹄壳脱落。牛虽可保留，但常常生长过长和变形。由于指骨关节面糜烂，跛行明显加重。病畜常患贫血。猪表现背部脱毛和蹄壳生长不良。鸡不直接受影响，但蛋的孵化率降低，雏鸡多畸形（无眼、活力低、缺翅或两足异常），生活力低下。

【病理学诊断】　急性中毒病例剖检变化主要是全身出血，肺充血、水肿，腹水，肝与肾变性，平滑肌弛缓；亚急性病例剖检可见各脏器慢性变化，主要损害肝与脾。肝萎缩，坏死和硬化，脾肿大并有局灶性出血区，脑组织充血、出血、水肿、变软；慢性病例剖检最明显的病变为心肌萎缩，肝萎缩、硬化，并可能有胃肠炎、肾炎等病变。

3．砷中毒

【临床诊断】 患病动物以消化功能紊乱、胃肠炎、神经功能障碍等症状为主要临床特征。各种动物的砷中毒症状基本相似。最急性病例一般看不到任何症状病畜即已死亡，或者病畜突然出现腹痛、站立不稳、虚脱、瘫痪以至死亡。

急性中毒多于采食后数小时至 50h（反刍兽）发病，表现剧烈的腹痛不安、呕吐、腹泻及粪便带血等急性胃肠炎症状，同时伴有呻吟、流涎、口渴喜饮，站立不稳、软弱、震颤，甚至后肢瘫痪，卧地不起，脉搏快而弱，体温正常或低于正常，可在 1～2d 内全身抽搐而死于心力衰竭。

亚急性中毒可存活 2～7d，临床症状仍以胃肠炎为主，患畜持续表现腹痛、厌食和贪饮、腹泻，粪便带血或有黏膜碎片；先多尿后无尿、脱水，反刍兽会出现血尿或血红蛋白尿；心动过速、脉搏细弱、体温偏低，四肢末梢厥冷、后肢偏瘫、木僵。后期出现肌肉震颤、抽搐等神经症状，最后昏迷而亡。

慢性中毒时，病畜食欲、反刍减退，生长不良、发育停止，表现渐进性消瘦，被毛粗乱、干燥无光泽、容易脱落；可视黏膜潮红、结膜与眼睑水肿，口腔黏膜红肿并有溃疡、鼻唇部亦可发生同样的红肿溃疡，并经久不愈；牛、羊剑状软骨部有疼痛感，偶见有化脓性蜂窝织炎；乳牛产乳量剧减，孕畜流产或死胎；患畜下痢和便秘交替发生，甚至排血样粪便；大多数伴有神经麻痹症状，且以感觉神经麻痹为主。猪、羊慢性有机砷中毒病例，临床仅表现神经症状，如运动失调、视力减退、头部肌肉痉挛、偏瘫等。家禽慢性中毒时，表现羽毛蓬乱、竖立，减食、腹泻，排血便，双翅下垂、颈肌颤动、站立不稳、运动失调；后期虚弱，冠髯黑紫，肢冠发凉，偏瘫，体温下降，最后在昏迷中死亡。

【病理学诊断】 尸体不易腐败，急性与亚急性中毒病例，胃、小肠、盲肠、真胃黏膜发生炎症、出血、水肿，甚至糜烂、坏死和穿孔（牛），心、肝、肾等实质器官脂肪变性，淋巴结水肿，呈紫红色，胸膜与心外膜有出血点。家禽的嗉囊及腺胃、肌胃呈卡他性或重度炎症，肌胃角质层脱落。

慢性中毒病例胃和大肠有陈旧性的溃疡或斑痕，肝、肾变性明显，全身消瘦、水肿，喉、气管发炎。

有机砷中毒一般无肉眼可见病变，组织学检查仅见视神经和外周神经变性。

第二节 营养代谢病病理诊断

一、酮病

【临床诊断】 酮病主要发生在产犊后几天至几周内，临床上表现为消耗型和神经型两类。消耗型酮病占 85%左右，但有些病牛消耗症状和神经症状同时存在。

消耗型表现食欲降低和精料采食减少，甚至拒绝采食青贮料，一般可采食少量干草。体重迅速下降，很快消瘦，腹围缩小。产奶量明显下降，乳汁容易形成泡沫，但一般不发展为无乳。因皮下脂肪大量消耗导致皮肤弹性降低。粪便干燥，量少，有时表面附有一层油膜或黏液。瘤胃蠕动减弱甚至消失。呼出气体、尿液和乳汁中有酮气味，加热更加明显。

神经型主要表现精神高度紧张，突然发病，不安，大量流涎，磨牙空嚼，顽固性舔吮饲槽或其他物品。视力下降，走路不辨方向，横冲直撞。有的病畜全身肌肉紧张，步态踉跄，站立不稳，四肢叉开或相互交叉。有的震颤，吼叫，感觉过敏。少数病畜精神沉郁，头低耳耷，对外界刺激的反应下降。

二、犬、猫肥胖症

【临床诊断】　患肥胖症的犬、猫体态丰满，皮下脂肪丰富，用手不易触摸到肋骨，尾根两侧及腰部脂肪隆起，腹部下垂或增宽；行动缓慢粗喘；食欲亢进或减退，不耐热，易疲劳，运动时易喘息，迟钝不灵活，不愿活动，走路摇摆；肥胖犬、猫易发生骨折、关节炎、椎间盘病、膝关节前十字韧带断裂等；易患心脏病、糖尿病，影响生殖等生理机能。

此外，由内分泌紊乱引起的肥胖症，除上述肥胖的一般症状外，还表现原发病的各种症状。例如，甲状腺机能减退或肾上腺皮质机能亢进引起的肥胖，有对称性的脱毛、鳞屑和皮肤色素沉积等症状。

三、犬、猫脂肪肝综合征

【临床诊断】　犬、猫表现过度肥胖，皮下脂肪厚实，食欲明显减退、呕吐、腹胀，软便或便秘交替出现，粪便恶臭；喜卧懒动，动则容易疲劳，精神委顿，以此可建立初步诊断。

四、禽脂肪肝综合征

【临床诊断】　临床上以病禽个体肥胖，产蛋减少，个别病禽因肝功能障碍或肝破裂、出血而死亡为特征。本病病初无特征性症状，只表现过度肥胖，其体重比正常高出20%，尤其是体况良好的鸡、鸭更易发病，常突然暴发死亡。发病鸡、鸭全群产蛋率降低（产蛋率常由80%以上降低至50%左右），有的停止产蛋。喜卧、腹下软绵下垂，冠和肉髯褪色，甚至苍白，严重者嗜睡，瘫痪，体温 41.5～42.8℃，进而肉髯、冠和脚变冷，可在数小时内死亡。一般从发病到死亡 1～2d。

五、鸡脂肪肝和肾综合征

【临床诊断】　本病一般发生在 10～30 日龄的雏鸡，病鸡突然表现嗜睡和麻痹，麻痹由胸部向颈部蔓延，几小时即死亡。本病的死亡率多在 6%以下，个别鸡群可达 20%以上。有些病鸡会出现典型的生物素缺乏症特征，如生长缓慢、羽毛发育不良、喙周围皮炎及足趾干裂等。

【病理学诊断】　主要的剖检变化是在肝和肾。肝苍白、肿胀，肝小叶外周表面有出血点，肾肿胀，呈现多样颜色；脂肪组织呈淡红色，与脂肪内小血管充血有关。嗉囊、肌胃和十二指肠内有黑棕色出血性液体，恶臭。

六、黄脂病

【临床诊断】　黄脂猪生前常见症状包括被毛粗乱、倦怠、衰弱、黏膜苍白、食欲减退、增重缓慢。严重病例呈现低色素性贫血。剖腹后皮下可闻腥臭味，加热时或炼油时异味更明显，体内脂肪呈淡黄褐色。小水貂断奶后不久即可发病，有的突然死亡，有的可存活到生皮阶段。水貂精神委顿，目光呆滞，食欲下降，有时便秘或下痢，粪便逐渐由白色变成黄色以至黄褐色，被毛蓬松，不爱活动、表现特征性的不稳定单足跳，随后完全不能运动，严重时后肢瘫痪。如在产仔期常伴有流产、胎儿吸收和新生仔孱弱易死亡。在生皮时期，幸存的病貂黄色脂肪沉积，并出现血红蛋白尿。

【病理学诊断】　猪体脂呈黄色或淡黄褐色，骨骼肌和心肌呈灰白色，发脆；肝呈黄褐色，有明显的变性；肾呈灰红色，横断面发现髓质呈浅绿色；淋巴结肿胀、水肿，胃肠黏膜充血。脂肪细胞间有蜡样物质沉积，大小如脂肪细胞；由于有脂肪组织发炎，常有巨噬细胞、中性粒细胞浸润。

貂的皮下、肠系膜脂肪呈黄色或土黄色，甚至呈粉糊状。有的胃肠出血，肠内容物呈黑色，脂肪细胞坏死，细胞间充满蜡样物质，脂肪中含有抗酸染色色素。

七、痛风

【临床诊断】　临床表现高尿酸血症，伴痛风性关节炎反复发作、痛风石沉积、关节畸形的特征性症状。病例多以内脏型痛风为主，关节型痛风较为少见。

内脏型痛风可零星或成批发生，多因肾衰竭而死亡。病禽开始表现身体不适，消化紊乱和腹泻。6～9d 鸡群中症状完全出现，多为慢性经过，如食欲下降，鸡冠泛白、贫血、脱羽、生长缓慢、粪便呈白色稀水样，多数鸡有明显症状或突然死亡。因致病原因不同，原发性症状也不一样。由传染性支气管炎病毒引起的，有呼吸加快、咳嗽、打喷嚏等症状；维生素 A 缺乏所致者，还伴有眼、鼻孔易堵塞等症状；高钙、低磷引起者，还可出现骨代谢障碍。

关节型痛风可出现腿、翅关节软性肿胀，特别是趾跗关节、翅关节肿胀、疼痛，运动迟缓跛行，不能站立，切开关节腔有稠厚的白色黏性液体流出。有时脊柱，甚至肉垂皮肤中也可形成结节性肿胀。

【病理学诊断】　病理变化主要为肾小球、肾小管等实质变性和尿酸结石形成，以此可做出确定诊断。内脏浆膜如心包膜、胸膜、腹膜，肝、脾、胃等器官表面覆盖一层白色、石灰样尿酸盐沉淀物，肾肿大，色苍白，表面及实质呈雪花样花纹。输尿管增粗，内有尿酸盐结晶，因而又称禽尿石症。关节型痛风的主要病变在关节，切开关节囊，内有膏状白色黏稠液体流出，关节周围软组织以至整个腿部肌肉组织中，都可见到白色尿酸盐沉着，因尿酸盐结晶有刺激性，常可引起关节面溃疡及关节囊坏死。

内脏型痛风主要变化在肾。肾组织内因尿酸盐沉着，形成以痛风石为特征的肾炎-肾病综合征。痛风石是一种特殊的肉芽肿，由分散或成团的尿酸盐结晶沉积在坏死组织中，周围聚集有炎性细胞、吞噬细胞、巨细胞、成纤维细胞等，有肾小管上皮细胞肿胀、变性、坏死、脱落等肾病症状；管腔扩张，由细胞碎片和尿酸盐结晶形成管型；肾小球变化一般不明显，肾小管管腔堵塞，可导致囊腔生成间质纤维化。关节型痛风在受害关节腔内有尿酸盐结晶，滑膜表面急性炎症，周围组织中痛风石形成，甚至扩散到肌肉中，在其周围有巨细胞围绕。内脏和关节病变部位尿酸盐沉积镜检呈栅状排列。

八、高脂血症

【临床诊断】　病马精神不振，食欲减退，虚弱无力，四肢、躯干或颈部肌肉纤颤，共济失调，后期卧地不起，陷入昏迷。舌苔灰白，呼出的气体有恶臭。有的发生腹泻，排出恶臭的粥样粪便，有的可视黏膜黄染，腹下水肿，体温正常或升高，呼吸和脉搏增数；血液呈淡蓝色，血清或血浆混浊呈乳色乃至黄色（高胆红素血症）。

犬、猫表现精神沉郁，常呈嗜睡状态，食欲废绝，营养不良，虚弱无力，站立不稳，不愿走动。偶见恶心、呕吐，心跳加快，呼吸困难。下腹部稍膨大，冲击式触诊腹部可闻击水音。血液如奶茶状，血清呈牛奶样。血清中甘油三酯含量大于 2.2mmol/L 就可出现肉眼可见的变化。

九、钙、磷营养代谢紊乱

1. 佝偻病

【临床诊断】　本病以骨骼变形、异嗜、生长发育缓慢等为特征症状。各种动物的临床症状基本相似，主要表现为食欲下降，消化不良，异嗜，消瘦，生长发育受阻。出牙延迟，齿形不规则，齿质钙化不足，排列不规则，易磨损。关节易肿胀变形，快速生长的骨端增大，拱背，负重长骨畸形而出现跛行，严重者步态僵硬，甚至卧地不起。前肢腕关节屈曲，向前向外突出，呈内弧形，后肢呈八字状叉开站立，骨质柔软，容易发生四肢骨折。肋骨与肋软骨交接处出现串珠状突起。生长猪可出现后肢麻痹。有的病例可发生腹泻和贫血。病期较长者容易继发呼吸道和消化道感染。

【病理学诊断】　病理组织学变化为未钙化的骨样组织形成增多，软骨内骨化障碍，表现软骨细胞增生，增生带加宽，超过正常倍数。骨组织的钙盐减少，骨质中钙盐脱出而变为骨样组织。

2. 软骨病

【临床诊断】　患畜以食欲降低、异嗜、跛行和骨骼变形等为特征症状。病初患畜表现为消化紊乱，呈现明显的异嗜癖，喜舔食泥土、砖块等，由此常继发前胃弛缓、食管阻塞、创伤性网胃腹膜炎等，随后则出现运动障碍，表现为一肢或数肢跛行，或各肢交替跛行，运步不灵，四肢僵直，拱背，甚至常卧地不起，乃至瘫痪。病情进一步发展，严重时脊柱、肋弓变形，四肢关节肿大、疼痛，最后几个椎骨变软或消失，肋骨与肋软骨接合部肿胀；常发生骨折和肌腱附着部撕脱。

3. 纤维性骨营养不良

【临床诊断】　临床表现以异嗜、跛行、骨骼变形和容易骨折为特征的症状。疾病初期表现异嗜、跛行、拱背、面骨及四肢关节增大、尿液澄清透明。马出现交替跛行是本病早期的特征，下颌骨下缘和齿槽缘局部肿大，随后变软，有的因下颌骨疏松而使牙齿松动，影响咀嚼。鼻甲骨隆起，导致面骨对称性增大，呈圆桶状外观，严重时影响呼吸，又称“大头病”。用穿刺针在额骨上极易刺入。猪症状与马相似，严重者不能站立和行走，骨关节和面部肿大变形。

单纯饲喂肉的犬和猫主要表现为不愿活动，后躯跛行和运动失调。站立时爪偏斜，5～14 周后骨骼严重变形，呈犬坐姿势或后肢后伸，胸骨着地斜卧，骨质疏松，容易发生骨折。犬常因下颌骨疏松，牙齿变松甚至脱落，有的牙龈萎缩，牙根裸露。

在圈养的牛和羊有时也有发病，主要表现为骨质疏松，山羊也可发生“大头病”。骨骼畸形可使康复动物发生顽固性便秘和难产。

4. 反刍动物运输型搐搦

【临床诊断】　临床上以运动失调、呼吸困难、卧地不起，甚至昏迷为主要特征。运输途中即可发病，但多半是在到达目的地后 4～5d 才出现症状。病初患畜兴奋不安，磨牙或牙关紧闭，步态蹒跚，运动失调，后肢不全麻痹、僵硬、反射迟钝，体温正常或升高达 42℃。之后卧地不起，多取侧卧位，意识丧失，陷入昏迷状态，冲击触诊瘤胃可闻拍水音。病畜可突然死亡或于 1～2d 内死亡。

5. 笼养鸡疲劳症

【临床诊断】　临床表现为疲劳征候可做出初步诊断。病鸡表现腿肌无力，站立困难，常伴有脱水、体重下降等现象。体况越好、生长越快、产蛋越多的鸡，越易发生本病。病禽躺卧或蹲伏不起，接近食槽、饮水器等很困难，由于骨骼变薄、变脆，肋骨、胸骨变形，有的在笼内可能已经发生骨折，有的在转换笼舍或捕捉时，发生多发性骨折。肋骨骨折引起呼吸困难，胸椎骨折引起截瘫。

病鸡在接触到饲料和饮水器的情况下可照常采食和饮水，轻型病鸡如移至地面平养，并人工饲喂，使其吃到饲料和饮水，也有自然康复的可能。

【病理学诊断】　淘汰鸡于屠宰、拔毛、加工过程中，因多处骨折，肌肉夹杂碎骨片或出血，使肉的等级下降。组织学变化显示，除骨质疏松、正常骨小梁结构破坏以外，关节呈痛风性损伤，组织出血性炎症，肾盂有时呈急性扩张，肾实质囊肿，甚至有尿酸盐沉着。

十、镁代谢紊乱

1. 犊牛低镁血症

【临床诊断】　出现亢奋、感觉过敏、惊厥、肌肉强直或阵发性痉挛等临床症状时可做出初步诊断。

2. 青草搐搦

【临床诊断】　特征症状为搐搦、惊厥、心音亢进、心动过速等。依据病程，可分急性、亚急性和慢性 3 种临床类型。

1）急性病例表现为正常放牧的动物突然停止采食、甩头吼叫、奔跑、肌肉抽搐，行走时摇晃似醉，最终跌倒，呈现强直性痉挛，继而发生呈阵发性惊厥。惊厥期间牙关紧闭，口吐白沫，眼球震颤，瞳孔散大，瞬膜外露，耳廓竖起，体温升高达 40～40.5℃，呼吸、脉搏加快；心悸、心音增强，几步外都可听到，通常来不及救治，多于 30～60min 内死亡，有些动物无任何症状突然死亡。

2）亚急性病例一般病程为 3～4d，病情渐进发展，食欲减退，泌乳减少。四肢运动不自如，步态强拘，对触诊和声音过敏，频繁排尿、排粪，瘤胃蠕动减弱，肌肉震颤，后肢及尾轻度强直。强刺激或针刺，可引起惊厥，病畜可能在几天内恢复，也可能转为急性型。

3）慢性病例除血镁浓度下降外，不表现明显的临床症状，有些也可能会出现反应迟钝，不愿活动，食欲降低，泌乳减少，有些可转化为急性或亚急性。

本病发生时往往低血钙和低血镁同时存在，要确定哪一种是原发因素比较困难，而且可伴发生产瘫痪。

十一、钾、钠代谢紊乱

1．低钾血症

【临床诊断】　临床主要症状是生长缓慢、贫血和腹泻。病畜最明显的症状是卧地不起，肌肉松软无力，常采取俯卧或侧卧位。开始时虽努力挣扎企图起立，但终因四肢无力无法站立。时间延长常发生褥疮。病牛神志清醒，耳聪目明，部分病例食欲、饮欲正常。

羔羊缺钾时，采食减少，日渐消瘦。用含0.1%钾饲料喂羔羊10d，就可出现异嗜，甚至啃食自身被毛的症状。

猫、犬低钾血症常起因于呕吐、腹泻和酸中毒、胃肠弛缓或肾疾病，患病猫、犬除有原发性症状外，还呈现虚弱、躺卧等表现。

2．高钾血症

【临床诊断】　高钾血对患病犬心肌有抑制作用，可使心脏扩张、心音低弱、心律失常甚至发生心室纤颤，心脏停于舒张期。轻度高钾血症可使神经肌肉系统兴奋性升高，重度高钾血症则兴奋性降低。主要表现肌肉无力、四肢末端冰凉、少尿或无尿、呕吐等。

泌乳前期的奶牛饲喂钾含量4.6%的日粮，表现采食量和产奶量下降，饮水量、尿量及钾排泄总量增加。饲喂超过需要量的高钾日粮可降低镁的吸收，影响机体的代谢和生理功能，还可增加向环境中钾的排泄量。

3．低钠血症

【临床诊断】　病犬表现沉郁，体温有时升高，无口渴，常有呕吐，食欲减退，肌肉痉挛。严重者血压下降，可出现休克及昏迷。牛钠缺乏早期互相舔毛、舔食粪尿，2个月后发展为异嗜癖，喜食被尿液浸渍的饲草，舔食泥土和栅栏。随后食欲降低，体重下降，精神沉郁，被毛粗乱，皮肤干燥，眼睛无光泽，乳产重下降，乳脂含量降低。严重者共济失调，抽搐，不安，步样强拘，后肢尤为明显，有的牛甚至虚脱死亡。高产乳牛产犊后不久严重缺钠可致牛突然倒地，虚脱死亡。亚临床钠缺乏主要表现泌乳量下降，乳脂含量降低，分娩前缺钠，可出现乳腺发育障碍、胎衣滞留等。

绵羊、山羊对低钠饲料有较强的耐受性，只要饲料中补充盐以后，唾液中钠钾比可迅速恢复正常。

生长猪和家禽缺钠时，几小时内可表现食欲下降，生长阻滞，饲料消耗减少，饲料报酬下降，饮水增加。产蛋母鸡饲喂低盐日粮时，体重下降，有食蛋癖，有的鸡群产蛋量降低60%～80%。尽管如此，血钠浓度尚能维持在正常范围内。动物有能力借减少钠向尿、蛋中排泄而维持血浆钠浓度的恒定。当日粮中钠含量低于0.1%时，蛋鸡的产蛋率和孵化率均明显下降。雏鸡日粮钠含量低于0.13%即可使生长发育缓慢。

十二、硫营养不足性疾病

1. 绵羊、山羊食毛症

【临床诊断】 发病羊啃食其他羊或自身被毛，以髋部位掉毛最多，而后扩展到腹部、肩部等部位。被啃食羊轻者被毛稀疏，重者大片皮板裸露，甚至全身净光，最终死于冷冻；患羊还有自动掉毛、脱毛现象；采食羊只也逐渐消瘦、食欲减退、消化不良，或发生消化道毛球梗阻，使肚腹胀满、排粪困难与异常；严重者不能跟群，甚至衰竭死亡。患羊还可啃食毛织品，部分羊只还有嗜食褐煤煤渣、骨头、泥土等异嗜癖症状。

【病理学诊断】 肉眼眼观变化为病羊消瘦，背腹部甚至全身严重脱毛。皮下可见胶样水肿，腰背及臀部肌肉淡白或颜色不均。肾形态无明显改变，但被膜较厚难以剥离。心肌较软，色泽较淡，或在心肌切面上见灰白色区。其他器官均无显著变化。

组织学镜检绵羊多器官有明显组织变化，尤以皮肤和横纹肌严重。皮肤表皮变薄，多为一层上皮细胞，局部为两层，但角化严重，角化的皮肤也有脱落，表皮层已几乎无毛干穿出。真皮层毛囊很少，即使存在，毛囊体积也缩小，上皮细胞固缩为一团。相当多区域无毛囊存在。皮脂腺和汗腺明显减少，腺上皮细胞缩小。真皮中散在小堆淋巴细胞。腰肌有相当数目的肌纤维弯曲，呈波浪状，部分肌纤维染色不均，或发生玻璃样变。肌细胞核增多，有些间质轻度增生。心肌纤维多呈萎缩状态而变细。肌细胞核显密集。部分肌纤维变性，弯曲，甚至呈波浪状。肾被膜增厚，结缔组织增生。肝局灶性空泡变性，轻度结缔组织增生和淋巴细胞浸润。

2. 禽啄食癖

【临床诊断】 食羽癖见于所有年龄阶段的鸡，但在成年鸡较为常见，啄食羽毛标志着同类残食现象的出现，开始时往往从尾部、翅膀等部位啄取。饲养方式不当及营养与矿物质缺乏可能是主要因素。患啄羽癖家禽在掉毛脱羽和啄食其他家禽羽毛的同时，还表现生长缓慢、繁殖力下降，禽羽毛生成后部分掉毛甚至全部脱落而成为裸躯。被其他家禽啄食尾、颈、背部羽毛的部位，常发生皮肤出血、感染，严重时，啄癖进一步发展为啄肛、啄趾等，甚至病禽互啄攻击，引起整个禽身被啄烂而导致死亡。产蛋母鸡产蛋量明显下降，还常啄食自身和其他鸡身上的羽毛。

啄肛癖是啄食肛门及肛门以下腹部的一种最严重的啄癖，发生于所有笼养鸡，但在产蛋鸡最为严重。主要是母鸡开产年龄太早、过于肥胖或所产蛋体积过大，造成产蛋时输卵管外翻、撕裂或输卵管脱垂，脱出的器官被其他鸡啄食，造成肛门脱出，因出血和休克而死亡。本病在雏鸡群发生时死亡率较高。死亡鸡表现贫血，因肛门周围损伤而使尾部羽毛和两腿后部常污染血渍。

啄趾癖最常见于圈养的雏鸡和幼龄斗鸡，多因饥饿而诱发。生产中见于由于饲槽过高或远离热源使雏鸡找不到食物，也见于饲槽面积较小，部分弱小的雏鸡吃不到饲料。久而久之，就会啄自己或身旁雏鸡的脚趾。在孵出后头几天将饲料撒在托盘或雏鸡盒盖上，放置于保温伞下，可有效预防啄趾癖的发生。

啄头癖主要发生在笼养的断喙鸡群，表现眼周围皮下出血而变黑、变蓝，肉髯因渗血而发暗肿胀。耳垂发黑甚至坏死。即使分笼饲养，它们仍然将头伸过铁丝笼的网眼，啄食临近笼中鸡的头部。

十三、硒缺乏

【临床诊断】 硒缺乏症共同的基本症状是骨骼肌病所致的姿势异常及运动功能障碍；顽固性腹泻或下痢为主症的消化功能紊乱；心肌病所造成的心率加快、心律不齐及心功不全。不同畜禽及不同年龄个体，各有其特征性临床表现。

马属动物可表现早产，新生驹活力弱，喜卧、站立困难、四肢运动不灵活、步样强拘，臀部肌肉僵硬。唇部采食不灵活，咀嚼困难，消化紊乱，顽固性腹泻。心率加快，心律不齐。成年马可发生肌红蛋白尿，排红褐色尿液，伴有后躯轻瘫，常呈犬坐姿势。

犊牛和羔羊表现为典型的白肌病症状群。发育受阻、步样强拘、喜卧、站立困难、臀背部肌肉僵硬。消化紊乱，伴有顽固性腹泻。心率加快，心律不齐。成年母牛产后胎衣停滞也与低硒有关。

仔猪表现为消化紊乱并伴有顽固性或反复发作的腹泻、喜卧、站立困难、步样强拘，后躯摇摆，甚至轻瘫或常呈犬坐姿势；心率加快及心律不齐。肝实质病变严重的，可伴有皮肤黏膜黄疸。肥育猪有黄脂病；成年猪有时排红褐色肌红蛋白尿；急性病例常在剧烈运动、惊恐、兴奋、追逐过程中突然发生猝死，多见于1～2月龄营养良好的个体。

1～2周龄雏鸡仅见精神不振，不愿活动，食欲减少，粪便稀薄，羽毛无光，发育迟缓，而无特征性症状；至2～5周龄症状逐渐明显，胸腹下出现皮下水肿，呈蓝（绿）紫色，运动障碍，喜卧，站立困难，垂翅或肢体侧伸，站立不稳，两腿叉开，肢体摇晃，步样拘谨、易跌倒，有时轻瘫。见有顽固性腹泻，肛门周围羽毛被粪便污染。如并发维生素E缺乏，则表现神经症状。雏鸭表现食欲缺乏，急剧消瘦，行走不稳，运步困难，以后不能站立，卧地爬行，甚至瘫痪，羽毛蓬乱无光，喙苍白，很快衰竭而死。

野生动物中以水貉、银狐、兔等易发，常出现黄脂病或脂肪组织炎，可见口腔黏膜黄染，皮肤增厚、发硬、弹性降低，触诊鼠蹊部有索状或团块状大小不等的硬结；后期消化紊乱，并发胃肠炎，排黏液性稀便。

【病理学诊断】 病理学变化主要以渗出性素质，肌组织的变质性病变，肝营养不良，胰腺体积小及外分泌部分的变性坏死、淋巴器官发育受阻及淋巴组织变性、坏死为基本特征。

渗出性素质是多种畜禽的共同性病变，主要特点为心包腔及胸腹腔积液；雏鸡则皮下呈蓝（绿）紫色水肿。所有畜禽均表现十分明显的骨骼肌变性、坏死及出血，肌肉色淡，在四肢、臀背部活动剧烈的肌群，可见黄白和灰白色斑块、斑点或条纹状变性及坏死，间有出血性病灶。某些幼畜在咬肌、舌肌及膈肌上也可见到类似的病变。仔猪最为典型的病变为心肌病变，表现为心肌弛缓，心容积增大，呈球形，心内外膜及切面上有黄白和灰白色点状、斑块或条纹状坏死灶，间有出血，最典型桑葚心病外观。胃肠道平滑肌变性、坏死，尤以十二指肠最为严重。肌胃变性是病禽的共同特征，雏鸡尤为严重，表面特别在切面上可见大面积地图样灰白色坏死灶。仔猪、雏鸭表现严重的肝营养不良、变性及坏死，俗称“花肝病”。表面、切面见有灰、黄褐色斑块状坏死灶，间有出血。雏鸡胰腺的变化具有特征性，眼观体积小，触之硬感。病理组织学所见为急性变性、坏死，继而细胞质、细胞核崩解，组织结构破坏，坏死物质溶解消散后，其空隙显露出密集、极细的纤维并交错成网状。雏鸭和仔猪也有类似病变。胸腺、脾、淋巴结（猪）、法氏囊（鸡）可见发育受阻及重度的变性、坏死病变。

十四、铜缺乏

【临床诊断】　铜缺乏时动物的一般症状基本相同，主要的临床表现包括被毛变化、骨骼的异常、贫血和运动障碍等。

铜缺乏时被毛稀疏，粗糙，缺乏光泽，弹性降低，颜色变浅，成年牛红色和黑色变成白色和棕色，黑牛眼睛周围被毛褪色更加明显，似戴白框眼镜，故有“铜眼睛”之称。绵羊铜缺乏时被毛柔软，光滑，失去弯曲，黑毛颜色变浅。羊毛的这些变化是最早的症状，在亚临床铜缺乏时可能是唯一的症状。

动物铜缺乏时骨骼的生成发生障碍，表现骨骼弯曲，关节僵硬和肿大，易发骨折。

运动障碍是羔羊铜缺乏的主要症状，又称为摆腰病或地方性共济失调。主要危害1～2 月龄的羔羊，在严重暴发时刚出生的羔羊也可发病，且常常造成死亡。随着年龄增大，后躯麻痹的程度减轻。早期症状为两后肢呈八字形站立，驱赶时后肢运动失调，跗关节屈曲困难，球节着地，后躯摇摆，极易摔倒，快跑或转弯时更加明显，呼吸和心率随运动而显著增加。严重者做转圈运动，或呈犬坐姿势，后肢麻痹，卧地不起，最后死于营养不良。在英国，母羊严重铜缺乏时所生羔羊可发生一种遗传性中枢神经系统的摆腰病，病羔出生时死亡或极度虚弱不能站立和吮乳，同时表现痉挛性麻痹。病理学研究发现，缺铜导致的胎儿大脑白质软化和空洞形成大约在怀孕 120d 即开始。犊牛可发生关节僵硬和肿大，屈腱收缩，病畜用蹄尖着地，这些症状可发生在出生时或断奶前，但轻瘫和共济失调不明显。

贫血是许多动物严重长期缺铜的常见症状，发生于铜缺乏的后期。羔羊、骆驼、猪、家兔主要表现小细胞低色素性贫血，而成年羊则呈巨红细胞性低色素性贫血。

腹泻是牛和羊继发性铜缺乏的常见症状之一，病畜排出黄绿色或黑色水样粪便，极度衰竭，腹泻的严重程度与条件因子钼的摄入量成正比。

此外，母畜常表现发情现象不明显、不孕或流产、产奶量下降。幼畜生长受阻。

【病理学诊断】　铜缺乏的特征性病变是贫血和消瘦。骨骼的骨化延迟，易发骨折，严重时表现骨质疏松，地方性共济失调最主要的病变是小脑束和脊髓背外侧束脱髓鞘。在少数严重病例，脱髓鞘病变也可波及大脑，白质发生破坏和出现空洞，并且有脑积水、脑脊髓液数量增加和大脑沟回几乎消失等病理变化。肝、脾和肾有大量含铁血黄素沉着。

十五、铁缺乏

【临床诊断】　患畜生长缓慢，可视黏膜苍白和黄染，呼吸、脉搏加快，有的腹泻，头和躯体前部可发生水肿等贫血症状。仔猪最易发病，10 周龄前均可发生，但 3 周龄左右发病率最高，表现为精神沉郁，食欲减少，被毛粗乱、无光泽，生长缓慢，可视黏膜苍白和黄染，呼吸、脉搏加快，有的腹泻，头和躯体前部可发生水肿，有的突然死亡。病猪消瘦，生长发育不良，且易发传染病。母猪铁缺乏可使死胎率增高。

【病理学诊断】　皮肤黏膜苍白，血液稀薄，全身轻度和中度水肿。肝肿大，呈淡黄色。肌肉苍白，心脏扩张，心肌松弛。脾肿大，肾实质变性，肺水肿。

十六、锰缺乏

【临床诊断】　根据骨骼变化、母畜繁殖机能障碍等症状可做出初步诊断。

猪锰缺乏时生长发育受阻，饲料转化率降低，并影响繁殖机能。主要表现为骨骼生长缓慢，跗关节肿大，腿弯曲和变短，跛行，肌肉无力，体内脂肪增加，发情不规律，乳腺发育不良，胎儿吸收和生产弱小的仔猪，泌乳减少。有些仔猪出现共济失调。

反刍动物锰缺乏时对繁殖性能的影响最大。母畜不孕、发情率和受胎率降低，新生仔畜先天性骨骼畸形，生长缓慢，骨骼发育异常，关节肿大，腿弯曲，有的出现共济失调和麻痹。

家兔等啮齿类动物锰缺乏时，骨骼畸形特别典型。骨骼生长缓慢，不成比例，前肢短而弯曲。并且在怀孕期间颅骨和内耳耳石发育缺陷。

家禽最易发生锰缺乏，雏鸡、雏火鸡和雏鸭主要表现骨短粗症或滑腱症，特征为胫骨和腓骨关节增大，胫骨弯曲向外扭转，长骨缩短变粗，腓肠肌腱从侧方滑离跗关节，行动困难，不能负重，似蹲伏于跗关节上。产蛋鸡锰缺乏时出现产蛋率和孵化率下降，蛋壳质量下降。孵出的雏鸡表现营养性软骨营养不良，如腿变短，水肿，头圆似球形，上下颌不成比例而成鹦鹉嘴，腹部膨大突出。有的共济失调，运动不稳。

十七、锌缺乏

【临床诊断】　动物锌缺乏症的特征症状为生长发育停滞，饲料利用率降低，皮肤角化不全，骨骼发育异常及繁殖机能障碍。

猪锌缺乏的主要临床症状是皮肤损伤，皮肤出现红斑、丘疹，真皮形成鳞屑和皱裂过度角化，并伴有褐色的渗出和脱毛，严重者腹部、大腿和背部真皮结痂，补锌后损伤能快速愈合。皮肤损伤的同时出现食欲下降和生长率降低，严重时有腹泻、呕吐，甚至死亡。仔猪缺锌时，食欲降低前已表现生长缓慢，股骨的大小和长度受抑制。另外，缺锌也影响猪繁殖机能，如母猪产死胎，公猪睾丸变小，组织结构受损。

反刍动物锌缺乏的早期症状包括采食量减少，生长率、饲料转化率和繁殖率降低。皮肤角化不全是最明显的表现，牛主要发生在头部、鼻孔周围、阴囊和大腿内侧，泌乳牛乳头也发生角化不全，泌乳量减少。剖检发现食管黏膜和瘤胃乳头上也发生角化不全，公犊睾丸发育受阻。

绵羊和山羊锌缺乏的症状与牛相似，绵羊还表现羊毛脱落、变脆、失去弯曲，并可能发生食毛。脱毛导致皮肤变厚、起皱、发红。这种脱毛在补锌后可得到恢复。公羊睾丸发育障碍，精子生成完全停止。由于缺锌，动物对感染和应激的抵抗力降低。

成年鸡锌缺乏的临床症状较轻，主要影响生长率、饲料转化率和产蛋性能。严重的锌缺乏常见于雏鸡，特别是母鸡缺锌时孵化的雏鸡，有的出现胚胎畸形，如短肢、脊柱弯曲、无趾、肢体缺损等，有的可孵出雏鸡，但虚弱不能采食、饮水和站立。出生后锌缺乏主要表现为生长发育缓慢，腿骨变短，跗关节增大，皮肤出现鳞屑，羽毛发育不良，鸡冠发育停滞，颜色变淡，皮肤过度角化，严重者死亡。

犬缺锌时表现为口唇及眼睛周围、下颌、关节、睾丸、包皮或阴户的皮肤脱落，角化不全，有的结痂。

【病理学诊断】 主要特点为皮肤增厚、坚实、切割困难。组织学变化为皮肤过度角化或不全角化，真皮和血管周围的结痂组织细胞浸润，消化道上皮细胞角化。

十八、钴缺乏

【临床诊断】 一般仅表现为食欲降低、贫血、消瘦等临床症状。钴缺乏症常见于牛、羊，临床表现并不典型，包括食欲降低、被毛粗乱、皮肤增厚、贫血、消瘦，甚至死亡，与能量、蛋白质缺乏引起的营养不良和寄生虫感染极为相似。钴缺乏，早期体重增加缓慢，降低了饲料消耗和饲料转化率，泌乳和产毛量等生产性能明显降低。仔畜出生时体重轻，瘦弱无力，成活率降低；有的母畜不孕、流产，鸡孵化率降低，孵化 17d 左右胚胎死亡。

个别地区羔羊还表现以肝功能障碍和脂肪变性为特征的羊白肝病。主要表现为食欲下降和废绝，精神沉郁，体重下降，流泪，有浆液性分泌物。病羊常出现光敏反应，鼻和上下唇附有浆液性分泌物，有的背部皮肤有斑块状血清样渗出物，然后结痂，分泌物逐渐由浆液性转化为浆液脓性，可持续数月。有的出现运动失调、强直性痉挛、头颈震颤和失眠等神经症状。

【病理学诊断】 主要变化为消瘦、贫血和胃肠卡他。肝和肾细胞颗粒变性，肝、心肌和骨骼肌糖原含量明显下降，骨髓浆液性萎缩，肝、脾和淋巴结有髓外造血灶，红细胞溶解性增高，肝有明显的含铁血黄素沉着。

白肝病羔羊肝肿大，为正常的 2～3 倍，色灰白，质地脆弱。肝细胞脂肪变性、肿胀，细胞质内有大小不等的脂肪空泡，门区胆管和间质增生，存在蜡样物质。

十九、碘缺乏

【临床诊断】 各种动物碘缺乏的症状基本相似，主要表现为甲状腺肿大、代谢障碍和繁殖能力降低。

繁殖障碍是猪碘缺乏的最主要症状，表现为出生仔猪无毛、死胎和仔猪虚弱，在几小时内死亡。出生时虚弱的仔猪由于皮肤肿胀、变软、变厚，看起来体格大且肥，特别在头颈部更加明显。剖检时发现甲状腺肿大出血。饲料中含碘拮抗剂时，生长猪表现四肢骨变短，生长发育不良，不愿活动，甲状腺肿大。

成年反刍动物碘营养不足，同样会影响繁殖性能，公畜表现性欲降低，精液品质下降。母猪发情无规律或抑制发情，受胎率低，影响胎儿生长发育，如所产幼畜虚弱、无毛、瞎眼和死胎。另外，母畜怀孕后胎儿可在任何阶段停止发育，如胚胎和胎儿死亡、胎儿吸收或死亡后流产等。有时可发生怀孕期延长和难产及胎衣不下。

绵羊碘缺乏影响羊毛的质量和产量，羔羊可造成永久性毛品质降低。奶牛长期缺碘可使采食量、奶脂、奶产量降低，抗应激能力下降，酮病发生率增加。

日粮碘缺乏可使鸡生长受阻，产蛋量下降，蛋体积变小。种母鸡缺碘时，所产蛋碘含量降低，影响胚胎卵黄囊的吸收，孵化率下降，雏鸡甲状腺肿大。公鸡缺碘时，鸡冠和睾丸变小，精子生成受阻。甲状腺功能不全，还可以引起鸡羽毛褪色，甚至形成蚀斑。

【病理学诊断】 病例尸体剖检，可见甲状腺明显肿大，一般比正常增大 10～20 倍。足月生产的犊牛甲状腺重 6.5～11.0g，13g 以上即可视为甲状腺肿。新生羔羊甲状腺重 1.3～2.0g，2.0～2.8g 即为甲状腺肿。

二十、维生素缺乏

（一）脂溶性维生素缺乏症

1. 维生素 A 缺乏症

【临床诊断】　结合夜盲、眼干、皮肤角化和鳞屑、共济失调、繁殖受损等临床表现可初步做出诊断。各种动物维生素 A 缺乏的综合征极为相似，只是在组织和器官的表现程度上有所差异。

在昏暗的光线下看不见东西是除猪以外所有动物的早期症状之一。病畜在弱光下盲目前进，行动迟缓，碰撞障碍物。猪则在血浆中维生素 A 降至最低时才出现夜盲症。

眼干燥症又称“干眼病”，特征为角膜增厚及云雾状形成，常见于犊牛和犬。其他动物则表现为眼角流出稀薄的浆液、黏液样分泌物，随之角膜角化、增厚，形成云雾状，失去光泽，有时出现溃疡。鸡因鼻孔和眼有黏液性分泌物，上下眼睑常被分泌物黏合，结膜覆以干酪样物质，最后角膜软化，眼球下陷，甚至穿孔。动物干眼病可继发角膜炎、结膜炎、角膜溃疡及穿孔，最后使整个眼球发炎。

皮肤表皮、皮脂腺、汗腺和毛囊上皮角化可使皮肤干燥、蜕皮、脱毛，严重时发生继发性皮炎。猪主要表现脂溢性皮炎，全身表皮分泌褐色渗出物。牛皮肤上附有大量麸皮样鳞屑，蹄干燥，表面有鳞片和许多纵向裂纹。鸡食管和咽部的黏液腺与导管化生为复层鳞状上皮，且上皮不断角化和脱落，与分泌物混合可阻塞管腔，食管和咽部黏膜表面分布许多黄白色颗粒状小结节，又称脓疱性咽炎和食管炎。气管上皮角化脱落，黏膜表面覆有易剥离的白色膜状物，剥离后留有光滑的黏膜或上皮缺损。野生动物和灵长类动物上皮组织鳞状化生，发生皮炎。

维生素 A 缺乏能引起公、母畜繁殖障碍。公畜主要由于生殖上皮变性影响精子形成，精液品质下降。青年动物睾丸显著小于正常。母畜受胎不受影响，但因胎盘变性易导致流产、死胎和生产孱弱的幼畜，并常发生胎衣滞留。同时，维生素 A 缺乏可引起胎儿畸形，常见于大鼠、家兔、仔猪、牦牛等。犊牛可见先天性失明和脑室积水。仔猪可发生完全无眼或小眼畸形，也可出现腭裂、兔唇、副耳、后肢畸形、皮下囊肿、肾异位、心脏缺损，有的可发生生殖器官发育不全、脑室积水等。

维生素 A 缺乏的神经症状主要包括颅内压升高出现惊厥，视神经管受压引起失明，外周神经根损害表现共济失调、步态紊乱、肌肉麻痹等。

【病理学诊断】　动物维生素 A 缺乏没有特征性的眼观变化，主要为被毛粗乱，皮肤异常角化。泪腺、唾液腺及食管、呼吸道、泌尿生殖道黏膜发生鳞状上皮化生，鸡咽、食管黏膜有黄白色小结节状病变。组织学检查可发现典型的上皮变化，即柱状上皮萎缩、变性、坏死分解，并被化生的鳞状角化上皮替代，腺体的固有结构完全消失。在犊牛、猪和羔羊，腮腺主导管发生明显变化，初期为杯状细胞消失和黏液缺乏，继而上皮发生化生，杯状细胞被鳞状上皮取代，并发生角化，呼吸道黏膜的柱状纤毛上皮发生萎缩，化生为复层鳞状上皮，并角化，有的病例形成伪膜和小结节，导致小支气管被阻塞。黏膜的分泌功能降低，易继发纤维素性炎症。由于骨骼发育异常，犊牛视神经孔狭窄而使视神经萎缩和纤维化。另外，肾盂和泌尿道其他部位脱落的上皮团块可沉积钙盐，形成尿结石。幼龄动物可出现长骨变短和骨骼变形。

2．维生素D缺乏

【临床诊断】　异嗜、生长缓慢、运动障碍、骨骼变形等为本病的主要临床症状。

幼龄动物表现为佝偻病症状，疾病初期表现异嗜、消化紊乱、喜卧、跛行、生长发育缓慢。软骨肥大，肋骨与肋软骨结合部呈串珠状肿胀，四肢关节肿胀，站立时四肢弯曲，严重者站立时呈X或O状姿势，脊柱弯曲，鸡胸，头骨肿大等。骨骼硬度显著降低，脆性增加，易骨折。禽胸骨呈S状弯曲，喙软，有橡皮喙之称；胫跗骨可微弯，易骨折。血清碱性磷酸酶活性升高，血钙、血磷含量降低。

成年动物表现为软骨病。病初出现以异嗜为主的消化机能紊乱，随后出现运动障碍，腰腿僵硬，拱背站立，运动强拘，一肢或数肢跛行或各肢交替出现跛行，经常卧地不愿起立。随病情进一步发展，出现骨骼肿胀变形，四肢肿大疼痛，尾椎移位变软，肋骨与肋软骨结合部肿胀，发生骨折，肌腱附着部撕脱，额骨穿刺阳性。

成年鸡产薄壳蛋或软壳蛋，继而产蛋量减少，蛋孵化率降低。

3．维生素E缺乏

【临床诊断】　临床症状主要表现为运动障碍、心脏衰退、渗出性素质及神经机能紊乱。

幼龄畜禽对维生素E缺乏尤为敏感，主要表现为食欲缺乏，生长发育缓慢，消化不良，腹泻，运动障碍，跛行，肢腿麻痹，瘫痪，心脏衰退，皮下水肿。

仔猪主要呈现肌营养不良、肝变性坏死、桑葚心及胃溃疡变化，急性病例病程较短，常因兴奋刺激而突然死亡。亚急性病例精神不振，进行性皮下水肿，心音节律不齐，步态蹒跚，尿液呈淡红和棕红色。慢性病例表现为食欲减退，腹泻，喜卧，步态强拘或跛行，后躯肌肉萎缩而轻瘫。耳后、背部、会阴部出现淤血斑，腹下水肿，心率加快，节律不齐，有的表现呼吸困难、尿液呈茶褐色、结膜苍白或黄染。病程延长者常表现生长发育缓慢，消瘦贫血，皮肤黄染，公猪精子生成障碍，母猪受胎率降低，发生流产甚至不孕。

犊牛和羔羊可因心肌损害而突然死亡，慢性病例表现食欲减退，被毛粗乱，腹泻，肌肉软弱无力，起立困难，运动障碍，跛行甚至后躯麻痹，卧地不起，成年牛、羊症状不明显，可见营养不良，腹泻，繁殖功能障碍及生产性能下降。

马的发病主要见于幼驹，急性病例表现为喜卧嗜睡，呼吸困难，心率快而节律不齐，常突然死亡。慢性病例表现为精神不振，饮食欲减退，腹泻，消瘦，呼吸困难，心音节律不齐，肌肉震颤，行走摇晃，步态拘谨，蹄部龟裂，有的背、腹、胃、颈、肩胛及脐端水肿。

家禽多发于3～8周龄的雏鸡，主要表现为白肌病、渗出性素质和脑软化病，成年家禽缺乏明显的外部症状，但可出现睾丸变性、种蛋孵化率降低或胚胎早期死亡。

白肌病主要表现为运动障碍、腿软无力、翅膀下垂、站立困难、蹲伏不动，严重时两腿完全麻痹，呈躺卧姿势。

渗出性素质表现为全身皮下水肿，穿刺流出蓝绿色和紫红色液体，渗出性素质是毛细血管通透性异常，血液外渗所致。

脑软化早期表现为步态不协调，突然虚脱，腿伸展，爪趾屈曲，头部回缩，有的表现共济失调，角弓反张或头颈弯向一侧，两腿不断做节律性划动，无目的奔跑或做转圈运动，常因衰竭而死。剖检发现小脑软化、肺膜水肿、小脑表面出血、脑回变平，并见有红色或褐色混浊样的坏死区。

【病理学诊断】　病理学变化为骨骼肌、心肌变性及坏死，肝、肠胃道、生殖道有典型营养不良病变，雏禽脑膜水肿，小脑软化。

4. 维生素K缺乏

【临床诊断】　临床主要表现轻度或中度出血倾向。

缺乏维生素K的畜禽，尤其雏鸡血凝时间显著延长，1周后全身各部位经常出血。皮下组织（特别是胸脯、腿部和腹部）发生血肿，腹腔、胃肠道也发生出血，出血较多时造成严重贫血和全身代谢紊乱，冠、皮肤苍白干燥。

幼鸽比成年鸽易发病且病情较重，皮下出血并形成血肿，羽毛红染，皮肤呈紫色肿胀，但以胸、腹、背、颈部为多见；血凝时间长达8～10min，个别可达18min；肺和食管出血时则有咯血和吐血，内脏出血时体腔积血；精神不振，虚弱，采食减少，口渴，呼吸增快，少数突然发生咯血而死。

仔猪实验性维生素K缺乏表现为敏感性增加、贫血、厌食、衰弱和凝血时间显著延长。

【病理学诊断】　剖检主要变化为皮下血肿、肺出血和胸腔积血，血液凝固不良，有的肝有灰色或黄色的小坏死灶。

（二）水溶性维生素缺乏症

1. 维生素B_1缺乏

【临床诊断】　因动物种类不同，临床表现症状各异。

马主要表现为心动过速，心动间歇，肌肉自发性收缩，共济失调，步态踉跄，行走缓慢，后躯摇晃，转圈时前肢交叉，后退不能，后期多取犬坐姿势，蹄、耳、鼻端周期性发凉，有的病马体重减轻、腹泻及失明。

牛、羊自然病例少见，实验发病的犊牛主要表现为共济失调，惊厥及回缩，有的食欲减退，剧烈腹泻，脱水明显。羔羊先呈现嗜睡、食欲减退、体重减轻等症状，后发生强直性痉挛。

病初断乳仔猪表现腹泻，呕吐，生长停止，行走摇晃，虚弱无力，心动过慢，后期体温下降，脉搏亢进，呼吸促迫，最终死亡。

犬、猪发病后表现为食欲减退，便秘，体重减轻，虚弱无力，后躯无力乃至麻痹，发作性抽搐。

雏鸡多于2周龄发作，食欲减退，生长缓慢，体重减轻，羽毛蓬松，步态不稳，双腿叉开，不能站立，双翅下垂或瘫倒在地，随着病情发展，呈现全身强直性痉挛，头向后伸，呈观星姿势。

野生反刍兽发病后表现食欲减退，脱水，体重减轻，腹泻，头震颤，抽搐，角弓反张及心动过缓。啮齿类动物表现食欲减退，体重减轻，转圈运动，抽搐及腹泻。犬科动物食欲减退，流涎，共济失调，瞳孔散大，体重减轻，严重时死亡。猫科动物食欲减退，呕吐，体重减轻，多发性神经炎，心功能异常，抽搐，共济失调，麻痹，衰竭。鼬科动物以麻痹为特征，即食欲减退，流涎，共济失调，瞳孔散大，反应迟钝。灵长类动物表现为笼养麻痹综合征、肠炎、截瘫。

【病理学诊断】 病理解剖变化主要为心肌弛缓、肌肉萎缩、大脑有典型的坏死病灶等。反刍动物尸检可发现胸腔积液、心包积液、脑灰质软化、右心室扩张；啮齿类动物两侧性脑灰质软化，有髓鞘神经脱髓鞘，心脏扩张；犬科动物中枢神经系统，特别是室周灰质水肿，血管扩张、出血及坏死。

2. 维生素 B_2 缺乏

【临床诊断】 马实验发病后表现为生长缓慢，食欲减退，羞明流泪，角膜血管形成，结膜炎等类似于周期性眼炎的症状。犊牛实验发病后呈现生长缓慢，食欲减退，腹泻，大量流泪和流涎，被毛脱落，口唇边缘及脐周皮肤充血。猪在生长阶段脱毛，食欲减退，生长缓慢，腹泻，溃疡性结肠炎，肛门黏膜炎，呕吐，光敏感，晶状体混浊，行走不稳等；后备母猪在繁殖和泌乳期，食欲废绝或不定，体重减轻，早产，死产。新生仔猪衰弱死亡，个别仔猪无毛。雏鸡生长缓慢，腹泻，腿麻痹，特征病变为趾卷曲性瘫痪，跗关节着地行走，趾向内弯曲，有的发生腹泻；母鸡产蛋率和孵化率下降，胚胎死亡率增加。

野生反刍兽患病后食欲减退，贫血，流涎，腹泻，口联合糜烂，脱毛。啮齿类动物表现生长停滞，被毛粗糙，蹄、鼻、耳发白、贫血，鳞屑性皮炎，脱毛，白内障。犬科动物妊娠早期发病时，子代发生先天性畸形，如并指（趾）、短肢、腭裂等；慢性缺乏时，后肢、胸部发生鳞屑性皮炎，贫血，肌肉无力，脓性眼分泌物，个别突发虚脱。猫科动物表现食欲减退，体重减轻，头部被毛脱落，偶见白内障。

【病理学诊断】 皮肤病变，角膜混浊，实质器官营养不良，外周神经、脑神经细胞脱髓鞘，重症病雏坐骨和臂神经显著增粗。

3. 维生素 B_3 缺乏

【临床诊断】 猪患病时主要表现食欲降低，生长缓慢，眼周围有黄色分泌物，咳嗽，流鼻液，被毛粗乱，脱毛，皮肤干燥有鳞屑，呈暗红色的皮炎；运动失调，后腿僵直，痉挛，站立时后躯发抖，严重时后肢运动障碍，腿高抬紧贴腹部行走，出现所谓的“鹅步”；腹泻，直肠出血。

家禽主要表现为生长缓慢，饲料利用率降低，羽毛发育迟缓，全身羽毛粗糙卷曲，且质脆易脱落。皮肤尤其是喙角和喙下部发生皮炎，爪间及爪底外皮脱落，并出现裂口，有的爪皮层变厚、角化，在爪的肉垫部出现疣状突出物。幼龄反刍动物表现食欲降低，生长缓慢，皮毛粗糙，皮炎，腹泻。成年牛典型的症状为眼睛和口鼻部周围发生鳞状皮炎。鸡生长停滞，羽毛发育不全，孵化率降低。

野生鸟类羽毛生长缓慢，广泛性上皮脱屑，眼睑和喙联合痂样表皮脱落。啮齿类动物表现为体重减轻，脂肪肝，腹泻，口周卟啉性结痂，被毛褪色，表皮脱落性皮炎，共济失调，脱毛及畸形。犬科动物严重缺乏时皮肤和被毛异常，可发生胃肠炎、虚脱乃至昏迷。灵长类动物体重减轻，掌部触痛，兴奋，抽搐。

【病理学诊断】 猪尸检可见出血性盲结肠炎、溃疡性结肠炎和胃炎；犊牛尸检见有继发性肺炎，有髓鞘神经脱髓鞘，大脑软化，出血；猫科动物主要表现脂肪肝。

4. 维生素 B_5（泛酸）缺乏

【临床诊断】　患病畜禽首先表现为黏膜功能紊乱，出现减食、厌食、消化不良、腹泻、消化道黏膜发炎，大肠和盲肠发生坏死、溃疡以至出血。动物皮毛粗糙，并形成鳞屑。睾丸上皮进行性变性、神经变性、运动失调、反射紊乱、麻痹和癫痫。雏鸡、青年鸡、鸭均以生长停滞、发育不良及羽毛稀少为该病的特有症状。幼禽皮肤发炎，有化脓性结节，腿部关节肿大，骨短粗，腿骨弯曲，与滑腱症有些相似，不过其跟腱极少滑脱。雏鸡口黏膜发炎，消化不良和下痢。火鸡、鸭、鹅的腿关节韧带和腱松弛。成年鸭的腿呈弓形弯曲，严重时能致残。产蛋鸡可引起脱毛，有时能看到足和皮肤有鳞状皮炎。

猪发病后食欲下降，严重腹泻，皮屑增多性发炎，呈污秽黄色，后肢瘫痪，还可出现平衡失调、四肢麻痹。

犬、猫的泛酸缺乏症称黑舌病，舌部开始是红色，后变为蓝色，同时分泌发黏有臭味的唾液，口腔溃疡、腹泻。雄性生殖能力下降，精子生成减少，活力下降；有神经症状、虚弱、惊厥、昏迷，神经变性。严重者可引起脱水、酸中毒，因泛酸可影响卟啉代谢，卟啉沉着，因而皮肤发红，对光反射敏感。

野生鸟类发病后舌及口腔黏膜发黑，生长缓慢，食欲减退，羽毛发育不良，爪和皮肤鳞屑样皮炎。啮齿类动物生长缓慢，食欲减退，流涎，腹泻，末梢发白，鼻孔周围被覆卟啉性结痂。犬科动物发生糙皮病，条件反射异常，食欲减退。体重减轻，口黏膜发红，持续腹泻。猫科动物实验发病表现为腹泻，体重减轻，新生仔猫死亡，口腔溃疡，大量流黏性唾液，呼吸恶臭。灵长类动物可出现角化过度，舌炎，肠炎，精神抑郁。

【病理学诊断】　特征性病理变化以黏膜代谢障碍、被毛粗糙、皮屑增多和神经症状为特征。严重禽病例的骨骼、肌肉及内分泌腺可发生不同程度的病变，以及多器官发生明显的萎缩。皮肤角化过度而增厚，胃和小肠黏膜萎缩，盲肠和结肠黏膜上有豆腐渣样覆盖物，肠壁增厚且易碎。肝萎缩并有脂肪变性。

猪的胃和十二指肠出血，大肠溃疡，与沙门氏菌性肠炎类似；回肠、结肠局部坏死，黏膜变性；脊髓的脊突、腰段腹角扩大，灰质损伤、软化，尤其是灰质间呈明显损伤。

5. 维生素 B_6 缺乏

【临床诊断】　猪主要表现为食欲降低、小细胞低色素性贫血；中枢神经系统的兴奋性异常增高，特征性的神经症状为癫痫样抽搐；共济失调、呕吐、腹泻；被毛粗乱、皮肤结痂、眼睛周围有黄色分泌物，雏鸡食欲下降、生长缓慢、痉挛等。产蛋鸡产蛋率和孵化率均下降，羽毛发育受阻，痉挛跛行。

幼龄反刍动物出现食欲下降、腹泻、抽搐。家兔表现耳部皮肤鳞片化，口鼻周围发炎，脱毛，痉挛，四肢疼痛，最后瘫痪，禽食欲减退，增重缓慢，骨短粗，持续性吱吱鸣叫，兴奋抽搐，产蛋减少，孵化率低。

啮齿类动物患病后食欲减退，生长缓慢，共济失调，被毛稀疏，抽搐，做快速旋转运动，易兴奋和发生癫痫。犬科动物生长缓慢，出现小细胞低色素性贫血，血浆铁增加 2～4 倍，肝、脾、骨髓含铁血红素沉淀。猫科动物可发生贫血，血中草酸盐含量升高，以至发生尿石症。灵长类动物出现低色素性贫血、皮炎和抽搐。鸟类生长停滞，兴奋，抽搐，无目的奔跑，肢体在空中划动，颈部卷曲，多发性神经炎，多于抽搐后死亡。

【病理学诊断】　幼龄反刍动物外周神经脱髓鞘，贲门上部出血；野生犬科动物呈现小细胞低色素性贫血，肝、脾、骨髓含铁血红素沉淀；野生猫科动物发生尿石症。

6．维生素 B_7 缺乏

【临床诊断】　家禽主要表现为生长缓慢，食欲降低，羽毛干燥、容易折断，脚、喙和眼睛周围皮肤发炎；骨和软骨缺损，跖骨歪斜，长骨短而粗，易发生滑腱症；种鸡蛋孵化率低，出现胚胎畸形，包括“鹦鹉喙”，软骨营养障碍，短肢畸形及并指。患病仔猪表现脱毛、后肢痉挛、蹄底及蹄面皲裂、口腔黏膜发炎，以及以皮肤干裂粗糙、有褐色分泌物和皮肤溃疡为特征的皮肤病变。牛、羊等反刍动物发生脂溢性皮炎，皮肤出血，脱毛，后肢麻痹。野生鸟类表现为表皮脱落性皮炎，脚底侧面为甚，爪坏死，脱落，脚背和腿鳞屑样皮炎。啮齿类动物表现为皮炎，脱毛，共济失调，被毛粗糙。犬科动物表现为鳞屑样皮炎；猫科动物主要表现为贫血。鼬科动物呈现进行性麻痹。灵长类动物表现为脱毛、皮炎、消瘦、兴奋性增高。

7．维生素 B_9 缺乏

【临床诊断】　特征症状为食欲降低，消化不良，腹泻，生长缓慢，皮肤粗糙，脱毛。母鸡产蛋减少，孵化率低，胚胎畸形；雏鸡羽毛发育不良和贫血，有色羽毛褪色；幼龄火鸡神经质，双翅下垂，有的颈麻痹，蛋鸡产蛋率和孵化率降低，后期出现特征性颈部瘫痪，头颈伸直，低头凝视。母猪繁殖障碍，出现受胎率和泌乳量降低；哺乳仔猪表现为生长缓慢，被毛稀少和贫血。野生鸟类生长缓慢，羽毛发育不良，羽毛褪色，无色红细胞性贫血，发生跗关节病。啮齿类动物在妊娠早期发生胚胎中毒，可出现先天性畸形。猫科动物主要表现贫血。灵长类动物表现神经管缺陷、肠炎、大细胞性贫血。

8．维生素 B_{12} 缺乏

【临床诊断】　黏膜苍白，皮疹，消化不良，猪在生长阶段缺乏时，表现为生长慢，被毛粗糙，皮炎，向一侧或向后滚转，后躯运动失调，声音沙哑，应激敏感，轻度正细胞性正色素性贫血；母猪生殖能力下降，鸡生长缓慢，蛋孵化率低，子代雏鸡死亡率增加。啮齿类动物食欲下降，生长停滞，肾萎缩，贫血，畸形。犬科动物在妊娠期缺乏可引起致死性积水性脑突出。猫科动物主要表现是贫血。灵长类动物主要表现为贫血、被毛脆弱、精神抑制、共济失调。

【病理学诊断】　表现为消瘦，肝变性，子代雏鸡死亡率增加，肝、心、肾脂肪浸润；野生啮齿类肾萎缩、贫血、畸形。

9．维生素 C 缺乏

【临床诊断】　表现为皮肤和内脏的出血、贫血，齿龈溃疡、坏死，关节肿胀，抗病能力下降。幼畜维生素 C 缺乏可出现精神不振，食欲减退。病情发展表现为出血性素质，多见于背和颈，口腔及齿龈出血，进而形成溃疡，严重时颊和舌也发生溃疡或坏死，或齿龈萎缩致使牙齿松动，甚至脱落。

猪维生素 C 缺乏表现为重剧出血性素质，皮肤黏膜出血、坏死，以口腔、齿龈和舌最为明显。皮肤出血部分鬃毛软化容易脱落，新生仔猪发生脐管出血，造成死亡。

【病理学诊断】　皮肤、黏膜、肌肉和内脏出血，齿龈肿胀、溃疡、坏死等。

主要参考文献

蔡宝祥．2001．家畜传染病学．4版．北京：中国农业出版社

陈怀涛．2010．牛羊病诊治彩色图谱．2版．北京：中国农业出版社

陈怀涛，赵德明．2011．兽医病理学．2版．北京：中国农业出版社

贺普宵．1999．家畜营养代谢病．北京：中国农业出版社

孔繁瑶．1987．家畜寄生虫学．北京：农业出版社

林曦．2002．家畜病理学．3版．北京：中国农业出版社

陆新浩，任祖伊．2011．禽病类症鉴别诊疗彩色图谱．北京：中国农业出版社

马学恩．2007．家畜病理学．4版．呼和浩特：内蒙古大学出版社

潘琳．2012．实验病理学技术图鉴．北京：科学出版社

史志诚．2001．动物毒物学．北京：中国农业大学出版社

王伯沄，李玉松，黄高昇，等．2001．病理学技术．北京：人民卫生出版社

王小龙．1995．兽医临诊病理学．北京：中国农业出版社

宣长和，马春全，林树民，等．2010．猪病混合感染鉴别诊断与防治彩色图谱．北京：中国农业大学出版社